乡村振兴书系

"十四五"时期国家重点出版物出版专项规划项目

琼北

乡村景观地域特征研究

赵润江　张　娟◎著

中国农业科学技术出版社

图书在版编目（CIP）数据

琼北乡村景观地域特征研究 / 赵润江，张娟著 . 北京：中国农业科学技术出版社，2024. 12. -- ISBN 978-7-5116-7250-6

Ⅰ. TU986. 2

中国国家版本馆 CIP 数据核字第 20244FY781 号

责任编辑 王伟红
责任校对 马广洋
责任印制 姜义伟 王思文

出 版 者 中国农业科学技术出版社
北京市中关村南大街 12 号 邮编：100081
电 话 （010）82105169（编辑室） （010）82106624（发行部）
（010）82109709（读者服务部）
网 址 https://castp.caas.cn
经 销 者 各地新华书店
印 刷 者 北京建宏印刷有限公司
开 本 185 mm×260 mm 1/16
印 张 13. 25
字 数 308 千字
版 次 2024 年 12 月第 1 版 2024 年 12 月第 1 次印刷
定 价 78. 00 元

前　言

琼北指海南省北部地区，由文昌、海口、澄迈、儋州、临高、琼海、定安和屯昌 8 个汉族市（县）共同构成，海南建省前简称琼北八市县。琼北地区在气候区划上地处边缘热带，独特的资源地理条件和历史上的移民文化塑造了该区域独特的地域乡村景观风貌。改革开放之后，随着琼北乡村社会经济的快速发展，传统乡村不可避免地受到现代文明的影响，在经济水平、文化观念及社会结构等诸多层面发生了显著变化，这些变化投射到乡村物质空间形态之上，带来了琼北乡村景观的嬗变。总体来看，在波澜壮阔的时代变革中，琼北乡村在传统农耕文明影响下累积而成的景观图景正在经历新形势下的发展更新。景观转型的过程中，历史机遇与转型挑战并存，要更好地保护与发展地域景观特色，总结乡村景观背后的影响因素和形成机制，解决景观转型中出现的问题，正是当代琼北乡村景观研究的紧迫所在。

从风景园林学的角度来看，乡村景观作为人类在乡村地区与环境相互作用的结果，它是人类在适应地域自然环境和社会人文环境的基础上发展起来的、着重体现农业生产与乡村生活特点的综合系统。它的形成来自人类生产生活中的伦常日用和民众参与，在形态、材料和技术上亦充分体现地域特点，这一过程中所产生的生产生活习俗和空间行为法则也往往以乡土智慧的形式代代相传。因此，乡村景观的形态特征在反映人类对地域自然环境适应的同时，往往也折射出该区域社会人文环境的显著影响。这样的特点使不同地域的乡村景观往往呈现出显著的区别和辨识度，反映出其所在地域的自然特征和文化痕迹。本书对琼北乡村景观的关注点和研究，也主要基于海南岛北部地理环境的特殊性，关注以民居为主的聚落环境、田园为主的生产环境以及山水为主的自然环境，进行综合的历史演进研究与空间形态分析，剖析琼北乡村景观的影响因素与内在规律，明确其地域特质与现代价值，探讨其优化策略。

本书出版得到海南热带海洋学院人才科研启动项目（项目编号：RHDRC202340）、海南省自然科学基金（项目编号：423QN301）的资助。全书主要分为四大部分，包含对琼北乡村景观的生成背景和历史演进的基础研究、宏观格局与微观单元的外在形态研究、影响因素与形态构成的内在逻辑研究和当代发展。

第一部分，琼北乡村景观生成背景和历史演进基础研究。本书第一、第二、第三章，其中第一章由赵润江主笔完成，2.4 万字；第二、第三章由张娟主笔完成，共计 7.2 万字。从琼北乡村景观的生成背景入手，结合其自然地理、社会文化、经济基础三个方面探讨了本区域乡村景观生成的宏观背景。接着分别从琼北乡村的自然环境、农业发展、村落演变三个角度梳理了本区域乡村景观历史演进的主要脉络，解析其形态演变背后的节点，清晰琼北乡村景观形态变化的历史轨迹以及其演变特点。

第二部分，宏观格局与微观单元的外在形态研究。本书第四、第五章，由赵润江主笔完成，共计 9.2 万字。结合文化地理学、形态学与类型学的研究方法，对琼北乡村景观的空间形态进行了多尺度的全景描绘，明确其宏观格局和微观单元特点，为后续对琼北乡村景观的影响因素和形成机制研究奠定基础。

第三部分，影响因素与形态构成的内在逻辑研究。本书第六、第七章，由赵润江主笔完成，共计 6.1 万字。在琼北乡村景观的历史演变和形态分析的基础上，分别从外在环境的客观影响和人的主观作用两个角度入手，深入分析地域自然环境和人文环境中各因素对琼北乡村景观的影响。接着剖析琼北乡村景观空间形态的构成方式，并总结其地域特征。

第四部分，琼北乡村景观的当代发展及结语。本书第八、第九章，由张娟主笔完成，共计 3.6 万字。探讨琼北乡村景观的当代价值与优化原则，从作物景观、村落风貌及景观生态三个方面解析其引导与发展路径，并以具体实践进行说明。

本书的写作过程，得到了北京林业大学园林学院梁伊任先生、赵鸣教授，海南大学林学院赵书彬、刘拥春老师等专家学者的指导。海南热带海洋学院冯慧敏、李长明老师，孟云起、邱美新、谢丹、林水发对本研究给予了重要的协助。

囿于作者理论水平和研究深度，同时研究和写作时间较为紧迫，书中不妥之处仍在所难免，我们诚挚希望各位读者和同仁批评指正、赐教指点，以便我们不断完善和深入研究。

著　者

2024 年 9 月

目　录

1 绪 论

“土地平旷，屋舍俨然，有良田美池桑竹之属。阡陌交通，鸡犬相闻”，《桃花源记》描绘的美好山水和理想村落如同传统中国乡村的代表图景，深植于传统中国人的内心深处。乡村是中国传统文化的根基，寄托着乡愁也凝聚着记忆。农耕文明之下的中国乡村缓慢地发展了数千年，形成了一套环境适应、天人和谐的稳定体系和乡土智慧。直到受到近代西方工业文明冲击，传统农耕文明开始演变发展，“乡土中国”开始了向工业文明转型之路。中华人民共和国成立后，在工业化的影响之下，以城市发展为目标，“农村反哺城市”成为国家的发展策略，城乡二元结构逐步形成，乡村资源被不断抽取供城市发展之需，乡村的发展逐渐边缘化。至 20 世纪末，“城市化”加速发展，“三农”问题全面爆发，乡村的经济、社会、文化可持续发展的问题日益引起全社会重视。进入 21 世纪后，国家连续多年聚焦“三农”问题并相继出台了多项政策，积极推进城乡一体化发展。至此，城乡统筹和乡村振兴成为发展的新方向，乡村迎来重新发展的重要契机。当前的中国乡村，旧的格局正在被逐渐打破，新的秩序尚未稳定，乡村景观也在这个历史阶段中经历着转型。中国乡村在几千年传统农耕文明之下积累而成的传统空间格局正在经历着文明转型带来的冲击，这个转型在最近 10 年以来伴随着城市化的加速而发展得更为迅猛。在时代转型的过程中，乡村传统文化中尊重自然、适形而止的谦卑态度逐渐被改造自然、人定胜天的思维所影响，“均平共生”的人居观念逐渐让位于凸显自我的个体意识，呈现出一个受现代文明冲击，传统价值观与固有生活方式渐变，复杂矛盾的当代乡村，由此也带来了乡村景观由传统向现代的变革。

海南岛北部地处边缘热带，受闽粤地区文化影响深远，独特的资源地理条件和历史文化渊源塑造了本区域独特的乡村景观风貌。自海南建省以来，经历 30 余年的发展积累与开拓探索，琼北八市县的城市景观品质得到了较大的提升，取得了有目共睹的发展。在城市之外，长期以来城乡二元结构的影响，导致了琼北乡村在经济水平、文化观念和技术资讯等领域的相对滞后，总体上处于经济和社会发展的边缘地位，景观则基本上保留了传统乡村质朴原真的风貌图景。近年来，随着琼北乡村社会经济的加速发展，传统乡村不可避免地受到现代文明的冲击，在经济水平、文化观念及社会结构等诸多层面发生了显著的变化，这些变化折射到乡村物质空间形态之上，给乡村景观带来了改变。由于本阶段大量的乡村营建缺乏科学而有效的引导，琼北乡村景观面临着文化失真、空间失序、生态失衡的危机。本书的初衷即是为了更好地认识、保护与发展琼北地域乡村景观，解析其乡土智慧，保留其地域精神。Jackson（1984）认为，乡村景观的核心是将景观形式与景观背后的影响因素相关联来认知世界。琼北地区乡村景观“表象”的背后涵盖了本区域乡村在自然环境、经济技术、社会结构和文化观念等诸多深层结构上的相互作用和共同影响，对这些影响因素及其内在规律的解读有助于我们对本区域乡村景观的空间构成及其地域特征的认识和总结，并进而有助于对其未来发展进行有效的引导。

总体来看，在文明转型的宏观背景下，在波澜壮阔的时代变革画卷中，在传统农耕文明影响下累积而成的琼北乡村景观图景，经历了工业文明冲击，正在演进与更新，朝生态文明跃进。不可否认，随着文明的转型，旧的乡村图景终将与我们渐行渐远，或者以新的形式出现。当下如何保护和优化琼北地域乡村景观，如何“望得见山、看得见水”，不让曾经美丽的“乡愁”变成难以释怀的“乡痛”，需要我们遵循乡村景观的生成规律和发展逻辑，饱含敬畏之心在未来予其更多的关注。在这一过程中，机遇与挑战并存，发现其中的规律，解决出现的问题，做出科学的引导，正是本研究选题的初衷。

1.1 研究背景

1.1.1 文明转型与琼北乡村景观的宏观图景

作为我国唯一的热带岛屿省份，优美的自然风光，良好的生态环境，包容的文化氛围和独特的地理区位使海南岛在历史上一直处于相对安定的社会状态，不断地吸引来自中原大陆人口的迁入。琼北是海南岛最接近大陆的区域，承接了大量来自大陆（特别是广东和福建两地）的移民，历史上受闽粤两地文化影响深远。从原始洪荒的自然岛屿经由人类数千年的垦拓发展而演变至今，琼北乡村景观的演变总体来看是渐进而缓慢的。

农耕文明时代，琼北乡村社会主要以血缘与地缘关系为纽带，以家庭为单位的精耕细作、厚生利用的小农经济为基础，受自然意识、传统观念和宗族礼制等传统文化观念影响，呈现出简洁质朴、和谐自然的乡村景观风貌。随着历史的发展和工业文明的逐渐渗透，社会生产力和乡村经济水平的发展提升了人类改造自然的能力，基于传统农业所产生的文化观念、美学意识，以及与大自然相处的种种乡土智慧也随着文明的转型而逐渐式微。从传统文明向现代文明过渡，在全球化与地域化的拉锯之中，由于乡村生产生活方式的更新，文化观念、审美偏好和空间需求的改变，传统农耕文明下琼北乡村景观的地域特征逐渐受到冲击。传统的宗族礼制、顺天应地等内在法则被逐渐遗忘，失去了对村落空间格局的约束力，乡村景观的演变从渐进转为激变，而外在管理与引导的缺失滞后则更是在一定程度上加剧了这种转型中的混乱。总的来说，乡村景观是乡村经济、社会、文化等背景因素发展演变的自然呈现，它既传承了乡村社会在历史演进中的文化信息，也呈现出新形势下乡村人地关系的新图景。乡村文明的转型，带来了乡村社会在经济水平、社会结构、文化意识和生产方式等多方面的转变，这些转变借由人类的空间偏好和空间行为映射到乡村社会的空间形态之上，最终带来了乡村景观的转变更新。

从当代琼北乡村建设发展的政策背景来看，基于城乡一体化发展的利好政策已经持续多年，由国家到地方的多种政策成为引导海南乡村发展方向的主要力量。“推进农村生态文明建设”“努力建设美丽乡村”早在2013年的中央一号文件中就被提出。同年，海南岛开启“美丽乡村”建设，并延续至今。2016年国家旅游局将海南确定为首个全域旅游创建省，为全国探索经验、做出示范。在城乡统筹发展、美丽乡村建设和全域旅游试点等多重政策利好背景下，海南岛乡村地区迎来了发展的新契机。为此，海南省提出了“科学发展、绿色崛起”的乡村发展目标，以解决“三农”问题为突破，以改善乡村生产、生态和生活为抓手，全面推进“美丽乡村”建设。在经济层面，城乡统筹下琼北乡村经济持续发展，为本区域乡村的空间更新和环境优化提供了资金的支持。依托琼北乡村独特的景观资源，发展乡村休闲、农业观光和生态养生类项目不断兴起。其中，琼海市嘉积镇的北仍村充分发掘地方资源，通过对乡村景观的优化，将其打造成生产功能和旅游功能结合的田园综合体，实现了从一产到三产的跨越，改善乡村环境的同时，极大地激发了地方经济。在文化层面，随着乡村社会、文化和经济的发展，琼北乡村社会的文化自信在逐渐恢复，乡土文化的价值和意义被重新认识，互联网的积极影响使乡土文化的传播更为广泛。在社会层面，发展乡村经济，提升生活品质，分享发展的红利，一直都是琼北乡村社会内在的渴求。总体来说，琼北乡村正处于转型发展的利好背景下，而这也必将有利于琼北乡村景观整体上的优化提升。

1.1.2 当代琼北乡村发展中的地域景观危机

近年来，随着琼北经济圈的发展，琼北乡村地区在经济水平、社会格局和生活方式等方面的转变也逐渐带来了本区域乡村景观的转变。由于此前乡村景观的综合价值不被大众普遍认识，虽有学界的关注，但无论是政府层面的控制引导还是乡村社会的保护意识都略显滞后，琼北乡村景观在当代发展中，其地域特征的延承不足与发展危机逐渐显现。

1.1.2.1 传统格局失序

农耕文明之下形成的传统乡村历经长期的自然演进，逐渐形成和谐稳定的空间格局。随着文明的转型，旧有的乡村空间格局难以完全契合新时代背景下的乡村生产生活需求，空间格局失序的情况就出现了。

受历史上琼北移民的祖居地文化影响，琼北传统村落以类似于广府地区的梳式聚落为主，多为建立在血缘、地缘关系上的宗族聚落，整体村落格局相对紧凑。随着当代琼北乡村社会经济的发展，聚族而居的内向型布局模式逐渐朝外向型分布模式转化。新建民居除去“原拆原建”的部分，更多地朝交通便利处迁建，有些甚至脱离传统村落范围束缚而成为一个个散落的“离岛”。这就使得传统村落的向心形态开始松动，村落边界逐渐离散，以往清晰的聚落整体格局逐渐失序，村落出现空心化。

在村落内部空间上，生活水平、产业发展和人口变化带来了空间结构的转变。琼北地区适应农耕生产生活方式而形成的传统村落格局在面对现代生活中的机车入户、自来水入户、空调降温、电视普及等需要时，已经难以完全满足，新的生活方式给村落空间带来了更多改变：过去狭窄的村道被拓宽以方便车行；供水管网的完善使得村民不再需要到井口去打水，传统琼北村落中以水井为核心的交往空间逐渐消失；琼北传统民居的坡地建房、绿色庭院和宅间冷巷等气候适应方式不再受到特别的重视，空调的出现给独院楼居提供了居住的舒适性，也在一定程度上支撑了这种形式的推广；现代生活和娱乐方式之下，电视的普及使得个体的娱乐得以满足，传统的公共休闲空间逐渐消失。此外，在村落内部，场所的构建由于缺乏控制与科学引导，往往较为杂乱且建设水平较低，缺乏规范有序和适度的空间场所。

在民居空间格局上，过去的琼北传统民居在提供居住功能的同时往往还兼有种植、养殖和储藏等生产功能。随着乡村社会的发展，住宅空间非农化和乡村老龄化的趋势使得单纯居住功能的民居更多出现，民居庭院内部的晒场、饲养场、谷仓等逐渐消失。此外，在琼北某些地区，随着乡村产业结构的变化，二产和三产的发展刺激了民居对产业空间的需求，商业和服务业的用地面积不断拓大，民居传统的居住功能也逐渐有了商业化的发展趋势。比如一些传统村落在旅游转型后，商业和旅游业用地面积大量增加，民居院落或底层也常常被加以改造以适应商业经营活动。尽管琼北不同区域的村落有着不同的建设偏好，但总体来看，乡村新建民居的空间形式却十分相似，以二至四层楼居为主，水平形态的传统居民逐渐转变为垂直形态的楼居。此外，传统多代同堂的大家族生活模式逐渐细分为更为独立的个体小家庭模式，这也导致了合院民居朝独院楼居的发展，传统民居形式逐渐消亡。

总体来看，当代文明之下，经济和社会发展正在逐渐改变着琼北乡村的传统空间格局。从历史的发展来看，这种改变是必然的，但这也对现代乡村生产生活方式背景下乡村景观的地域性的保护与发展提出了更高的要求。

1.1.2.2 景观风貌混乱

近20年来，全球化和城市化的影响，城乡交通与通信的发展，不同文化之间的相互影响使得海南岛内外文化趋同的现象日益明显。当代琼北乡村社会的价值观念、生活方式以及审美趣味等正在潜移默化地改变着其乡村营造与景观风貌，传统乡村景观所蕴含的地域特色渐失，乡土文化的认同感亦逐渐减退。

当前，在很多自上而下的规划指导中，传统人居文化所体现出的乡土智慧被漠视，出现直接忽略地域环境，盲目西化、照抄照搬的情况。类似城市的“住宅小区”和“园林景观”越来越多地出现在乡村新建社区中。大量以“现代”“快速”为原则的环境营造盲目模仿城市景观，常常不仅缺乏乡土特色和地域特征，还破坏了乡村景观的既有风貌。在传统自然村落之外，随着城市化加速而逐渐增多的“城中村”更接近于城市的风貌形态，“空心村”① 日渐颓败而失去活力，“迁建村”则往往以形态单一的标准化布局出现，合并新建的“迁建村”虽然有了居住环境的提升，但往往改变了村民过去以自家建筑为核心的山、水、林、田、屋有机融合的生产生活模式，失去乡村景观的传统美感。

另外，琼北农村地区受教育水平普遍较低，这也直接导致了基层政府和村民对乡村景观风貌的认识不足，缺乏文化传承的意识和传统美学的观念，在自下而上的自主建设

---

① 2013年由中国社会科学院农村发展研究所编写的《中国乡村发展研究报告》对全国农村空心化阶段进行了深刻分析，引发了社会的广泛关注。该报告指出海南岛已处于农村空心化的成长期。

中，因“邻里竞争”“旧不如新”和“贪大求洋”等观念影响，“推倒重建”和“择址新建”成为乡村建设中常见的空间行为。老房被拆除并建造为新居，传统地居与庭院模式逐渐解体，类似城市的楼居建筑大行其道。乡土材料和传统技术被逐渐舍弃，取而代之的是钢筋水泥和瓷砖涂料。新建民居与传统民居在材料、尺度和形态上差异明显，柱式粗犷的欧式洋楼、白墙黑瓦的江南风格以及毫无地域特色的现代建筑等无视琼北传统地域风格的新建筑形式大行其道。在此背景下，由于乡村地区普遍缺乏统一引导和有效监管，居民出于不同空间诉求和审美偏好的自发建设使得村落中往往新旧建筑交织杂陈，风格体量各异，这也直接导致了乡村景观风貌的混乱。

1.1.2.3 田园环境破坏

由于琼北地区独特的热带区位和渐进迟缓的历史发展状态，人类对自然环境的破坏侵扰较小，总体上本区域环境的再生能力较强，乡村生态基底良好，维系乡村生态功能的各个子系统能基本满足平衡发展要求。但是，随着近年来琼北地区城乡建设的加速，山水环境逐步遭到破坏，不当建设之下乡村自然环境的破坏愈发严重。

从宏观视角来看，集镇和村落在乡村以点状分布，道路沟渠等为线形，农田则为面状，其景观格局对乡村景观亦有较大影响。近年来，随着科技的发展和生产模式的变化，规模化的生产刺激了土地的合并整理，精耕细作的小尺度园地逐渐消失，新品种和反季节瓜菜的推广刺激了大棚的增加，在一定程度上也影响了田园景观风貌。例如，由于经济效益的驱动，大面积的天然林地被不断地开垦成为种植种类单一的耕地、热带果园或作物种植园，乡村天然林生态系统覆盖面积缩减与形态破碎化加剧，乡村生物多样性减少。比较突出的是橡胶、桉树等人工林大量取代天然林，使琼北乡村地区天然林面积不断减少。同时，乡村道路和灌溉沟渠等基础设施普遍硬化，与琼北乡村景观的自然特质形成较大反差。此外，随着琼北地区城乡发展的加速和人类生产生活的拓展，乡村自然资源被不断抽取。由于乡村区域自然环境中各空间要素所涉及的管理权属复杂，各部门间沟通协作不畅，区域性的生态保护工作往往难以推进。非法采石采矿、挖沙取土，生产污水随意排放等行为对山体、河道带来了严重的景观破坏，也往往对琼北乡村区域性的田园环境造成影响。

琼北地区逾六成人口居住在农村，虽然新农村建设对本地区乡村环境起到了一定的推动作用，但农村生态环境状况仍然不容乐观。从政府方面来看，一方面乡村生态方面的基础设施需求大、成本高，短期内较难全覆盖，另一方面是专业人员缺乏、管理机制不健全，往往宣传也不到位，致使乡村人居生态构建缺乏上层引导，相关设施也未见得完善。从村民自身来看，乡村地区群众的环境意识和法规意识不强，保护环境的主动性较弱。在当代乡村营造中，传统人居空间中和谐有序的能量循环和物质交换模式被打破，乡土生态智慧被遗忘。比如，对传统风水林和风水塘的利用与保护，聚落选址和环境适应策略被忽略，人居空间硬化面积扩大，村落绿化面积减少，对自然的敬畏逐渐演变为对环境的轻视。在这样的背景下，琼北乡村人居生态环境的恶化就在所难免了。

1.1.3 琼北地域乡村景观理论研究的紧迫性

城乡统筹发展背景下的乡村建设正在全国范围内如火如荼地展开。在此背景下，乡村问题重新被学术界所重视，吸引了包括经济、社会、生态以及规划设计在内诸多学科的关注。在规划设计领域，虽然《中华人民共和国城市规划法》已被《中华人民共和国城乡规划法》替代，但是乡村和城市在规划设计方法、技术标准、管理制度、人才支撑等方面存在巨大差距，有关乡村环境建设和景观规划设计的理论体系也处于研究总结与探索实践的过程中。乡村逐渐热闹起来，但这喧哗之下必须保持思考的冷静：一方面，在新一轮规划下的乡村浩荡场景之中，怀着不同心态、不同目标、不同水平的设计大军摩拳擦掌，盲目而快速的建设和“低质”的规划设计很容易带来错误的引导，而这也被吴良镛先生概括为一种“建设性破坏”；另一方面，虽然规划设计学科研究成果日渐丰硕，但城市与乡村在地理环境、空间肌理、文化模式、社会特征和生活形态等方面存在诸多差异，以往大量基于城市研究的“先进”经验和固有思路在乡村表现出不接地气与不合时宜，孤立、片面的规划设计思路亦难以指导乡村景观在现实中的统筹优化与持续发展。越来越多的研究表明，有关乡村规划设计的研究和实践需要把乡村生产、生活和生态结合考虑，乡村景观则在其中扮演了重要角色。关于乡村景观规划设计理论，特别是基于多种学科整合，结合地域特征的乡村景观研究虽有一定成绩，但总体尚在起步阶段。

审视当前涉及琼北乡村的研究概况，在琼北乡村急速变迁和无序发展的背后同样也是理论研究的滞后。过去，琼北乡村研究中涉及其景观的研究就相对较少，而琼海北仍村、海口冯唐村、儋州力乍村①等一批当代琼北乡村新的成功案例更从实践的角度体现了琼北地域乡村景观理论研究的急迫性。从乡村景观的地域特征来看，橘生淮南则为橘，生于淮北则为枳，由于各地区自然资源、人文风貌、经济水平等地域条件的不同，乡村景观呈现出不同的地域特征。海南岛北部作为一个独特的边缘热带区域，景观类型多元，自然景观和人文风貌独特：在自然环境上，独特的地理位置，造就了琼北优美的生态环境与独特的圈层地貌；在人文风貌上，沟通南北的地理区位，加上人口迁徙的民族因素，造就了琼北多元丰富的文化特征。因此，因地制宜的理论研究将是未来建设引导策略成败的关键，而对琼北地域乡村景观的理论研究也需要从更综合的角度出发，以学科统筹的方式系统性地研究。由于海南岛偏居一隅，长期以来并不处于学术研究的中心视野之中，琼北乡村景观研究亦主要以具体问题的形式被学界所关注，尚缺少整体系统的研究。

---

① 琼海的北仍村、海口冯唐村、儋州力乍村都是借助于旅游开发和城乡统筹发展的机遇，以乡村景观为媒介，有力地促进当地乡村经济发展的成功案例。在这些景观优化实践中，田园风光成了经济发展的资源，合理的景观干预对乡村产业经济、生态环境和社会文化产生了正面影响。从当前的趋势来看，在未来琼北乡村的建设实践中，乡村景观已经不再是简单的生产、生活图景，它已经开始成为参与乡村活力重塑的工具。新的时代背景下，琼北乡村景观的价值内涵逐渐丰富，生产价值之外的社会价值、生态价值和文化价值需要更好地被重视和利用，而这也对琼北乡村景观的理论研究提出了更高的要求。

1.2 研究内容

本研究在风景园林学科视野下，从琼北乡村景观的生成背景和历史演进出发，以琼北乡村景观的空间形态和形成机制解析为着眼点，研读其内在规律，总结其地域特征。再从城乡统筹背景下琼北乡村景观的当代价值入手，构建基于其内在运行规律和地域特征的乡村景观优化和发展路径。

通过史料分析与田野调查，本书回答了琼北乡村景观历史演进的基本问题，认为以生活为基础、以生产为目标、以风景营造为升华是琼北乡村景观的演进路径；热带环境下的自然与质朴、移民历史影响下的隐逸与适形是琼北乡村景观的主要地域特征；立足地理地貌特点进行生产景观优化，基于传统形态特征进行村落景观风貌管理，基于乡村人居环境进行生态体系构建，是琼北地域乡村景观未来发展的关键。

1.2.1 研究目的

传统农耕文明之下的乡村内部系统较为稳定，琼北乡村景观也在环境和人的长期相互作用之下逐渐形成了其稳定的风格特征。随着时代的发展，琼北乡村在经历了工业文明的冲击，朝生态文明转型的过程中，传统农耕生产体系之下累积而成的景观格局也逐渐走向变革。要合理地引导琼北乡村景观的未来发展，就必须了解它的生成背景和历史轨迹，明晰其空间形态及组织规律，明确其地域特征和价值所在，才能更好地引导它未来的优化路径。

琼北乡村景观的主要研究目的：

分析琼北乡村景观的生成背景，明晰其历史演进脉络，剖析琼北乡村景观的空间形态（What）。

梳理琼北乡村景观的环境影响因素，明晰其内在组织规律以及地域景观特征（Why）。

明确琼北乡村景观的当代价值，从其内在运行规律和地域景观特征出发提出琼北乡村景观当代发展策略（How）。

1.2.2 概念解析

概念的明确是学术讨论的前提。在讨论乡村景观之前，有必要先讨论何谓乡村？关于乡村的定义，我国在1955年规定，大于2 000人，非农业人口超过50%的即为城市型居民点，反之为乡村。从行政管理层面上来看，乡村是城镇规划区域以外的地方，我国农村基层组织按照“乡或镇—行政村—自然村”划分，“乡”往往涵盖一个或几个“村”。从物质空间来看，乡村主要由乡村聚落、生产性空间和自然山水所组成，乡村地区居民点密度较小，是与自然高度亲和的人居环境。从经济属性和产业结构上看，乡村与城市在资源与物质上交换互补，在历史的近期内大部分的土地都作为农林作物栽植、水产渔业、畜牧养殖等农业生产所用，土地利用形式以农业为主，兼顾二产及三产。从社会形态上看，乡村社会结构如人口、社群关系也与城市不同，是主要以血缘、地缘以及业缘维系的族群聚居地。简单地说，乡村主要是较城市而言，人口相对分散的地方。乡村的基本功能主要是以农业的方式为人类生存提供服务，主要遵循自然规律组织其生产活动。当然，从 20 世纪 80 年代末改革开放起，特别是近 10 年来，随着城市化的加速和城乡格局的演变，乡村的传统产业特征逐渐变化，非农经济发展加速，二产和三产的比重也在逐步增加。因此，从概念上来讲，较“农村”而言，“乡村”一方面在地理范围上对研究进行了限定；另一方面其概念更符合新型城镇化发展下城乡空间和产业结构变化的时代背景，也更能体现景观的多元价值，突出相对于城市的空间形态、功能组成和文化特征。因此，本研究选择“乡村”而非“农村”。本研究将“乡村”定义为以相对独立的居民点和以农业生产为主的区域，是除城镇发展区、风景旅游区和区域绿地以外的其他地区。

关于乡村景观的定义各学科之间多有交叉。地理学科对乡村景观的研究较早，地理学的视角普遍认为乡村景观是人类对自然的干扰形成的一种格局，是乡村地区自然、经济、社会、文化、人口等诸多因素的系统反映，重点关注乡村景观与乡村土地利用、经济发展和人口分布之间的关系。生态学认为乡村景观是乡村区域内的不同土地单元受自然和人类综合影响形成的以自然环境为基底，人工元素为斑块的复合镶嵌体。Upton 等（1986）认为乡村景观的形式特点主要是一种非设计的人工户外环境，其形式主要体现出日常性与普通性。Heimann（1981）则认为乡村景观的形式具有本土性、地域性特征。一般意义上，相较于当代快速建设的城市景观，乡村景观往往以某种“原始”的形态存在于以农业生产为主导的地区，谢花林（2004）将乡村景观定义为由农田、村落和水体等构成的，自然、经济和社会复合的生态系统。苏少峰和刘维团（2006）认为乡村景观是与城市景观相对立的类型。风景园林学科视角下对乡村景观的定义是多学科融合的趋势下，逐步吸收地理学、生态学和旅游学等诸多学科观点而不断发展的，关注点也由主要对视觉景观的关注逐步过渡到对生产、生活和生态景观“三生一体”的综合关注。陈英瑾（2012a，b）将乡村景观定义为城镇规划区外，具有明显田园特征和近自然环境地区的景观，是由经济、社会和自然三大系统形成的复合系统。林菁（2016）认为乡村景观是人类为了生存，对土地等自然要素加以改造和利用，所形成的生产和住居景观。综合以上研究，本研究对乡村景观的定义：乡村景观是城镇规划区之外，由人类和自然相互影响和持续作用形成的包含乡村聚落景观、农业景观和自然景观的环境综合体。

1.2.3 研究范围界定

本研究所涵盖的琼北地区由海南岛北部的文昌、海口、澄迈、儋州、临高、琼海、定安和屯昌 8 个汉族市（县）共同构成，其行政区划总面积 16 558 千米^2，历史上简称琼北八市县。从气候区划来看，琼北地区隶属于边缘热带①，与海南岛南部地区在气候上有一定差异。从地形地貌来看，海南岛北部主要是平原台地与丘陵低山，与海南岛中南部地区多山地及丘陵的地貌环境有较大差异。从民族构成来说，琼北八市县以汉族为

① 按照中国科学院地理科学与资源研究所的《中国气候区划研究》，我国陆地上的热带地区可以划分为边缘热带、中热带和赤道热带三个亚区。其中，赤道热带（主要为南沙群岛周边）和中热带（西沙和中沙群岛及海南岛南部）是我国真正意义上的热带。琼北地区属于边缘热带，冬季会有寒潮霜冻现象，其气候条件与接近于中热带的琼南地区有一定差异。

主，而海南岛中部和南部则主要为黎族、苗族。从中国建筑区划上来看，海南全岛属于夏热冬暖地区，但中部山地主要受黎苗建筑文化影响，在建筑形态上与北部地区有一定差异。因此，从地形地貌、气候区划和人群构成等因素综合考虑，本研究的“琼北”乡村地区范围，主要限定在海南岛北部 8 个汉族市（县）的乡村地区。此外，快速城市化背景下，城与乡的关系日益紧密，产生了所谓的“城村”（城中村或城郊村），其共同的特点是受城市经济、社会和文化影响较深，成为附庸于城市格局的特殊组织单位。从设计属性上看，“城村”由于各种复杂原因，已不是传统意义上的乡村，而更接近于城市的范畴，故暂不纳入本研究范围之内。

总体而言，本研究对“乡村”的研究范围限定在琼北地区城镇规划范围之外的广大近自然区域，主要由自然村落及其附属农地汇聚而成。琼北地区是海南岛历史上人口迁徙和环境开拓的始发地，具有深厚的文化积淀。本研究以琼北乡村为研究对象，对拓展研究海南其他区域乡村景观具有重要意义。

1.3 相关研究概述

琼北乡村景观是自然和人类在历史演进中相互作用的产物，表现为一定的空间形态，要明晰其内在规律，明确其特征所在，进而规划其未来路径，主要从宏观背景和微观形态两方面进行研究。

在乡村景观的宏观背景研究方面，琼北地区的自然地理、历史演进和社会人文是影响其乡村生成和发展的地域背景，而乡村地区的自然、社会、经济、民族等诸多因素往往通过对乡村景观要素组织规律的影响，进而对其景观形态产生内在约束和控制引导，因此具有研究必要。在乡村景观的微观形态研究方面，由于景观现象背后影响因素的复杂性，涉及乡村景观的研究视角也较多。概括起来，与乡村生产、生活和生态相关的诸多学科都涉及其中，其中产业、生态、聚落和乡土建筑等几个主要方面的研究成果与乡村景观微观形态的关系尤为密切。

1.3.1 乡村景观相关研究概述

在全球范围内的城市化、工业化以及现代化加速发展的背景下，乡村人居环境普遍发生了较大的转变。从 20 世纪 40 年代的欧洲发源，环境的破坏和文化的衰微在城乡对比下日益放大，这使得乡村逐渐获得了社会和学界的较多关注。乡村景观作为一种独特的景观类型，涉及乡村社会、经济、人文和生态等诸多领域，最初受到关注的研究视角主要来自人文地理学、景观生态学以及建筑学等相关学科。其中人文地理学科对乡村的关注较早，主要集中在乡村地理环境与聚落的关联研究上①。20 世纪 80 年代，随着人

① 人文地理学科对乡村聚落关注较早。F. Ratzel 在 1891 年出版的 *Human Geography* 第二卷中对人类聚落的各种历史形式进行了总结和探讨。1895 年 A. Meitzen 对德国北部农业聚落进行了形态、形因、发展条件及过程等的研究，奠定了聚落地理研究的基础。W. Christaller 在 1933 年以德国南部村落研究为基础创立了中心地理论，将人文地理学视角下的乡村聚落研究进一步推进。

本主义哲学思潮的兴起，其研究重点又逐渐过渡到社会和人文互动关系的综合研究，研究内容涉及乡村人口与就业、乡村冲突、聚落政策、乡村规划以及乡村可持续发展等，研究内容和成果日益丰富。景观生态学主要关注人类扰动下的乡村生态演变，其对乡村景观的研究主要从景观结构、功能和景观变迁过程入手，其研究重点也从最初的土地利用管理逐步发展到人地和谐、乡村环境资源的可持续利用研究以及生态多样性保护研究等相关领域①。建筑学和规划设计类学科主要对乡村建筑和环境综合体进行研究，强调对地域环境下人居空间营造模式和运行规律的研究，由于该领域的综合性，其研究方法对地理、生态以及社会人文等学科多有借鉴，其相关研究范畴主要由以传统建筑和聚落的空间形态和构建逻辑为核心，逐步扩展到对其生态适应、文脉传承及保护更新等更多视角的研究②。尽管各学科研究角度和思路方法各不相同，但综合起来主要涵盖了从宏观层面对乡村景观内涵及规律的研究，以及从微观层面对应用实践的研究。分学科来看，地理学科和生态学科更多偏重于对乡村景观的现象分析和规律解释，规划设计类学科则更为注重通过对空间形态的研究以助于解决其保护更新和发展建设中的实践问题。此外，随着各学科之间的联系日益密切，各学科的研究方法也多有融合，学界对乡村景观的认知也日益深入。

风景园林学作为一个复合型学科，不仅与地理学、生态学以及建筑学等学科或领域联系紧密，还受到农学、植物学和艺术学等学科范畴的影响，强调综合统筹的研究方法。从风景园林学的视角来看，与本研究相关的地域乡村景观研究方向主要集中在以下几个方面：一是针对乡村景观本质内涵和形态特征的研究探讨，较有代表性的如美国文化地理学者 Jackson（1984）对乡村景观生成基础的研究，他将乡村景观定义为“非政治因素驱动的文化景观”，通过将“乡村景观”与“政治景观”对比，分析了乡村景观形式的“地域性、对环境的适应性和不可预期的动态性”③；二是乡村景观的历史演进研究，W. G. 霍斯金斯在《英格兰景观的形成》一书中详细梳理了 1 000 多年来的英格兰景观演变史，其中有大量关于英格兰乡村景观历史演进的论述。Meeus 等（1990）进行了欧洲农业景观的变迁研究；三是乡村景观的保护与发展及相关研究，较有代表性的有：Vos 和 Meekes（1993）关注了乡村文化景观的保护与发展，Palang 等（2004）关注了全球化背景下欧洲乡村景观的应对，Gallent 等（2008）关注了乡村景观规划问题，Wiggering 等（2010）关注了欧洲乡村的土地利用更新、基础设施整合与气候变化适应

---

① R. Forman 和 M. Godron 在 1986 年合著的 *Landscape Ecology* 中，提出基于生态理论的土地利用与规划模型，被称为“可能景观设计”。德国景观生态学家 Haber 以景观生态学应用理论为基础，建立了针对农业用地与生物多样性保护的策略系统。

② B. K. Roberts 在 *Landscapes of Settlement Prehistory to the Present*（1995）中，选取矿区、农区和牧区 3 种类型的村落，探讨了乡村聚落从史前到现今的演变历程。A. Rapoport 在 1969 年的 *House Form and Culture* 中从文化景观的角度对传统乡村聚落的自然和人文环境适应机制进行了分析，探讨其建筑风格与地域特征的内在关联。

③ J. B. Jackson 将文化景观分为“Political Landscape（政治景观）”和“Vernacular Landscape（乡村景观）”。政治景观由政府建立，由行政机构来管理，寄望于永久并有计划地演进；乡村景观几乎不由行政力量组织，具有风格上的地域性、对环境的适应性、不可预期的机动性等特征。

与乡村景观创新问题。

在乡村景观的地域性研究方面，国家自然科学基金中有：李自若2016年的青年科学基金项目“基于LCA的区域性乡村景观游憩网络构建——以京津冀平原地区为例”，曾莉2018年的青年科学基金项目“艺术介入下村落景观的地方重构研究”，韦娜2018年的青年科学基金项目“黄土沟壑区乡村景观营建的整体方法研究”。近年来与乡村景观地域性较为相关的风景园林学方向的博士论文有：方志戎（2012）对四川西部林盘景观的研究，王南希（2014）针对京西门头沟山区村落的乡土建筑与景观研究，孙炜玮（2014）对浙江地区乡村景观营建整体方法的研究，林琳（2018）对粤西地区乡村聚落空间的人居环境特征的研究，杜娟（2021）利用景观可持续发展的角度对湘西土家族苗族自治州的传统村落进行了研究，胡泽浩（2022）将景观特征识别保护方法在珠三角乡村中开展了研究，这些研究中基于地域特征的乡村景观研究思路对琼北乡村景观的研究有一定的借鉴意义。

总的来说，随着我国城乡一体化发展的深入，乡村进一步成为研究的热点。乡村景观也逐渐成为风景园林学术研究的重要对象，基于地域特征的深入研究将是未来乡村景观深入研究的重要分支，而这则是本研究的重点所在。

1.3.2 琼北乡村景观相关研究基础

1.3.2.1 本区域自然人文等相关研究

海南岛北部独特的自然地理和社会人文环境是其乡村景观生成演进的宏观背景，针对这两方面的研究有助于我们对乡村景观的生成背景进行全面的了解。

总体来看，海南岛偏于南海一隅，不仅因长期不受统治阶级所重视而文字记载鲜见于史籍，本地区自古以来也较少受到学界关注。在此仅选择与本研究相关的较有代表性的自然人文研究成果进行简述。关于本岛地理、历史、人文等相关研究《史记》中专列《封禅书》一章，其中有“东巡碣石，并海南，历泰山，至会稽”一句，是历史上关于“海南”此名最早的记载（周伟民和唐玲玲，2017）。古人对海南岛地理和人文未有系统研究，关于古代海南的记录主要散见于诸如《汉书》《新唐书》《太平寰宇记》《岭外代答》等历代古籍以及《正德琼台志》《琼州府志》《崖州志》等地方志书和关于海南岛的诗词歌赋之中。民国是海南岛由古暨今的转折时期，自这一时期起，开始有学者运用现代科学研究的方式对海南自然地理和社会经济等情况展开研究①。20世纪30年代末陈铭枢通过在全岛各县的实地调查，主持编修了《海南岛志》，王国宪（2004）对海南地方文献整理出版的《海南丛书》比较有代表性。这一时期，国内海南学研究展开之时，国外学者对海南岛也有关注，比较有代表性的是德国学者史图博于1931年、1932年在海南岛进行的民族学调查，并成书《海南岛民族志》，作者用民族学、语言学和人类学的科学理论，论述了黎族的生产、经济、服饰、语言、宗教、艺术、风俗和社会生活的各个方面，是研究海南

① 1928年，法国传教士萨维纳神父在军队护卫下在海南岛各地作了实地调查后撰写了记录海南地理人文的《海南岛志》。

岛民族文化的重要资料。甲午战争之后至“二战”结束，出于对海南岛资源的觊觎，日本学界对海南的研究也较为详细，出版了《海南岛农村经济论》《海南岛史》《海南岛记》《海南岛全貌》等一大批关于海南历史地理的研究，分别从海南岛历史发展、地理资源和民族文化等方面进行了详细记录。中华人民共和国成立后，随着海南经济社会的持续发展，国内学界对海南岛历史文化、地理资源、社会经济等方面的研究逐渐深入，不断丰富。在以人文地理为基础的综合研究方面，比较突出的是杨德春（1988）的《海南岛古代简史》、司徒尚纪（1987a）的《海南岛历史上土地开发研究》、朱闳（1992）的《海南文化的特质和历史地位》等一系列研究，主要从社会历史和人文地理的角度对海南岛历史沿革和空间变迁进行了系统和深入的探讨。周伟民和唐玲玲（2017）的《海南通史》，详细梳理了海南历史演进的脉络，包含了从田野调查成果到文献典籍考据的资料。总体而言，随着海南社会文化的发展，学界关于海南岛历史地理、社会人文等诸多方面的研究逐渐丰富，这些成果为海南岛北部乡村景观生成背景和特征形成等相关研究提供了较为翔实的资料基础。

1.3.2.2 琼北乡村景观的相关研究

从乡村景观演进发展的历史逻辑来看，乡村产业的良性发展带来了安居生活，有了安居的生活之后才能逐步考虑环境生态的提升。由于乡村景观涉及乡村生产、生活和生态等诸多方面，研究琼北乡村景观的未来发展，就必须将景观研究和乡村的“三生”体系结合起来考虑，而乡村景观的相关研究也因学科和角度的不同而各有侧重。学界对琼北乡村景观的关注较晚，目前主要以乡村生态保护、乡土聚落和建筑研究为主，尚无系统综合的景观理论研究。这里选取主要涉及琼北乡村“三生”系统的乡土聚落、乡村产业、乡村生态 3 个方面的景观研究进展进行分析。

关于琼北乡土聚落和乡土建筑的相关研究最初主要由岭南建筑研究开端。20 世纪 60 年代，由广东省建筑设计研究院牵头对海南岛乡土聚落和乡土建筑进行考察研究，为本区域乡土聚落和乡土建筑研究积累了宝贵的资料。“文革”后，海南岛汉族乡土聚落和乡土建筑的研究逐步得到重视。比较有代表性的有：海南省勘察设计协会 1999 年出版的《海南传统建筑实录》，阎根齐（2008）进行了海南古代建筑研究，杨卫平（2008）对海南古村古镇进行了解读，杨定海（2014）对海南岛汉族传统聚落和民居的空间形态进行了系统详细的论述，林广臻（2018）对海南历史建筑进行了梳理。除以上研究外，还有很多关于琼北传统聚落和民居的研究，有些是基于文献整理的成果，有些是田野调查的收获，均有助于丰富和完善对海南传统乡土民居和乡土聚落的认识。总的来看，这些研究成果中选取较有代表性的案例对传统乡土建筑和聚落空间的解析较多，对琼北乡村景观的研究还需要进一步的系统分析和研究。

农作物的种植类型和发展规模等对乡村地区生产性景观有主要影响，研究琼北乡村景观的历史演进有必要参考琼北农业的发展研究。海南岛乡村传统产业以农业为主，古代没有针对海南农村和农业的专业论述，仅有些许言论偶见于地方志和诗词歌赋之中。抗战爆发之前，中山大学农学院成立了琼崖农业研究会，以“研究农学、革新农业、改良琼崖农村”为宗旨，主要研究海南热带农业资源的开发，发表了

《琼崖农村》《琼崖农业研究会丛书》等一系列关于海南农村经济、农作物、林业和矿产资源方面的研究报告（何瑜，1992）。中华人民共和国成立后至今，海南乡村持续发展，以中国热带农业科学院为代表的科研机构及相关专家学者对以农业为代表的海南乡村产业发展进行了持续和深入的研究，研究成果涵盖了土地利用、作物栽培、生态保护等诸多方面。

在海南岛乡村生态研究方面，基于广域范围的生态研究有助于从宏观的角度分析乡村生态环境的发展策略。较有代表性的有：武赫男（2006）对海南岛农业建设、自然保护、生态旅游和生态文化几个方面进行了规划研究，颜家安（2006）从历史变迁的角度研究了海南岛生态环境的变迁史，谢跟踪（2009）对海南岛进行了总体生态区、生态亚区和生态功能区的划分。总体来看，海南乡村景观的生态学研究在尺度上涵盖了从宏观到微观的范围，涉及了农业、林业、旅游业等多个层面，但总体上偏于生态学自身的研究范畴。

综合起来，琼北乡村景观的研究进展与其乡村发展的历程及需求呈正相关态势，对乡土聚落的研究体现了对生存策略、文化承袭和乡土技术层面的关注；对产业景观的研究是随着本地区乡村产业的转型和发展逐步深入的；对乡村生态景观的关注是新型城镇化背景下城乡生态统筹的趋势体现。学界对琼北乡村生产、生活与生态等诸多层面的研究为本岛乡村景观演进与发展研究提供了一定基础，但又往往局限于某一学科范畴之内而显现出单一性。未来如何在景观视角上综合各学科研究成果，博采众长、综合统筹将是进一步进行琼北乡村景观研究的关键。

1.4 研究方法及意义

1.4.1 研究方法

（1）田野调查与文献研究结合

田野调查与文献研究的第一手资料是本研究的基础。本研究首先以人类学研究的方式深入乡村，通过观察了解、资料搜集等方式对样本地区的乡村景观进行调查；此外，通过测量记录，获取琼北地区村落形态、建筑风貌、植物种类等研究相关资料。由于乡村景观的日常性、动态性和乡土材料的局限性，乡村景观遗存往往较少，加之历史文献对乡村关注较少，很多乡村景观的解读往往只能使用各种周边资料去分析和推测。本研究在琼北乡村景观的历史推演和解释方面主要通过对地方文献、考古资料、诗词歌赋、绘画资料等的研究进行。田野调查与文献研究的结合，有助于对琼北乡村景观的基本格局的认识和理解。

（2）综合统筹的系统研究

本研究缘起于海口和文昌乡村景观优化实践的策略思考之中，进而由点及面拓展至琼北乡村景观历史演变的研究，最终深入琼北乡村景观地域特征传承与发展的研究。景观是人文和自然相互作用的综合产物，乡村景观本身也是一种文化景观，这就超越了物质空间的层面进入了人文的层面。由于在具体的研究中不同学科研究视角往往各有侧重，要从整体视角上把景观涉及的各个层面系统联系起来，做到合璧之美，进行多学科的综合统筹研究就是必然的路径。

（3）基于形态的多尺度分析

形态（morphology）由希腊语中的形（morphe）以及逻辑（logos）构成，指形式的构成逻辑。本研究在琼北乡村景观的历史演进上以时间的尺度为经，以空间的尺度为纬进行了综合研究，试图阐释空间形态的变化及其变化背后的时间序列。尽管琼北众多自然村落由于环境的影响和人的作用呈现出空间形态的差异，但其基本的内部秩序是趋同的，其空间的组织原理也是近似的。因此，在对乡村景观空间形态、影响因素以及景观优化策略的分析中，采用了由局部元素到整体格局，由典型的个体到广大的群体，由宏观格局到微观单元的多尺度分析方式。

（4）现象与逻辑相统一

解析空间形态背后的空间行为和空间需求，追寻隐藏在视觉表象背后的影响因素。当分析乡村景观众多表象，考虑其未来管理引导决策时，有必要了解乡村景观发展演变的影响因素和内在逻辑。所谓“内在逻辑”是指事物发展的客观规律，不以任何人的意志为转移（俞吾金，2013）。研究试图通过逻辑上的分析与综合、归纳与演绎等手法，解析并总结海南岛乡村景观空间表象背后的内在规律，最后再基于这种规律和特征总结合理的发展策略。这里的内在逻辑主要有两个视角：一方面，由于自然地理对景观形态的约束和限制的作用，基于地质地貌、大气水文、生物生态等多方面的自然地理研究是琼北乡村景观基础研究的必要视角；另一方面，由于经济技术、社会人文、制度政策等方面对乡村景观的影响，与之相关的文化研究也必不可少。总体来说，琼北乡村的发展有它内在的逻辑，本研究试图透过众多现象进行“本质分析”，而非仅停留在现象表层的“技术分析”。

1.4.2 研究意义

（1）丰富琼北地区乡村景观的研究成果

在理论意义上，琼北独特的地理位置、气候特征和社会文化塑造了本区域乡村景观的独特性，这也使得本研究具有了一定的地域性和独特性。目前涉及琼北乡村景观的研究与文献主要集中在某些传统村落的空间格局和建筑形态等个案研究。本研究采集了琼北地区 358 个传统村落作为研究对象，首次针对琼北乡村景观全面、系统、深入地进行研究，梳理了本区域乡村景观的历史发展脉络，清晰并明确了其影响因素与地域特征，探讨其当代价值与未来发展，弥补了琼北乡村景观领域研究的理论空缺。

（2）为琼北地区乡村景观的发展提供理论支撑

本研究以琼北乡村景观的文化保护、综合利用和未来发展为问题导向，通过对琼北乡村景观的特征解读，分析其演化的外部影响因素与内在发展动力，这样既有助于以理论研究为基础，明晰并整合本区域乡村景观资源，将其转化为未来发展的资源优势，又能从根源上把握琼北乡村景观的地域特征，探讨其在现代乡村生产生活中的适应与发展策略，为其在未来的乡村建设中的保护与发展提供理论参考与支撑。

(3) 新视角下的琼北乡村景观研究

以往涉及琼北乡村的传统村落及民居研究主要从建筑学、城乡规划学的角度出发，研究乡村聚落及乡土民居，本研究则从风景园林学的视角出发，融合建筑学、城乡规划学、人文地理学等学科视角，将山水风景、农业景观和乡村聚落作为一个整体综合研究。首次系统地梳理其历史演进脉络，同时运用了 ArcGIS、空间句法、数理统计等研究方法从宏观至微观，对琼北乡村景观进行全面而综合的研究，并最终总结其地域特征以支撑其未来的发展。

1.5 研究框架

本研究主要分为 4 个大部分，包含了对琼北乡村景观的宏观背景和历史演进的基础研究（第 1、第 2、第 3 章），宏观格局和微观形态研究（第 4、第 5 章），景观形态的内在逻辑研究（第 6、第 7 章），当代发展及结语（第 8，第 9 章）（图 1-1）。

第 1 章首先对琼北乡村景观的研究背景进行了探讨，接着阐明了本研究的主要目的、相关概念并界定了研究范围，随后回顾总结了乡村景观的相关研究进展，归纳了研究方法，最后总结了研究框架。

第 2 章探讨琼北乡村景观的生成背景，分别从自然地理方面的独特区位、地貌结构、资源基础和热带环境，社会文化方面的移民历史、民系结构、治理格局和文化特质以及经济基础进行了分析。

第 3 章从琼北乡村景观的历史沿革入手，梳理了其发展演进中自然环境、生产环境和住居环境的变化脉络，解析其形态演变背后的关键节点和演进特征。

第 4 章以人文地理的分析方法，从自然风景、农业景观和乡村聚落三个方面对琼北乡村景观的宏观格局进行了剖析。

第 5 章主要以村落为核心，结合自然山水和农业作物，分析琼北乡村景观的构成要素并总结其空间模式。紧接着将琼北乡村景观与其祖居地的闽东南和广府地区乡村景观，以及琼南地区的乡村景观进行了对比研究。

第 6 章从环境的客观影响和人的主观作用两个角度入手，分析了自然环境、社会经济、制度观念和材料技术，以及人的内在需求和外在适应、群体观念与个体意识对琼北乡村景观的影响。

第 7 章进一步对琼北乡村景观的形态构成进行结构剖析，探讨其内生秩序和附加文化，进而总结其地域特征，为后续的琼北乡村景观当代景观发展研究提供支撑。

第 8 章进行了产业景观、村落风貌和景观生态的景观优化策略分析。

第 9 章结语部分对本研究进行了总结和展望。

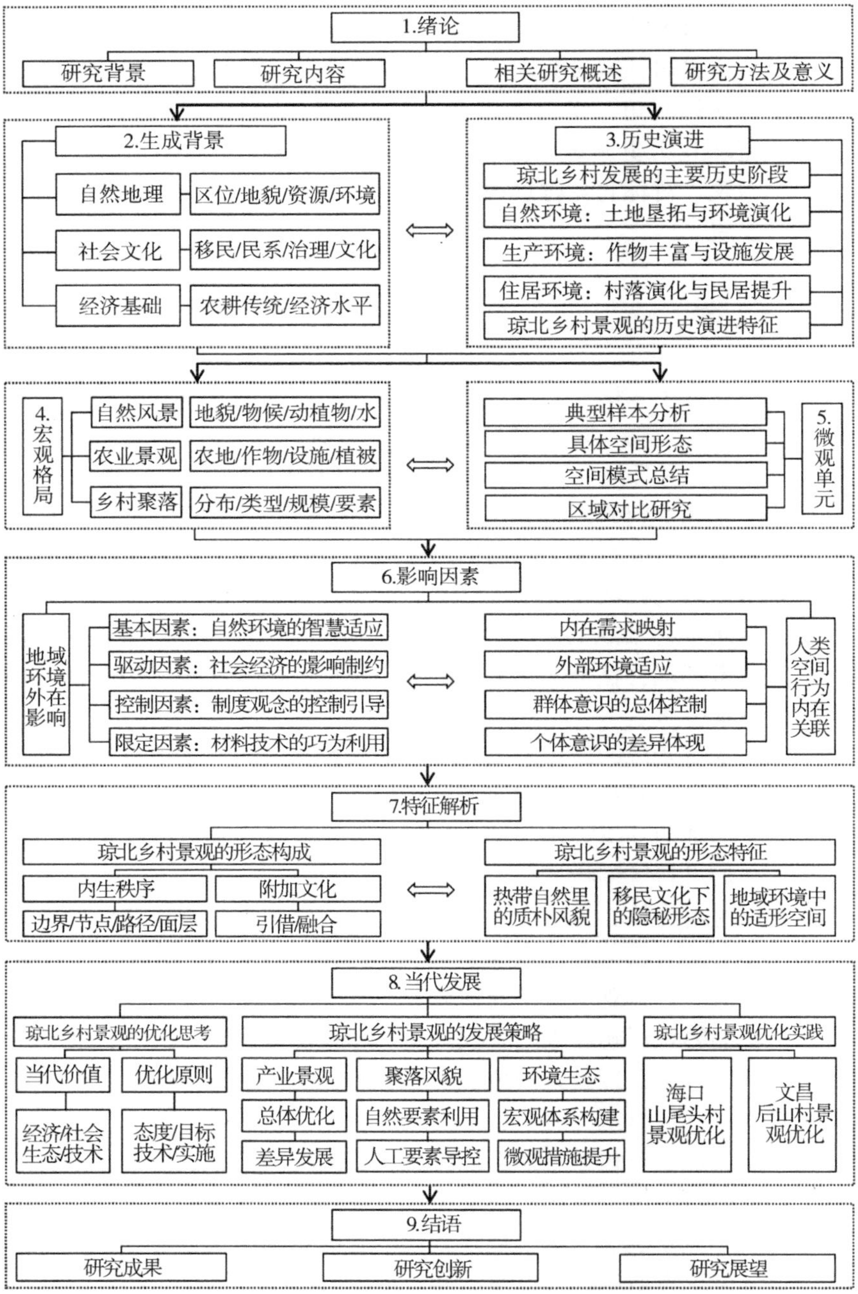
1.绪论
研究背景
研究内容
相关研究概述
研究方法及意义
2.生成背景
自然地理
区位/地貌/资源/环境
社会文化
移民/民系/治理/文化
经济基础
农耕传统/经济水平
3.历史演进
琼北乡村发展的主要历史阶段
自然环境：土地垦拓与环境演化
生产环境：作物丰富与设施发展
住居环境：村落演化与民居提升
琼北乡村景观的历史演进特征
4.宏观格局
自然风景
地貌/物候/动植物/水
农业景观
农地/作物/设施/植被
乡村聚落
分布/类型/规模/要素
典型样本分析
具体空间形态
空间模式总结
区域对比研究
5.微观单元
6.影响因素
地域环境外在影响
基本因素：自然环境的智慧适应
驱动因素：社会经济的影响制约
控制因素：制度观念的控制引导
限定因素：材料技术的巧为利用
内在需求映射
外部环境适应
群体意识的总体控制
个体意识的差异体现
人类空间行为内在关联
7.特征解析
琼北乡村景观的形态构成
内生秩序
附加文化
边界/节点/路径/面层
引借/融合
琼北乡村景观的形态特征
热带自然里的质朴风貌
移民文化下的隐秘形态
地域环境中的适形空间
8.当代发展
琼北乡村景观的优化思考
当代价值
优化原则
经济/社会生态/技术
态度/目标技术/实施
琼北乡村景观的发展策略
产业景观
聚落风貌
环境生态
总体优化
自然要素利用
宏观体系构建
差异发展
人工要素导控
微观措施提升
琼北乡村景观优化实践
海口山尾头村景观优化
文昌后山村景观优化
9.结语
研究成果
研究创新
研究展望

图 1–1　研究框架

2 琼北乡村景观的生成背景

乡村景观是乡村“人地关系”长期以来相互作用的结果，“人”是社会性的，也是在一定地理空间上活动着的人，“地”代表了与人类活动密切相关的地域环境。在乡村景观的生成过程中，乡村自然、社会、经济和文化环境的诸多要素，与乡村景观的各个层面构成关联。自然地理环境作为人类生存空间的背景在乡村景观中出现，既是人类生产生活的资源基础，又在一定程度上对其产生空间上的制约限定，决定了乡村景观空间形态的基本构架。乡村社会和人文环境通过其社会结构、内生制度和大众文化观念等因素对乡村景观产生影响：经济基础决定了人对空间环境的功能诉求以及改造环境的能力，资源条件决定了乡村景观的生成基础和发展潜力，文化观念则对景观所承载的精神信仰和空间美学构成影响。

琼北乡村景观是在其独特的自然环境和文化环境下逐渐形成并发展起来的。地处热带、孤悬“海外”的地理环境使得琼北地区在经济、社会、民族和文化上有很大的区域特性。对琼北地区独特的自然和人文环境的理解，有助于了解本区域乡村景观生成的宏观背景。

2.1 自然地理：自然环境的限定

2.1.1 独特区位

海南省是我国最南部的省份，也是我国唯一的热带岛屿省份。海南岛四面环海，北隔琼州海峡与雷州半岛隔海相望，西与越南为邻，东南面是菲律宾，南面隔南海与马来西亚遥望，是我国仅次于台湾岛的第二大岛屿。海南岛在地理上是一个独立的地理单元，文化的发展受到很大的限制，主要依靠内陆文化的输入。历史上海南和福建、广东渊源深厚，移民众多，又长期隶属于广东地区，因此在文化分区上一般被认为是传统的岭南文化的一部分。古代岭南社会经济由于地理条件阻碍，交通不便，发展缓慢，“海外”的海南岛则更为落后。历史上的海南岛一直以“化外之地”（李勃，2008）的形态出现，并不为历朝统治者所重视，发展也较为缓慢滞后。夏、商、周各朝统治区域主要在黄河流域一带，与海南关联的可能性较小。春秋战国时在琼北地区的西部有部落组织“儋耳国”，或属于百越地。直到唐朝海南岛还是所谓的“南蛮之地”和“流放之地”。唐代政治家杨炎被贬海南崖州之前曾作诗曰：“崖州在何处，生度鬼门关。”可以看出，地理阻隔对海南经济、社会和文化的发展带来了长期的制约限定（司徒尚纪，1987b）。在这种封闭的区位条件下，海南岛与外界的交通受限，经济水平长期落后于大陆地区，严重影响了社会的发展，当然也制约着海南乡村的生产生活水平，进而影响其乡村景观的总体呈现。宋元之后，汉族移民持续增加，并一直持续至今。

琼北地区位于海南岛北部，在地理位置上紧邻广东的雷州半岛，是海南岛开发较早的区域，这样的地理区位使其自古以来就受到岭南文化的深厚影响。海口周边地区和雷州半岛土语（方言）相同，都由闽南语发展而来的即是一个例证。此外，琼北位于海上丝绸之路重要的节点位置，是海南岛经济较为富裕的地区，沟通南北的区位优势又使其成了中华文化和东南亚文化交融的重要节点。比如，琼北地区在受到岭南文化的影响之外又受到南洋文化的影响，形成了独特的琼北南洋风民居建筑，呈现出文化的地域性与独特性。

2.1.2 地貌结构

海南岛地势中高周低，圈层结构特征明显，本岛总体上以中部五指山为核心，由占总面积25.4%的中部山麓、13.3%的丘陵低山、61.3%的台地平原向外逐级递降，构成竖向的层状垂直分布带和水平向的环形分布带，从内到外依次分为山地圈层、丘陵圈层和平原圈层。地形结构对海南岛的历史发展和景观演进产生了重要影响，也在很大程度上决定了琼北乡村景观的基本图景。

平原是指地面平坦或稍有起伏但高差较小的地形。琼北地区的平原地带（图2-1）主要集中在海口、文昌、琼海和澄迈等地。琼北平原多为滨海平原，包括了海积平原、冲积平原、冲-海积平原等①。沿海的平原地区和南渡江等河流周边的冲积平原土地肥沃、适宜农耕，因此被首先开发，文化也相对发达，成为琼北地区人居最密集的区域。琼北台地主要分布于山地与平原的交界处，多熔岩型台地，主要集中在临高、文昌、儋州等地，海拔在40~75米。琼北丘陵地区主要指高程处于100~200米的地区，主要集中于其南部区域的屯昌、儋州、临高及定安几个市（县）中。山地则主要是高程处于200米以上的中低山地（图2-2），零散分布在儋州、定安和屯昌南部。宏观地貌对土壤、气候、热量以及降水的影响，形成了不同区域的水热差异，这也导致了地理结构对植被类型、农业形态以及聚落格局的影响。

此外，琼北地区较有特点的地貌特征是较为常见的火山地貌。本区域自新生代以来，火山喷发活动约有10期59次，形成的火山100余座，大小不一，形态各异，是我国历史上火山活动持续时间最长、最强烈、最频繁的地区之一。火山熔岩的面积约为4 100千米^2，分布在文昌、海口、澄迈、琼海、儋州、定安、临高7个市（县）。千姿百态、种类多样的火山及火山喷发景观集中于一个地区，对琼北人居环境及地域景观影响较大。中更新世及晚更新世的火山喷发形成了灿碎屑岩、凝灰岩、玄武岩等，广阔的火山台地由于长期风化，表面普遍红土化，在长时间流水的作用下，沙泥堆积处往往土质疏松，利于耕种，于是这些地区在历史上便很早就得到了开发，并形成村落。琼北火

---

① 海积平原指由于海浪搬运和淤积因素形成的平原，多伴有沙地地貌。冲积平原为河流沉积作用形成，琼北地区的冲积平原主要分布于南渡江、珠碧江、万泉河等周边。

图 2-1 琼北地区平原地貌（博鳌培兰村）
（图片来源：孟云起航拍）

图 2-2 琼北地区低山地貌（定安大坡村）
（图片来源：孟云起航拍）

山岩地区的先民们因地制宜，在火山红土上种植旱生作物，利用火山岩建造石木民居，制作生产生活器具，创造了本区域独特的人居景观。

2.1.3 资源基础

琼北地区以农业为基础的乡村发展很大程度上取决于对当地资源的开发利用，依赖的资源主要是土地资源、生物资源和水资源。

琼北地区总面积约 16 558 千米^2，90%左右的土地可供农林牧渔业开发利用，只有 10%左右的土地是居民点、工矿、道路和滨海沙滩。琼北地区常年温热多雨、日照充足，适宜农林植物生长。植物资源之中，乔灌木 2 000 多种，针阔叶树种 1 400 多种，其中乔木达 700 种（曹建华和蒋菊生，2006）。琼北地区热带水果种类繁多，主要有菠萝、荔枝、香蕉、芒果、杨桃、菠萝蜜等。经济作物主要以橡胶、槟榔、甘蔗、胡椒、咖啡等为特色，蔬菜有 120 多种。除热带经济作物外，粮食和油料作物就有 20 多种：粮食作物中，稻有水稻、陆稻和山兰稻；旱粮有木薯、甘薯、毛薯、芋头、竹芋、玉米、高粱、金黍、绿豆、黄豆、黑豆、红豆等；油料有油棕、花生、芝麻等。每种作物又都有不少品种，比如仅水稻品种就有 300 多个，陆稻品种有 60 多个。由于土地光、热、水等条件优越，琼北植被类型多样，土壤自然肥力较高，单位面积生物产量高。良好的植物资源基础使得琼北地区动物资源也相对丰富。琼北地区独特的自然环境和气候因素，易于动植物的繁衍生长，为作物种植提供了良好的基础，也为人类聚居提供了丰富的食物来源。在所有的生物资源中，稻作种植是琼北乡村最重要的农作形式，稻作的发展也对琼北村落和人口的分布产生了重要影响。琼北乡村竹、木、藤、棕叶、茅草、火山岩等可用于营建的材料丰富，便于不同类型建筑营造的“因材致用”。

水资源是乡村生产生活的重要保障。琼北地区常年温湿多雨，水资源丰富。雨季（5—10 月）降水量占年降水量的 80%~90%，旱季（11 月至翌年 4 月）降水量仅占年降水量的 10%~20%。可见琼北地区年内降水分配极不均匀，雨季尤其是暴雨时期，河流上陡下缓，洪水陡涨陡落。由于降水主要受热带季风气候影响，琼北地区的河流大都独流入海，水量丰富，流量变化较大。旱季时期，琼北地区的河流会有一段枯水期，此间往往缺水严重，近1/3河流在旱季干涸。河流沿线较容易形成土壤肥沃、易于耕种的冲积平原，非常有利于农业和村落的发展。从历史上琼北村落的分布来看，这一区域往往也是人类聚落最先形成和繁荣的区域，集中了大量优质农田和传统村落①。

不同的资源条件有不同的生产潜力，这也影响到村落和人口的分布。琼北地区村落分布由平原至台地表现为由密到疏的分布差异，土地资源的优越与均匀往往导致村落分布趋于均匀，若资源非均质状况，村落则主要集聚在相对适宜发展的区位。琼北台地平原地区，水源充足，适宜农耕且交通发达，资源分布相对均匀，这一区域的村落分布较为均匀，而山地丘陵地区地形复杂，村落往往分布在适宜耕作的谷地、山脚或山麓边缘地带，呈现出带状集聚分布的状态。宏观上来看，琼北地区得天独厚的资源优势使得人与自然的关系较为亲密，自然、农地、聚落相互融合，密不可分，最终形成了本区域天人融合的乡村景观风貌。

2.1.4 热带环境

海南岛总体气候终年暖热，长夏无冬，雨量充沛。各地降水季节分配不均匀，有明显的多雨季和少雨季，少雨季经常发生干旱，多雨季降水集中、强度大，暴雨较多。在海南岛内部，保亭的大本岭、陵水和万宁交界处的牛岭山脉阻断南北，成了岛内的南北分水岭，导致南北气候差异十分明显，出现了“南热北温”的现象。

按照地理学研究，我国95%的热带面积分布在海洋上，陆地区域仅包括台南、雷州半岛、滇南、南海诸岛和海南岛。南北20个纬度的跨距让其内部存在较明显的差异，因此，被进一步划分成边缘热带（或北热带）、中热带和赤道热带3个亚区。从气候分区来看，琼北地区处于边缘热带范围内。独特的气候条件对琼北地区的自然环境、农作物分布和人居空间形态都产生了重要影响，是影响琼北乡村景观形态的重要因素。本地区全年平均气温基本维持在21~24℃，降水量充沛，总体在1 800毫米上下浮动，位于东部的文昌和琼海较其他地区的降水量有所上升。全年日照时间方面，琼北八市县整体维持在1 900小时左右，无明显差异。琼北地区昼夜温差大，雨热同期，每年的5—10月为降雨季节。此外，海南岛素有“台风长廊”之称，夏季热带风暴和台风频繁，其中又尤以琼北地区的文昌、琼海和海口受台风侵扰最为频繁。台风的威胁也在一定程度上影响着琼北地区作物种类的选择，从中国农业气候区划来看，琼北属于边缘热带。从中国建筑区划（谢守穆，1994）来看，琼北地区隶属岭南，属夏热冬暖地区，本区域的传统建筑尤其注重夏季的通风隔热。

独特的热带地理条件孕育了琼北这片土地的绝美环境。这里日照充足，植被茂密，乡村作物、林木、果蔬种类丰富，自然之美构成了本区域乡村景观的重要基底。其一，这里有花与色的汇聚。琼北热带乡村最直观的空间特征就是人居环境中植物的繁盛，丰富的林木及其多层的竖向空间结构和多物种的水平空间结构带来了单位面积内植物种类的极大丰富。多层多种的植物结构，形态各异和色彩斑斓的色叶林木、花卉果蔬点缀于

① 海南被评为中国传统村落共计68个（第一至第五批中国传统村落），琼北地区就占55个，占比81%，从侧面说明了本区域宜耕宜居的地域特征。

碧绿的植物群落中，格外耀眼，带来了空间视觉上极大的丰富和享受。其二，这里有水与绿的和谐交响。湿润多雨的热带环境带来了充沛的水资源，遍及乡村的自然和人工水体，滋养了丰富的植被和作物，水与绿的交融增添了琼北乡村景观的灵动。其三，这里有光与影的多彩变幻。热带环境下的天象物候姿态万千、雄奇俊逸，骄阳与林荫产生了强烈的明暗对比和丰富的光影变化。不同于江南水乡小桥流水的素雅，也不同于北国乡村“白山黑水”的粗犷，热带环境下多姿多彩、绚丽斑斓的自然风貌是琼北乡村景观最重要的特征之一。也正是由于自然景观的突出，使得崇尚自然的观念意识在琼北乡村更为深入人心，而这大大提升了自然要素在琼北乡村景观中的地位。

2.2 社会文化：移民文化的影响

2.2.1 移民历史

由于各种复杂的原因，海南岛自古以来就是一个移民岛。这样的移民过程直到今天仍在持续，它贯穿海南历史的各个阶段，是推动海南岛社会文化发展的重要力量。历史上除黎族之外，主要还有汉族、苗族、回族等多民族陆续迁徙聚居于此，总体上以汉族和黎族为主①。琼北地区与大陆地区隔海相望，是移民登陆的首选之地，其民族构成主要以汉族为主，其中又尤以广府地区的移民和闽东南地区移民最多，汉文化因此也逐渐成为琼北地区的主流文化。

汉族移民琼北的脚步从秦始皇设象郡“遥领”海南开端②，距今已经 2 000 余年，历朝历代持续不断。汉武帝荡平南越，汉朝在琼北地区建立了珠崖、儋耳二郡③，开始了对海南岛的直接统治，也开启了历史上大陆朝海南岛首次有组织的移民。魏晋南北朝时期中原战乱动荡，从中原南迁成为人口迁徙的主要趋势。这一时期，大量汉族移民

---

① 据第五次全国人口普查资料，海南省总人口为 786.7 万人，汉族 650.74 万人，占人口总数的 82.71%，少数民族人口总数为 136.01 万人，占人口总数的 17.29%，其中黎族 117.3 万人，苗族 6 万人，壮族 3.1 万人，回族 7 300 人。我国的黎族主要分布在海南岛。海南岛的黎族先民大概于新石器时代或更早的时候迁入，并逐步定居在沿海地区及至全岛各地，距今已有近 6 000 年的历史。黎族迁入海南岛之后最初在本岛东部、西部和北部滨海平原地区开启了刀耕火种的开拓，随着历史的发展又逐步向中部的台地和山地圈层收缩，最终集中于黎母岭与雅加大岭之间。直到 20 世纪五六十年代，在新中国民族政策的关心下，海南苗族才从深山密林之中搬迁至山下，过上了农耕生产的定居生活。汉族在海南岛内的分布最初以北部为主，形成了“汉南黎北”的分布状态，随着历史上中央统治的不断加强和黎族朝中部圈层的缩退，逐渐形成了岛内“汉外黎内”的民族分布状态，这也直接影响今天海南岛人口分布的基本格局。

② 公元前 221 年，秦始皇在岭南地区设置了桂林、南海和象三郡。海南属象郡，虽然没有实质性的统治，但逐步开启了移民海南的序幕。

③ 《汉书》记载：“元封元年（公元前 110 年），置珠崖、儋耳二郡。”这是古代政权第一次真正在琼北建立，也成为琼北历史上有组织移民的开端。中原汉人因为经商贸易、远避战祸、流谪官吏、戍边兵丁等原因迁居琼北，持续的移民一直延续至今，对琼北地域文化形成了重要的影响。

“或以仕隐，或以戍谪，挈眷踵至”，迁入琼北的儋耳郡①。隋初，大陆俚人在冼夫人（图 2–3）的带领下在琼北的澄迈集群式迁人，大大加速了琼北地区的土地开拓②。至唐宋，在各种动力之下，汉族移民越多。宋代移民与唐以前最大的不同是，唐以前移民多数是松散的组织，而宋代的琼北移民往往是有组织的、族群式的集体移居。这种族群式的移居往往形成聚族而居，落地为村的形态，现在很多琼北姓氏家谱记载其开基祖就多是宋代移民③。唐宋时期，贬谪琼北的高官名人极多，贬官逐臣中不乏资历很高的政治家④和文化名人，如唐代的韦执谊（贬琼北崖州），宋代的苏东坡（贬儋州）、李光（先后贬琼州和儋州）、赵鼎（贬琼州）等。贬官谪宦和文人墨客被贬琼北，敷扬教化，使中原文化得以更直接的传播，极大地促进了本地区思想文化的发展，推动了区域的全面发展。唐宋之后，或因为本区域远离战乱的环境优势，或因为物产资源的地理优势⑤，或因为屯垦戍边的考量⑥，或因为产业开发⑦的需要，政治移

图 2–3 隋朝初年冼夫人驻军的海口石瞿村
（图片来源：孟云起航拍）

① 据民国《儋州志》记载，五代南汉时就有“中原大家世族，纷纷迁徙，相率而来居儋者，则有羊、杜、曹、陈、张、士、许、谢、黄、吴、唐、赵十二姓。或以仕隐，或以戍谪，挈眷踵至”。

② 冼夫人是梁朝高凉太守冯宝之妻，隋初为平海南之乱，率大量俚人兵马从岭南登岛。随着大批俚人的到来，琼北地区人口数量急剧增加，大大加速了土地垦拓和乡村发展的步伐。

③ 根据邓玲的《海南家谱与汉文化南迁研究》，宋代迁居海南的族群甚多，较为代表性的如梁姓：迁琼始祖梁肱，唐末进士，宋初被谪琼，与其家族五子随行，先居苍好村，后各子分居至今新坡镇的梁陈、梁沙、梁老等村。卢姓：迁琼始祖卢多逊，北宋宰相，因事逆宋太宗，被贬崖州，家族随行，居于三亚水南村。王姓：迁琼始祖王居正，官宦世家，文华殿大学士、赐太师。宋高宗时为秦桧所诬陷，同年二月举家渡琼，居琼山。

④ 历史上的海南较为蛮荒，曾长期被作为流放之地。在封建统治集团内部宗派斗争、政治倾轧中失志的贬官谪宦被贬海南的极多，以古代崖州的水南村为例，仅唐、宋、元三朝，就有唐朝宰相韩瑗、名臣刘纳言，北宋宰相卢多逊、丁谓，南宋宰相赵鼎、名臣胡铨，户部侍郎曾泳，元朝参知政事王仕熙等 9 位名臣学士流放谪居于此。

⑤ 古时海南盛产“珍珠”，所以有珠崖、紫贝、玳瑁等地名；本岛山地盛产“沉香”，还有海产品和热带资源，不断吸引中原商人往来贸易，有一些就在此落籍了。

⑥ 海南岛的军屯以元代为盛。元朝实行“因兵屯田，且耕且战为居久之计”的政策，曾在全国以屯兵屯田的方式实行强制性移民，海南岛就属于移民目的地。当时主要在海南岛北部设置屯田万户府，据《元史》记载，屯兵落籍的有 1.3 万人，屯户 0.65 万人，大大提高了琼北的人口密度，从某个角度改变了本岛人口分布与土地资源结构。

⑦ 20 世纪 50—70 年代，海南经历了以发展橡胶和热带作物为目标的“橡胶热”移民大潮。70 年代在以粮为纲国家战略下的“育种热”，80 年代海南“建省热”，90 年代的“地产热”都吸引了大量移民的涌进。

民、经济移民、军事移民以松散式或有组织的形式不断迁入，琼北地区的移民之风一直延续至今。

随着移民的不断涌入，大陆先进的生产技术、劳动工具和文化知识在本区域更广的范围内得到了传播，有效地促进了琼北地区社会文化的交流，大大提升了社会生产力，琼北土地开发的速度不断加快，人居范围不断拓展。从社会文化层面来看，来自同一个地方的移民一般都有相类似的文化背景、信仰崇拜、审美经验和道德规范，普遍都遵循同样的生活法则，因此，移民群体往往有较强的凝聚力。琼北地区乡村景观地域特征的形成与民族迁徙有着重要的关联，出于对祖先筚路蓝缕功绩的敬仰，在感念先祖艰辛垦拓的观念下，社会中敬宗睦族的宗族思想，追远敦睦的文化情结，传承族群文化的意识也更强烈。

来自不同地域的移民群体给琼北地区带来了不同的文化，多元文化在此交融并蓄，又在致用思想下因地制宜发展更新，最终影响琼北乡村景观地域特征的形成和稳定。

2.2.2 民系结构

根据罗香林先生的研究①：汉族被划分为北系和南系两大支脉，其中“北系”是通常所说的北方人或中原人；而“南系”则是由历史上的汉民族南迁而形成的南方地区各大民系的总称。“南系”汉人又被划分为五大分支，即湘赣系、越海系、广府系、闽海系和客家系。由于琼北地区汉族移民主要来源不同，琼北地区的汉族文化受闽海系、广府系影响较大。闽海系移民海南岛可追溯到北宋初年。由于这一时期我国北方连年混战，迫使大量汉人由北方或者中原地区南迁，其中相当部分人先入福建，再由福建迁琼。由于大量“闽人”的迁入，琼北的“闽南话”也逐步演变为具有海南地方特色的“海南话”②。现“闽人”主要分布在琼北地区的海口、文昌、定安、琼海和澄迈等地。来自广府系的移民亦可追溯至晋代“五胡乱华”的时代，但由于历史上广府地区自身地广人稀、移民动力不大，因此来自广府地区的移民直到明清时期才逐渐增多，其中清乾隆十八年（1753 年）《敕开垦琼州荒地》颁布之后，广府移民大量增加。此外，琼北还是我国传统侨乡最密集的地区之一，以华侨为载体引入了东南亚文化的特征，更加丰富了本区域乡村的文化内涵③。

移民的迁徙，不是人口的简单移动，而是一种重要的文化传播。移民将原有地域的生活经验、文化观念保留传承并注入新居地的同时，也在新的环境下进行了更新与发展。以乡土民居为例，民居是人类适应环境的产物，民居的形制反映出各族群的文化特征、价值取向以及空间偏好等信息。各路移民初入琼北，筚路蓝缕以启山林。因陋就简

① 民系的提法由罗香林在 20 世纪 30 年代研究客家文化的过程中提出，主要指同一民族因环境影响而分化形成的亚文化群体。

② 王俞春先生对历代各姓迁琼先祖（共 176 人）祖居地和迁入地的统计分析：除了祖籍不明的 12 人之外，闽籍迁琼共 97 人，占总数的 59%；而两宋时 72 人迁入，除 5 人的祖籍不明外，福建籍有 50 人，约占 75%。“海南话”像福建话很大程度上就是因为许多海南人的祖先来自宋代的福建。

③ 海南华侨于清末民初从海外向岛内引入了橡胶、可可等热带作物，对海南农业发展产生了很大影响。华侨带来了先进的技术、科学的管理和新的文化风俗，给海南岛添增了异域元素。

的情形下，往往凭记忆中对原乡建筑的印象，发掘地方建筑材料，“以原物为师”筑屋生活，于是便产生了一座座与祖居地风格相仿的建筑。尔后，随着历史的发展，原乡风格的建筑又不断受本地区自然环境和人文环境的影响而发展更新，最终形成适应当地环境的建筑风格。例如，琼北传统乡村聚落和民居建筑多带有闽海系和广府系传统村落和民居建筑的影子，但又由于琼北乡土材料、技术工艺和文化观念等诸多因素影响而体现出和而不同的特点。20世纪初，华侨返岛引入东南亚文化元素，大量骑楼建筑又开始出现在琼北一带，体现出文化的传承与交融。

2.2.3 治理格局

琼北乡村景观的生成发展主要由其历史上的乡村建设累积而成，治理格局的差异对乡村建设有不同的影响。在此，有必要对乡村主要的治理格局进行梳理并探讨其对乡村建设及乡村景观的影响。

从行政区划来看，自汉武帝在琼北设置珠崖二郡（公元前110年），海南正式被纳入了中央政权的统治。唐太宗时期海南属于岭南道，宋隶属于广南西路，之后则长期隶属于广东辖制，直到1988年海南才脱离广东建省。

至于传统琼北乡村社会的治理格局则与传统中国乡村治理格局一致。学界普遍认为：虽然历史上中国封建统治有完整而庞大的治理机构，但一般来说，国家权力的行使只到县级政权，县级以下的乡村社会则基本处于自治格局，即所谓的“皇权不下县”①。费孝通（1999）认为，中国传统政治结构有着中央集权和地方自治两个层次；传统乡村社会中皇权是无为的，中央所做的事是极有限的，地方上的公益不受中央的干涉，由自治团体管理。费正清和刘广京（1978）指出，传统中国社会有一个很突出的特点，使用很少的官员编制来管理众多的人口。来自上层政权的力量虽然一般只到县的级别，但是统治的影响往往借由乡绅的力量引导乡村宗族、宗教、文化的发展，引导个体行为，间接作用于乡村社会管理，控制其发展方向。自西周时代宗族礼制在我国确立以来，其主要是通过编制族谱、共建宗祠、捐输族田等方式，将同一祖先的族群联系起来，聚族而居、联族互助（徐扬杰，1992）。

琼北居民自古就是移民而来，移民的群体性特质使得宗族制度的影响在琼北乡村更为突出和持久。这一时期万千的传统村落，每一个都是天然的“自治体”，以宗族为核心的民间力量支撑起乡村自治的格局。在社会人类学的中国史研究中，费里德曼提出了著名的

---

① 温铁军先生提出“皇权不下县”。秦晖在“传统中华帝国的乡村基层控制：汉唐间的乡村组织”一文中将传统中国乡村的基层自治模式描述为：皇权、族权和绅权在乡村社会的结合，是以体现皇权的保甲制度为载体，以代表族权的宗族制度为基础，以拥有绅权的士绅阶层为中介而建立的乡村自治。在其另一本著作《传统十论：本土社会的制度、文化及其变革》中则把它完整地概括为“皇权不下县，县下惟宗族，宗族皆自治，自治靠伦理，伦理造乡绅”。

"边陲社会论"，重点阐述了中国东南地区的宗族产生及其对乡村治理的影响①。琼北隶属于岭南文化圈，历史上的大规模移民也主要来自东南地区的福建和广东两省，强势的宗族文化跟随移民代代相传，影响深远。宗族自治格局之下，乡村建设主要依托乡村社会内部的力量来完成，建设内容主要包括组织建设和自发建设两类。组织建设主要是由宗族组织的集体建设活动，由于传统乡村个体力量弱小，大规模的农地改造、水利和交通设施建设、公共空间建设等往往在宗族精英阶层的带动下以群体行为的方式共同完成。自发建设活动主要来自宗族中个体的生产生活需求，比如民居单元建设、庭院绿化种植、农地垦拓改造等。这种建设虽然是按照"客观"的方式进行，但依据不同条件的自发建设同样也需要严守宗族的内在法则及群体利益，琼北传统民居讲究的建筑尺度统一表达"兄弟同心"即是这种法则的体现。在这种背景下，出于宣扬教义、联系族群、培育风气等需要，代表正统文化和乡村治理法则的宗祠被普遍建设。宗祠不仅成为村落依偎的栖居之地，它还具有昭示宗族延绵、精神礼乐传承等众多社会功能，因而往往被建设在村落中重要的位置，起到控制村落空间的核心作用。此外，由于当时宗族的力量一般以村落为单位，仍然相对薄弱，在某种程度上限定了乡村建设的规模，也间接地引导了功能实用和厚生利用的乡建态度，在某种程度上限制了人类建设对自然的扰动。时代变迁，由于各种原因，琼北村落中传统的宗族法统和权威影响已经逐渐稀释，但宗族观念在协调族际关系、教化和规范族人行为、引导空间建设之中仍然有其重要的影响力。琼北乡村的宗族祠堂仍然广泛存在并且被视为重要的精神场所。

中华人民共和国成立后，随着社会制度的发展，琼北地区乡村治理的格局逐渐转变。改革开放前，国家权力逐渐下渗至基层乡村，人民公社、生产大队和生产队的管理体制形成了高度动员的"总体性社会"，自下而上的乡村自治逐渐转变为自上而下的国家管理（毛铖，2017）。从乡村建设的角度，一方面来看，这一时期的乡村建设受政府综合统筹，按计划建设，得以集中大量人力完成重大工程，极大地改变了乡村面貌；但从另一方面来看，这种建设模式压制了乡村内部自发建设的主动性和积极性，不能满足乡村建设的多样化需求。改革开放之后，政府主导的"单中心"乡村治理模式逐渐改变，村民委员会、乡村基层党组织以及农村社会组织等主体相互协作，"多中心"的乡村治理模式形成（廖业扬，2013）。这一时期的乡村建设受国家政策法规所约束，由于乡村社会经济发展的刺激，乡村内部自下而上的建设动能重新得到了激发。同时，以政府为主导的自上而下的乡村建设也得到了前所未有的发展。客观来看，本阶段的乡村建设如火如荼，极大地更新和提升了乡村景观风貌，但是，建设中由于缺乏管理，急功近利、认识偏差等诸多原因，也出现了传统村落格局遭破坏，类似新建社区兵营式布局、

① 在社会人类学的中国研究史中，英国著名人类学家费里德曼是最重要的人物之一，代表作有《中国东南区的宗族组织》和《中国宗族与社会：福建与广东》。他认为，边陲状态、水利和水稻生产是中国东南地区最大的三个特点，而宗族组织则与这三个特点关系密切。移民至东南地区的中原汉人，利用宗族的纽带，合作性地进行土地开发与安全自卫。水利的建设需要大量劳动力，这就进一步促进了宗族内部的组织和协作。稻作经济则产生了足够的农业剩余，促进了族产（共有田地）的产生，进而有助于宗族的强化。

徽派风格大行其道等大量“建设性破坏”的负面现象，对传统乡村景观格局造成很大冲击。

2.2.4 文化特质

历史上，海南长期隶属于两广的行政范围，宋之前主要受广西影响，宋之后则长期隶属广东。在狭义的语境下，粤、桂、琼三省（两广一岛）构成了今天岭南地区的主要范围。岭南文化，加之琼北独特的地理位置、气候特征等既影响着本区域的乡村生产生活习俗，也造就了其文化上的地域特质。

琼北地区的热带地理区位造就了其文化中鲜明的热带特质。明代海南籍高官邢宥《琼台杂兴七首　其六》诗云：“庭外雨晴喧鸟市，檐前日暖散蜂衙。菊含霜气秋香烈，蔗酿寒浆晚节嘉。且幸海门波不动，居闲随分足天涯。”在他看来，海南人风轻云淡般的田园生活，首先来自“檐前日暖散蜂衙”，即政权在乡村的无为而治；其次是“海门波不动”和平安宁的社会文化环境；最后是“居闲随分足天涯”，琼北地区物产丰富，百姓闲居悠然，随境豁达，没有中原正统文化的优越感和故步自封的社会心态，民族个性中的平和性表现得十分明显（符和积，1989）。热带地区白天气温高，不适宜长时间暴晒下的劳作，逐渐养成了本地人淳朴温和、散漫慵懒的个性。琼北乡村地区的居民日常活动多是在家庭以外实现的，农忙活动、婚丧嫁娶、群体娱乐往往得到群体的广泛参与，也往往以性别、年龄、爱好和信仰等为基本单位形成固定的群体，在相对固定的时间和空间开展活动。乡村中常见人们聚在一起聊天、喝老爸茶，小孩儿三五成群在树下嬉戏的场景。琼北地区水热资源优良，在作物种植上，尽管水稻已经可以一年三熟，但本地人仍然偏爱种植椰子、槟榔、薯蓣等管理粗放、耐活易种的热带经济作物。在建筑营造上，流行色彩朴素、材料质朴的审美风格，讲究居所与自然环境的紧密联系。为适应湿热环境，本地居民在穿着饮食上往往着装简单以利于散热取凉，饮食清淡，偏爱粥食。在信仰崇拜上，受热带自然环境和动植物环境的影响，琼北地区广泛流行以风雨雷电等为主题的自然崇拜和以动植物为主题的图腾崇拜（牛志平，2008），体现出热带环境潜移默化的影响。琼北地区有漫长的海岸线，与海洋的亲密关系催生了精神层面的海神崇拜，五龙大王、妈祖、南海神广利王等在海南岛信仰体系中占有重要位置。海洋文化的影响也造就了琼北人性格中开放包容的部分。

从政治和文化格局来看，海南岛一直以“化外之地”（常辅堂，2006）的身份处于中原文化的边缘地带，造就了琼北地区文化上的边缘特征。海峡的阻隔在一定程度上弱化了中原文明在本地区的传播和渗透，琼北地区的经济、社会和文化发展一直落后于中原地区，其农业发展和人居建设亦受这种制约。此外，由于历史上长期以来较为安平的社会环境，文化上不容易被正统文化所束缚，本地区的文化传承因而也表现出一定的灵活性。

从地域开发的历史来看，筚路蓝缕的移民垦拓，火山地貌上的薄田种植，生存成了首要问题，而这也在一定程度上促成了琼北乡村社会黜奢崇俭的生存观念和厚生利用的务实思想。这种地域性格体现在乡村地区的人居建设上，就表现为砖、瓦、木、石、土等营建材料的五材并用，传统建筑形态的简洁实用，村落景观风貌的质朴原真等。

2.3 经济基础：经济水平的制约

2.3.1 农耕传统

琼北地区土地肥沃，水源充沛，气候湿润，光照充足，对农耕发展极为有利。长期以来，通过对自然环境的垦拓，琼北乡村聚落得以大量生成并不断发展。农耕传统带来了对土地的依赖，促成了稳定的安居生活，琼北乡村的社会结构、经济模式和空间格局等皆受其深度影响，进而也影响琼北乡村的景观图景。

在农业聚落方面，风水学说成了聚落选址和空间布局的主要依据，为了祈祷风调雨顺、五谷丰登等美好愿景，聚落选址和布局往往试图与风水学说所倡导的天人和谐的理想模式相契合。耕地规模影响了乡村人口的多寡，耕地类型则影响了村落位置和形态，此时的聚落民居与农地、自然环境结合也最为亲密。琼北乡村地名之中，至今都有大量含有“田”字的村庄，如青田、仲田、军田、大田、田堆、翁田、龙田、长田等，也从侧面反映了农耕传统对区域景观风貌的重要影响。农耕社会，乡村人口并不经常流动，大家彼此熟识，生产生活彼此交织，行为意识彼此影响，地方事务共同完成。这个时期的个体力量势单力薄，类似收割、晒谷等农忙活动或婚丧嫁娶等重大事务都需要族群邻里间的相互帮助，这就极大促进了村民个体之间的交流，也使得村落内的公共空间成为重要的生产生活场所。此外，传统的琼北民居格局往往也必须考虑与农耕生活相适应的空间设置，比如庭院种植和饲养的空间。

琼北农耕传统中较有代表性的是稻作文化。海南岛气候湿润，雨量充沛，适合稻谷的种植，是我国栽培稻种较早的地区之一。稻作文化在海南岛历史悠久，从原始社会时期黎族“砍山栏”的旱稻种植发展到今天的高产水稻，延续上千年。琼北有种植稻类的文献记载始自汉代，《汉书·地理志下》有“儋耳、珠崖郡，男子耕农，种禾稻苎麻”的记载。随着汉以后移民传播而来的稻作技术在琼北地区的自然条件下不断发展适应，以占城稻的传播为代表①，最迟到北宋时期琼北地区的稻作水平已经接近同期先进水平。明朝海南岛实行移民屯田、奖励开荒、兴修水利，发展农业生产的政策，乡村社会不断繁荣，引进的稻谷品种也大大增加，据载粳稻有54种、糯稻有23种之多（陈丕衡，2014）。随着历史上汉族从琼北平原逐渐向南部山地迁移，水稻的栽培技术也从平原逐渐传播到琼北丘陵及山地地区，出现了适应山地稻作的梯田景观。至清康熙年间，琼北地区“青禾遍野”（朱竑，2001a；b），形成了台地丘陵的山麓梯田和滨海平原的洋面水田两种主要稻作景观形态。在稻作生产刺激下人类不断对自然环境进行改造，灌溉系统逐渐遍及平原，适宜稻作的山地也被垦拓为梯田，村落则依托稻作种植得以不断扩大，稻作文化逐渐形成。较有代表性的如琼北乡村在古时候立春这一天就有树

① 占城稻因宋真宗遣使占城（今越南）取稻种而得名。占城稻适宜于山田生长、种植期短（自种至收仅五十余日），且具有耐旱、抗瘟病、产量高的特点。

青幡、塑土牛、耕于城郊、以劝农耕的习俗（图 2-4）①。此外，与稻作相伴的耕读文化在琼北乡村也有较大的影响力。“耕读传家久，诗书继世长”，为弘扬耕读，留耕亭（图 2-5）②、乐耕亭、教锄亭、观稼亭等出现在琼北乡村。总体来说，农耕文化传统影响到琼北乡村社会从物质空间形态到非物质精神文化的方方面面，也奠定了琼北乡村景观的基本特征。

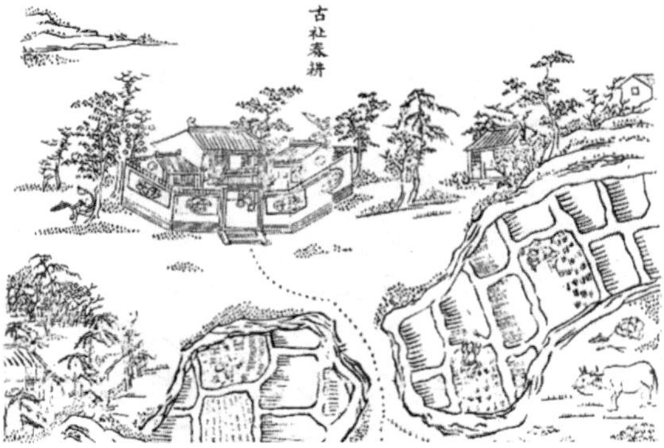

图 2-4　清代陵水八景“古社春耕”图
（图片来源：乾隆版《陵水县志》）

图 2-5　海口潘丹村“留耕训子”图
（图片来源：民国版潘丹村《唐氏族谱》）

2.3.2　经济水平

海南岛北部具有得天独厚的资源条件，但也有先天的地理区位限制。海洋的阻隔使得长期以来本地区商品经济发展迟缓，家庭农业与手工业的结合，自给自足的小农经济成为历史上琼北乡村经济结构的主体。交通不便、灾害频繁等先天特征和资金缺乏、设施落后、管理低效等后天因素在很大程度上限制了琼北乡村的经济发展，使其经济水平始终落后。从汉初到唐中期大约 1 000 年，本地区人口增长缓慢。尽管经历了明清时期的发展，但由于基础设施落后、灾害频繁，直到中华人民共和国成立之前，本地区的米谷仍然难以自足。陈植（1949）在《海南岛新志》中提到“全琼所产谷米不足自给，每年由安南、暹罗、安铺各地进口米价，其数达 200 万两以上”，每逢风灾雨灾，就会引发饥荒。粮食供给的不足在一定程度上限制了人口的增长，这也导致了琼北乡村社会建设和发展的迟缓。直到 20 世纪 90 年代中期，琼北地区的农业仍然是粗放发展的，设施农业水平仍然明显低于全国水平，特别机耕比例、机电灌溉比例、机播比例等主要指

① 根据《儋州志》的记载，早在宋代，这种迎春劝农的风俗就已经在儋州盛行。苏东坡居儋州后也参加过这种仪式，还写了《减字木兰花·己卯儋耳春词》，词中有“春牛春杖，无限春风来海上”之句，“春牛”即土牛，“春杖”则指农夫杖犁而耕。

② 据海口攀丹村《唐氏族谱》记载，明景泰年间（1450—1457 年），其村八世祖唐寅于居所一里远的田地里筑了一个高约 3 米、直径约 6 米的土墩，“崇丈余，广倍之”。土墩上建草亭，寅每日登临督耕观种，倡导族人耕读传家。攀丹村的留耕亭以贺知章的诗“但存方寸地，留与子孙耕”得名，明代琼籍政治家丘濬曾为其作《留耕亭记》。

标均低于全国平均水平，有的指标差距甚大。当然，从另一方面来看，琼北地区乡村经济的发展迟缓也导致了长期以来琼北乡村都保持了农耕文明之下所形成的较为传统的空间格局。

所谓“仓廪实而知礼节”，社会经济的发展制约政治文化的水平，影响乡村生产生活的方方面面，也影响乡村所展现出来的景观图景。历史上山西古村的晋商风气、徽州村落的人文蔚然、江南水乡的园林意境、岭南乡村的富庶风光无一不是其乡村经济基础的映射。漫长的农耕时代，琼北乡村社会生产力尚不发达。相较于广东、福建等祖居地村落，迁徙而来的各路移民往往规模较小，人数较少，且一般也缺乏足够的财力，所以人居建设往往较为简单直接，务求经济实在、满足功能为先。从这个角度来看，琼北乡村整体上表现出来的自然质朴的景观风貌与其长期以来薄弱的经济基础不无关系。

2.4 本章小结

本章以琼北乡村景观的生成背景入手，分别从自然地理、社会文化、经济基础三个方面进行了深入分析。其中，因琼北的地理区位、南高北低的圈层地貌、物产丰富的资源基础、自古以来的移民历史、隶属岭南的文化特质、相对薄弱的经济基础对其地域乡村景观的生成、演进与发展产生了重要影响。

3 琼北乡村景观的历史演进

琼北乡村景观植根于几千年来人类与土地的相互作用，景观的演进与发展，既深受自然环境的限定，又在很大程度上受人文要素支配，在不同的历史阶段表现出不同的形态和特征，反映了不同地区、不同阶段人地互动的足迹。从法国历史学家罗布代尔的“长时段”① 史学观念来理解，景观不是时代条件下空间要素的偶然组织，而是地区文明长期发展的积累和反映。因此，要理解琼北乡村景观的内在规律并研究其未来的发展，就必须突破单纯的空间研究，把历史上的自然和人文环境演变纳入景观演进研究的视野之中。本章以时间为轴线，以琼北乡村自然环境、农业景观和聚落发展为线索，通过古籍记载、历史遗存、诗词画作等资料，对琼北乡村景观的历史图景进行空间和文化上的解读。

3.1 琼北乡村发展的主要历史阶段

琼北乡村景观的历史演进，受自然和人文环境的影响，是其乡村历史发展轨迹的映射。综合琼北地区的经济、社会、文化发展及行政建置沿革，大致可按其景观图景划分为雏形初成时期、格局渐兴时期、成型繁荣时期和变革发展时期四个阶段。

3.1.1 二郡舆图兴自汉——雏形初成

海南岛地理条件优越、资源丰富，为人类的生存发展提供了有利条件。考古发现，早在旧石器时代海南岛上就有人类生活的痕迹。从三亚落笔洞洞穴中发现的大量石器和骨角器，表明当时的人类已经能够打制原始的作为原始生产和狩猎的工具了②。现已发现海南岛新石器时代遗址 300 多处，分布遍及全岛各县市（郝恩德和王大新，2003）。这一时期的陵水大港村遗址，出土有石斧、石锌等石制工具，陶器有手制夹砂的圆底釜、罐、钵等；东方付龙园遗址，出土有新石器时代中、晚期的夹砂陶，器型以缸为主（丘刚，2008）；这些生产生活工具的发现，说明简单的原始农

---

① 法国历史学家布罗代尔主张史学研究应该从人文时间、地理时间和个别时间三个层次来分析。其代表作《菲利浦二世时代的地中海和地中海世界》就是先从地中海的地理环境分析入手，其次探讨社会经济环境，最后才在这些研究的基础上来解析当时的政治事件。

② 对三亚落笔洞原始人类的研究发现，当时的人类已经可以选择质地坚硬的石料和骨料来打制各种石器和骨角器，作为原始的生产工具和狩猎工具。打制的石器有砍砸器、敲砸器、刮削器、尖状器等，同时采用动物如牛、鹿、野猪等的肢骨和角为原料，打制或磨制成骨铲、骨锤、骨匕等狩猎用具，用于狩猎或砍割肉类、野果、野菜等。

业生产和聚落生活已经在海南岛出现。琼北地区作为海南岛离大陆最近，开发最早和移民最多的区域，其乡村聚落的发展亦是必然。

秦汉至南北朝是琼北地方建置的开创时期。秦朝海南岛为象郡之外徼，并无实际统治，属于遥领。汉武帝元封元年（公元前 110 年）中央政府正式在琼北地区设置珠崖、儋耳二郡，标志了中央政权对本地区的实际统领。以汉族为主的各路族群开始由海路不断迁入①，主要聚居在二郡附近，并开始在这一带建立村落，开展农业生产②。随着两郡的建立和移民人口的增加，中原文化和工具技术跟随移民迁徙的步伐在琼北地区逐渐传播。自 20 世纪五六十年代以来，在临高、儋州和乐东一带，陆续发现大量的汉代青铜器（李勃，2014），说明汉代海南岛这一区域的乡村发展已经逐渐深入③。据《汉书・地理志下》记载，"男子耕农，种禾稻苎麻，女子桑蚕织绩。亡马与虎，民有五畜，山多麈麖。兵则矛、盾、刀、木弓弩、竹矢，或骨为镞"，可见琼北乡村农业和手工业在这一时期都已经逐渐发展起来。"男子耕农"说明男性在农业中的主导地位已经确立，而且耕作水平已经初具水平，甚至已经超越刀耕火种的原始阶段，过渡到水稻种植阶段（刘耀荃，1986）。"民有五畜"说明此时的琼北先民已经在狩猎基础上开启了聚落中牲畜的饲养，"刀""矛"（应该是青铜或铁）的出现则证明了中原铁器的输入和使用，这自然也大大有助于土地的垦拓和农业生产力的提升。与此生产力水平相对应的应该是较高的社会发展水平。可以推想，这一时期以珠崖、儋耳两郡为中心，琼北乡村的农业生产、手工业、牲畜饲养都已经出现，土地垦拓的能力大大增强，乡村人居景观初具雏形。

3.1.2 五州编户盛于唐——格局渐兴

唐朝的琼北地区除滨海平原继续发展之外，河流沿岸的纵深地区成了新的拓展方向（朱竑和司徒尚纪，2006）。这一时期，中原汉族不断迁入，据《旧唐书・地理志》记载，唐天宝元年（742 年），海南汉族移民已达 15 067 户。苏东坡《伏波将军庙碑》中曾记述："自汉末至五代，中原避乱之人，多家于此，今衣冠礼乐，盖斑斑然矣。"汉人迁入海南岛的原因比较复杂，主要有商贩贸易、避乱仕隐、贬丞家族、官兵落籍等（朱竑和司徒尚纪，2001a）。民国《儋县志》记载，五代时期"中原大家世族或以成谪，或以仕隐，相率而来，有杜、羊、土、曹、陈、张、许、谢、黄、赵、吴、唐十二

① 邱濬在《南溟奇甸赋》记述，"魏晋以来，中原多故。衣冠之族，或宦或商，或迁或戍，纷纷日来，聚庐托处……久假而客反为主"。汉族移民海南岛主要有几大原因，一是长期落籍海南岛的商贾移民；二是大陆官吏、士兵戍守本岛，兼有屯垦，逐渐留岛，繁衍后代；三是汉时期的战俘、罪犯发配海南。

② 海口的东谭村是海南十大文化古村之一，其初建于西汉时期，有 2 000 多年历史。据考东谭村原是珠崖郡治遗址旧地，有珠崖神庙、珠崖古井、珠崖神岭等遗迹，下辖有湧潭村、卜创村、儒逢村、宾贤村等 13 个自然村落。

③ "朱庐执刲"为国家一级文物。这是海南目前发现的历史最早的古代官印，也是迄今在我国最南端出土的银印。此印为西汉晚期政府颁给海南朱庐县守官的赐印，充分说明了中央政权对海南的统治。

姓”。唐朝“牛李党争”中的宰相李德裕被贬崖州时就有“百口”之家随迁。移民的大量到来，带动了琼北地区的农业、手工业不断发展①。这一时期，本地区社会经济迅速发展，乡村人口密度不断增大，许多汉族村落在这一时期形成并发展起来。唐代天宝年间，鉴真和尚第五次东渡日本，因故漂流至海南振州，见到“十月作田，正月收粟，养蚕八度，收稻再度”的乡村风貌。可见当时该地区已经水稻一年两季，养蚕则年收八茬，农耕与纺织并举，乡村地区农业、手工业有很大发展。总体而言，隋唐至五代时期，琼北地区较秦汉时期有了较大发展，仍处于深入开发的前夕，随着社会生产力的提升，乡村人口持续增加，乡村范域得到了进一步的扩展，乡村人居格局初成规模。

秦汉至五代，交通不便、劳动力不足、文化技术落后以及地方割据和民族问题严重，再加上中央政府开发经营的力度不够等诸多因素，导致了琼北地区社会经济一直处于缓慢发展阶段，这一局面直到宋元时期才有所改善。宋元时期海南岛时局稳定②，琼北地区出现了汉族移民的高峰（其中尤以福建移民为多），大量族群式的有组织移民形成了“落地为村”的现象。移民带来的工具技术和营造经验大大提升了琼北乡村的农业水平和营建技术，进一步促进了本地区乡村的繁荣发展。这一时期，“占城稻”被引入琼北，它对于稻种不良、山田旱地多、水利设施不足的琼北丘陵及山地地区来说，是非常适宜的稻种，因此大大促进了本地区稻作农业的发展。《正德琼台志》记载“冬种夏熟日小熟，夏种冬熟日大熟。自宋播占城稻种，夏种秋收，今有三熟者”。一年三熟的水稻耕种表明此时本地区农业生产技术已达一定的水平。铁器和牛耕的普及为农业的开发提供了更大的动力③，促进了琼北农业的发展。同时，由于这一时期海上贸易的发展，外贸的需求刺激了本地物产的大量输出，例如，槟榔、棉花、沉香、高良姜等，不仅进一步刺激了农业的发展，促进了乡村土地的垦拓④，也在客观上推动了琼北乡村经济的发展。此外，宋元两朝封建政府在海南岛积极推进文教政策，以宋代苏轼（图3-1）为代表的大量贬谪流放官员也在客观上极大地促进了琼北地方文化的发展⑤。总体来看，宋元时期琼北乡村土地开发进一步拓展，农作物种植品种改善、技术提升、规模扩大，乡村社会、经济、文化全面发展，琼北乡村景观风貌也逐渐从原始的蛮荒图景过

---

① 汉族带来了中原的文化、技术和工具。隋唐至五代时期，海南岛乡村传统手工业不断发展，制盐、制糖、制藤、角木器加工等不断发展。唐代《北户录》记载：“琼州出五色藤、合子、书囊之类，细于锦绮，亦藤工之妙手也。”

② 被贬海南岛的南宋名臣李光在《新建儋州学记》中写道：“靖康以来，中原纷扰，而此郡独不兴兵，里巷之间，晏如承平。”正因为相对大陆地区安定的环境，海南岛从宋代开始真正地踏上了兴盛之路。

③ 苏东坡居儋时所作诗篇《和陶劝农六首》中，就有“利尔锄耜（铁制农具）”“霜降稻实，千箱一轨（耕牛）”以及“田禾”“耕牛”诸词，说明牛耕的推广和普及。20世纪80年代初在东方县古州镇发现过大量宋代铁质农具。

④ 宋代名臣李光曾在《感松》序言中写道，“父老云，往年自报恩寺西行，皆松柏林也，今惟十里外尚有之”，苏轼也曾说“沉香作庭燎，甲煎纷相始……本欲竭泽渔，奈此明年何”，可见这一时期人类垦拓的强度之大。

⑤ 苏轼被贬谪儋州后，当地社会文化深受其影响，整个社会学风蔚然，人才辈出。海南历史上的第一个进士符确和第一个举人姜唐佐都是苏轼在儋州的学生，可见其影响之大。

渡到人文蔚然的兴旺景象。

图 3-1 苏东坡像

（图片来源：作者拍摄于儋州东坡书院）

3.1.3 文风鼎盛始自明——成型繁荣

明清是琼北乡村发展的黄金时期。这一时期，海上贸易的发展大大加深了广东和海南的联系，明洪武二年（1369 年），海南岛从广西割出，划为广东布政使司管辖（自此海南成为广东一个地方行政区，直到 1988 年单独建省，划归于当时经济发展较好的广东也对海南社会经济的发展大有裨益）。明清时期，以现今海口、澄迈和文昌为核心的区域与广东联系紧密，来自广府地区的移民日渐增多①。此后，琼北东部发展逐渐压倒西部，“东强西弱”的格局逐渐定型。这一时期的区域开发和人口变化，首先是与宋代以来海上航线的东移有关，其次是由于人类适应自然的能力提升，灌溉技术的发展使得人类更好地适应了海南岛东部多风多雨的气候条件，乡村地区土地的垦拓和作物的种植都上升到了一个新的阶段②。这一时期，先进的中原文化随着移民的涌入持续在本地区传播，宗族思想、儒家文化和神仙崇拜等思想意识逐渐体现到村落空间营造之中。自唐宋开启移民海南岛的高潮之后，琼北乡村的人文风气渐兴，明清则进一步盛荣。李德裕、卢多逊、苏东坡等一大批贬谪本岛的文化名人，以及明清迁居琼北的先民中有很多为取仕流放或避世归隐之人，文化精英的带动使得本地区文化迅速发展，明代海南岛甚

---

① 据陈铭枢《海南岛志》记载，清代移居海南岛者达 217 万人。乾隆十八年（1753 年），清政府发布《勒开垦琼州荒地》令之后，粤、闽两地移民大批进入海南岛，争夺土地，全岛人口猛增，新垦耕地几十万亩。

② 《广东考古辑要・堤堰》卷九记载乐会县密泽陂：“明时峒首王观泰集众筑坝，又垦荒原数顷，旱则引水灌之。”《琼州府志》记载“南桥水道在县南城外。源自龙井，合流至南桥，宋人浚河，导番旦达大江。明正统间，番旦人于两岸筑栅，转车引溉高田”。明代《海槎余录》记载“有靠江而以竹桶装成天车，不用人力，日夜自车水灌田”。可见当时采用的依涧、塞坝、置车灌田等水利措施，极大地促进了本区域农业生产发展。

至有“海外邹鲁”之称。明清海南八景文化逐渐兴起，出现了一大批与之相关的八景诗歌和图文记载（图 3-2）。琼北地区以海口的文山村、澄迈的罗驿村、定安的高林村等为代表，很多至今流传的传统乡村八景就是那个时期的产物，充分说明当时的琼北乡村人居环境营造已经逐步由以生存为基础，朝诗意的栖居迈进，较为明确的乡村景观概念出现了。总体来看，明清时期琼北乡村社会经济文化持续发展，琼北乡村景观进入了传统农耕文明之下的繁荣时期。

图 3-2　陵水八景封面（左图）和陵水八景“文塔晴晖”（右图）

（图片来源：引自乾隆版《陵水县志》）

3.1.4　西风东渐南洋风——变革发展

鸦片战争之前，琼北乡村处于男耕女织，自给自足的农耕社会。第二次鸦片战争之后，海口被迫成为最早开放的口岸之一。一方面，琼北封建经济转向半殖民地半封建经济，乡村传统农业经济开始瓦解，棉花等传统种植因为国外资本主义的倾销而大受打击，乡村凋敝、濒临破产。另一方面，伴随海禁大开，西风东渐的冲击下，西方文化、南洋文化对琼北地区的影响也在不断增大。由于爱国华侨和民族资本的觉醒，琼北乡村从东南亚引种橡胶和咖啡，甚至一度出现过兴办农林场、开山伐木、发展实业的热潮，成为近代开发海南的先声。伴随华侨的回归和南洋文化的影响渐强，琼北城乡也出现了与东南亚建筑文化融合的琼北“南洋风”民居（图 3-3）。这种文化影响之深，至今在琼北乡村仍有大量南洋风民居遗存。但是，随着“二战”的爆发，日本帝国主义的入侵，琼北乡村的振兴之路戛然而止，自然资源遭到了破坏性的开发①。中华人民共和国成立后至今，琼北地区的开发建设又经历了 20 世纪 50 年代以橡胶生产为目标的军垦开发，70 年代地方工业大发展，80 年代建省及创办全国最大的经济特区，2009 年国际旅游岛建设再到当前正在推进的自由贸易岛建设几个大的创业高潮，每一次都不同程度地推动了琼北地区乡村经济和社会的进步发展，当然也间接促进了琼北乡村景观的更新和发展。随着时代的发展和文化的交融，在琼北八市县的城镇化进程加速背景下，琼北乡村景观正处于文明转型之下重要的变革时期，千年农耕文明积累的琼北传统乡村景观格局正经历着新时代背景下的重构与更新。

图 3–3 欧村林家宅南洋风民居

（图片来源：作者于文昌会文镇欧村拍摄）

3.2 琼北乡村自然环境的开发

3.2.1 土地垦拓的深入

原始农业阶段，琼北先民最主要的生存方式是采集渔猎。这一时期，人类对自然的扰动和土地的改造尚属轻微。随着人口的不断增长，对稳定可靠的食物来源的需求促成了原始农业的开端。刀耕火种是与落后生产力相伴的一种农业生产方式，琼北先民选择树木繁茂、土壤肥沃的向阳坡地，砍树斩枝、引火焚烧，然后用树桩藤条将园地围栏，以防止野兽破坏，形成耕种园。这种种植园地主要依靠土地上的原生植物焚烧后的灰烬作为肥料，由于琼北地区多风多雨的自然环境和土壤类型难以存储水分的特点，这部分

① “二战”时期，日军侵占海南期间进行了疯狂的掠夺。以与乡村关系密切的森林资源为例，竭泽而渔式的采伐，使得海南的森林覆盖率从 1933 年的 50% 下降到 35%，海岸沿线 5~60 千米范围内几乎不见森林，多处森林被草地、灌木丛或稀树草原所替代，自然环境破坏严重。

种植园往往因雨水冲蚀而导致肥力损耗①。可以推想，这时期“山栏园”的土地利用形态，在连绵的林地中形成了一个个园地斑块，这样的景观形态自出现起在海南岛延续了几千年（至今在海南岛内陆山地仍有存在）。大约新石器时代中晚期，来自岛外的移民带来两广地区的稻作农业（广东省博物馆，1960）。据推测那时可能已经出现了较为原始的农田水利建设。因水稻种植需要，琼北先民在河流两岸二级台地，或滨海平原，修筑简易田埂、开沟拦蓄水流并引水灌田（吴建新，1987）。总的来说，原始农业阶段琼北人居建设的尺度较小，自然环境多样性较高，作物景观尚处于雏形阶段。

琼北地区传统农业阶段时间较长，发展较为缓慢，横跨秦汉至近代几千年时间。秦汉至隋唐，来自大陆的移民带来先进的生产工具和生产技术，以烧垦农业为主的“开荒耕作制”逐渐没落，以锄耕农业为主的“熟地耕作制”② 逐步兴起，使得较为稳定的农业定居成为可能。这一时期，琼北先民主要在滨海平原地区拓垦发展（图 3-4），森林被改造为良田，低洼则改造为塘地。从原始渔猎生产方式过渡到农耕定居生产方式，必然带来村落选址的变化。琼北地区原始蛮荒的自然环境，使移民垦拓的先民往往选择相对容易开发的地理环境进行开荒建设。琼北多河流水系，以南渡江流域为代表，河流沿岸的冲积平原地形平坦且适合人类迁徙，水源充足适宜农业灌溉，因此为选址建村的首选之地。从现有琼北村落遗址的宏观分布来看，本地区几大河流流域成为主要的农业生产区和村落遗址分布区。从考古报告中的微观选址来看，传统村落最常选择的就是依山傍水、河流附近的山岗或台地。这种对自然环境的依赖和偏好逐渐保留了下来，历史上的琼北传统村落分布与地形、水体的联系紧密。

水稻是古代琼北最重要的粮食作物（图 3-5），虽然琼北很早就开始水稻种植，但直到宋代仍未达到自给自足的程度。宋代“占城稻”引入琼北，由于其产量高、病害少且适宜旱地种植，不仅使得琼北台地平原地区的稻作面积进一步增加，还在水源较为缺乏的丘陵低山其种植面积也逐步增加。元朝在海南岛致力于屯田垦拓，围垦河滩、发展水利，扩大田地面积，元代官民田地统计约为 155 万亩③。元代王仕熙在《稻陇眠鸥》有“稻田流水鸦濡翅”的记述，从“稻陇”“稻田”栖息着鸥、鸦一类水鸟的描绘，可以想见当时琼北地区连片的田洋景观。到了明清时期，据《正德琼台志》记载，明洪武二十四年（1391 年），这一地区官民田地约 89 万亩，明万历四十三年（1615年）约 183 万亩（人平均耕地 15.3 亩），224 年内田地总面积增加了一倍多。清朝康乾时期，海南岛实行奖励开荒，减轻赋税的政策，清乾隆十八年（1753 年）颁布《敕开

---

① 这种园地的开发主要经过两个阶段：一个是比较原始的阶段，砍山成园后，不翻土、不施肥，用尖木棒戳地成穴点种旱稻，种 1~3 年待土地肥力耗尽之后便撂荒不种，另辟新地；另一个在技术上前进了一步，砍山栏之后先种旱稻，1 年后，用锄头翻土，把收获后遗留的稻秆压下作肥，然后挖坑种甘薯，到翌年收薯后，利用挖薯翻起的松土，再以尖棒戳种下旱稻，如此反复种植 3~5 年，直到稻谷收成骤减，即行抛荒。

② 这一时期，琼北先民主要以锄耕为主，以人力用大石铲把板结的土地翻动捣碎，再施以草木灰作为肥料种植薯类和稻作。这一过程改良了土壤结构，令土地的使用年限得以加长。

③ 《正德琼台志》卷十一对元代土地开发进行了记述，虽为明代估算，但也在一定程度上反映了当时土地开发的面积。

垦琼州荒地》令，号召移民到海南岛拓垦，新垦耕地几十万亩。这一时期，琼北的水利灌溉也得到了广泛重视，有修陂塘储水，开渠自流灌溉，也有筑坝截河引水灌田，或筑栅堵江车水灌田，甚至在滨海盐碱地区，还有筑堤阻海潮，引淡水洗碱等一系列措施，大大促进了本区域农地面积的扩大和耕地的进一步细化。涂田、沙田、旱田、梯田等因地制宜地分化发展，形成了丰富多样的生产景观，带来了该历史时期琼北乡村的全面繁荣。总的来看，开山伐木和熟地复耕贯穿了琼北乡村整个传统农业阶段。这一时期，琼北乡村景观的尺度逐渐增大，自然环境的生态多样性较好，作物景观的多样性也在不断丰富。

图 3-4 琼北丘陵低山地区河流周边的拓植痕迹
（图片来源：作者拍摄于定安高林村附近）

图 3-5 琼北平原地区的稻作景观
（图片来源：作者拍摄于澄迈龙吉村“龙吉贡米”稻田）

中华人民共和国成立至今，琼北乡村无论从农业技术上，还是作物体系和经营方式上，都逐步进入了现代农业阶段。机械化的垦拓逐步展开，通过大面积的地形整理，土壤改良以及农业基础设施的完善，人类对大自然的垦拓和改造效果显著。乡村景观尺度较大，自然环境的生态多样性逐步降低，农业景观的多样性和规模性都有相应提升（表 3-1）。

表 3-1 琼北地区历史上的土地垦拓阶段与景观特征

土地垦拓阶段	历史阶段	生产力水平	生产工具	垦拓形式	村落环境	土地垦拓特征
原始农业阶段	史前至秦	低下	石、骨及木制工具	采集渔猎 刀耕火种	山水相拥 安全隐秘	原始的自然景观，农业和人居空间雏形初成
传统农业阶段	汉至近代	较低	铁制工具	开山伐木 熟地复耕	因地制宜 宜耕宜居	自然环境逐渐缩减，农业和人居范域不断拓展
现代农业阶段	中华人民共和国成立至今	较高	机械化工具	整理地形 合并土地	空间开放 人文附加	自然环境逐步扩展，农业和人居范域逐渐稳定

总体来看，随琼北历史上土地垦拓的不断深入，“田尽而地、地尽而山”，本区域天然林地的尺度已经相对较小，本地区的乡村土地以林地、园地、耕地、水塘等用地形

态被不断开发。随着琼北乡村土地开发的不断深入，连绵的耕地成为琼北乡村景观的基底，人类不断地对自然环境加以改造，人工建设不断增多，最终形成了琼北乡村景观当前的格局与风貌。

3.2.2 自然环境的演化

从古至今，土地的拓垦往往是以刀耕火种、开山伐木为代价，而这也必然带来自然环境的变化。

原始社会时期，琼北地区从沿海到内陆，是布满森林或草原的，林莽遍地、物种丰富，是一块充满原始色彩的处女地。随着移民的不断迁入，开启了人类对本地区自然环境的改造。在人类的刀耕火种①和狩猎捕捞之下，琼北原始的森林环境开始遭到破坏。琼北地区的自然土壤带主要是火山喷发和水流冲击形成的黄壤和砖红壤，总体肥力偏弱，受多风多雨的气候影响，土壤又容易被暴雨冲刷而导致肥力下降，因此，便催生了游耕的生产方式。这一时期，虽然琼北先民人口基数较小，生产力尚不发达，其对环境的扰动也较为有限，但却是海南岛自然环境变化的开始。据认为，大约在公元前 111 年，森林覆盖面积约占其总面积的 90%（吉敏正野和谢邦正，1986）。此时的琼北地区，在海湾、河口的盐土上，主要是红树林分布；海拔 400 米以下的台地则分布着茂密高大、层次丰富的热带雨林；海拔 400~800 米的山地上是山地雨林（颜家安，2006）。

秦汉至隋唐时期，以汉武帝在琼北设置珠崖、儋耳二郡为开端，汉族移民不断涌入二郡及其周边区域，琼北地区西部和北部滨海平原的村落和人口不断增加。先进的工具和技术在这一区域逐渐传播，加速了土地的垦拓和环境的开发，“森林之岛”的原始面貌逐渐改变。这一时期，琼北人居虽然逐渐增多，但总体数量仍然较少②，所占土地比例仍然较小，琼北地区的自然环境仍然处于为较原始生态的状态。唐代李德裕从澄迈赴崖州沿途所见的“岭水争分路转迷，桄榔椰叶暗蛮溪。愁冲毒雾逢蛇草，畏落沙虫避燕泥”③，描写了热带植物层林叠翠，溪流纵横交错，森林阴翳潮湿以致瘴气袭人、蚂蟥横行的自然环境，从侧面反映了当时琼北地区仍然为较原始的自然环境。

宋元年间，由于移民人口的急速增加、生产工具和技术的发展，琼北地区土地垦拓加速，人类对自然环境的改造呈加速趋势。滨海平原的原始森林在人类垦拓之后，经自然的演替变为了热带稀树草原景观。从南宋地理学家赵汝适的《诸蕃志》记载本岛东部地区“牛羊被野”，元代诗人王仕熙登万州城楼曾见“万州城下草连空”“旷野浮云如塞北”的场景，可以看出这种景观变化。这一时期，铁器和牛耕的普及为土地的垦拓提供了更大的动力，农业开发和乡村范域逐步扩展至琼北南部的丘陵及山地。总体而

① 《广东新语》对黎族刀耕火种的生产方式进行了详细描述。

② 据明代王佐《琼台外记》记载，“武帝置郡之初，已有善人三万之数”，这里所说的置郡就是指儋耳、珠崖二郡，“善人”则是由大陆迁来海南的汉人，总共 3 万余人。

③ 诗句出自李德裕《谪岭南道中作》，两句诗大意：担心瘴气袭扰，每次中毒都幸好有蛇草药汤解毒，才不至一死；害怕山蚂蟥弹落到身上，因为屡屡被叮而成了惊弓之鸟，连天上落下的燕泥都避之不及。

言，从两汉至宋元，时长近 1 500 年，琼北地区虽然开发不断，但总体上人类对环境的改造仍然是较为缓慢的。

明清两朝海南岛进入封建统治的繁荣时期，也开启了琼北地区全面开发的阶段。随着移民的不断涌入，人口的增加和工具技术的提升，人类垦拓的速度较过去提升明显。明代历史上首次丈量了海南岛的田亩，编制了土地档案即鱼鳞图册。明末本岛土地拓展比明初增加 1 倍，可见这一时期人类拓垦力度之大（陈安琪，2015）。根据颜家安的研究，西汉至元末海南岛森林覆盖率平均每 300 年下降 1 个百分点，明清时期每 20 年就下降 1 个百分点，元朝末年本岛原始林地还有 85%左右，到清末就已经锐减至 60%左右，足见这一时期自然环境变化的加速（颜家安，2008）。比大举垦拓更严重的是战乱匪患、水土破坏等各种原因导致的土地丢荒，这极大地影响了乡村自然环境和生态平衡①。森林砍伐、水土流失、土壤沙化、土地丢荒等问题严重，对人类生产生活产生了较大影响②，也带来了琼北地区景观生态的变化。经过人类长期垦拓，至明清两朝，琼北平原的原始林地已基本破坏殆尽，琼北台地一些原始林也逐渐演替为稀落的次生林、干性以及湿性草原。原始林地开拓之后，琼北乡村的畜牧业发展起来③，定安、琼山、澄迈等地甚至出现了“牛羊被野”的景观。此外，这一时期滨海森林的破坏使得有些地区土壤盐碱化日益严重，不再适宜稻作种植④，农民以耐盐碱易生长的椰子取而代之，这使得“椰风海韵”成为人类应对环境变迁举措之下形成的新景观。

中华人民共和国成立后至 20 世纪 80 年代，琼北乡村的环境开发主要集中于土地整理、粮食生产和基础设施建设等方面，对自然环境的改造效率更是大大超越传统农业时期。这一时期，琼北平原的水稻种植面积得到了进一步增加，以果蔬和橡胶生产等为代表的农业种植则极大地改变了琼北丘陵及山地地区的自然环境，本地区的原始林地基本改造殆尽。20 世纪 90 年代起，随着环境意识的增强，乡村的非经济价值凸显，天然林保护、水土保持及防护林建设意识不断加强，琼北乡村的自然环境又逐步得到了优化，森林覆盖率得以增加⑤。进入新世纪之后，随着城乡统筹的发展，城市反哺乡村，

---

① 清光绪十三年（1887 年），清末有名的文官和地理学家胡传（胡适之父），受两广总督张之洞委托入琼考察，著《游历琼州黎峒行程日记》。胡传在临高一带曾见“一路所过皆荒坡，浅草中，畦町宛然可辨，盖已垦而复荒者也”，在岛西南一带也有“地无遮蔽，晴则风吹松土，雨则水漂土膏”的情况，可见当时丢荒造成的环境破坏之严重。

② 清咸丰《琼山县志》曾记载，南渡江附近“陷民田为沙漠者，南北八七里，东西约三里，居民苦之”。

③ 《正德琼台志》记载“今肇庆、新兴反岁货牛于琼，以给广左右”，广东的牛这一时期居然从海南进口，说明此时海南岛畜牧业有了很大的规模。明万历年间（1573—1620 年）的统计以牛税和槟榔税收入最多，牛税又以定安、琼山、澄迈、儋州、临高、文昌等地为多，说明琼北地区畜牧业的发达。

④ 《广东新语》卷十四食语，“盖琼田滨海洋者，苦风涛变为斥卤”，对生态环境的变迁进行了描述。

⑤ 1987 年海南岛森林覆盖率为 25.55%（天然林覆盖率仅为 11.54%），到达历史最低点。建省后，海南为了扭转森林覆盖率一路下滑的趋势，开始大规模绿化种植，至 2019 年底全岛森林覆盖率达到 62%。

退耕还林、退塘还林、退果还林等生态保护政策不断出台，琼北乡村整体上的自然环境逐渐得到恢复，自然景观品质进一步提升。

3.3 琼北乡村生产环境的拓展

3.3.1 作物类型的丰富

当农业和定居生活开启，人类就开始不断地驯化和引种植物，农业作物种类及作物景观也就不断丰富起来。琼北地区的琼山、文昌和定安等多地所出土的石斧、石铲说明距今 4 000 多年前的新石器晚期①，琼北的先民就已经开始了制作工具用于简单的作物生产。东汉的杨孚在《异物志》中提到“薯类为南人专食，以当米谷，稻谷次之，再之为薏苡等杂粮”，对海南岛东汉时期种植的主要作物作了概括。薯蓣等块根类无性繁殖作物由于种植和储藏的方便，特别适应于原始农业粗放的生产条件，因此被大量栽植。晋朝的嵇含也在其《南方草木状》中记述，“旧珠崖之地，海中之人皆不业耕稼，惟掘地种甘薯”。足见薯类在当时琼北地区农业作物之中的普及和重要程度。薯类之外，琼北地区的稻作在汉代也有一定发展，《汉书》记载儋耳郡“男子耕农，种禾稻苎麻”，《异物志》提到“稻，农者一岁再种”，都说明了本地区稻作种植的发展。此外，豆荚类植物由于在林地中大量存在，也可能较早被人类种植。《后汉书》提到“薏苡实大”，马援征交趾②时还装一车运回中原，以图引种，说明这一时期豆类种植的存在。《汉书》中“女子桑蚕织绩③”的记录说明了此时已有一部分土地用于栽桑养蚕。至于其他经济作物，《异物志》记述“甘蔗，长丈余、颇似竹”，还有“椰树，高六七丈”，此外槟榔、荔枝、龙眼等水果及其他药用植物也在《异物志》中有记载，可见当时农作物种类已经较为丰富。可以推想，从原始社会发展到南北朝时期，因作物种类的不断增添，琼北乡村农业景观也在不断丰富，可能主要有以下几类：水源充足的冲积平原是

---

① 琼山区仙沟岭遗址位于甲子镇下沟村东南，南渡江支流文策河北岸的山冈上。遗址面积约 1 万米^2，采集有双肩石斧、石铲、石凿等石器，属新石器时代晚期遗址。凤鸣村遗址位于文昌市昌洒镇宝堆村（今凤鸣村）。该遗址地处凤鸣村周围方圆 10 千米范围的山冈台地上。20 世纪 20—30 年代，当地村民经常在这一带发现“雷公斧”（即打制和磨制石器）。海南籍文物收藏家韩槐准 1950 年在凤鸣村附近先后采集到多件打制和磨制石器，之后，文物工作者又在土沙大肚、土沙小肚、报数山坡、排田坎、昌田坡、白土坡等处采集到大量打制和磨制石器。石器质地多为板岩、砂岩，少量玄武岩、页岩，多数石器通体磨光。器型有梯形石斧、石凿、有肩石贲、石镞等，双肩石器占有较大比例。同时还发现夹砂陶罐、夹砂陶釜和泥质印纹陶片等碎陶片，以粗红陶居多。根据调查采集到的遗物判断，该遗址为新石器时代遗址。谷溪遗址位于定安县新竹镇养坤村西南的谷溪，面积约 600 米^2。1984 年在此发现 11 件石器，器型有梯形石斧、双肩石斧、双肩石锛和双肩石铲等，另有 1 件圆柱形砍砸石器。经鉴定均为新石器时代石器。

② 中国西汉至唐朝郡的名称，位于今越南北部红河流域。

③ 《汉书·地理志下》记载：“男子耕农，种禾稻苎麻，女子桑蚕织绩。”织绩，把蚕茧拉成绵，或手捻成丝，然后织成粗绸。

连绵如茵、尺度较大的稻作景观；丘陵低山地区则是林田交织、尺度较小的“山栏园”，肥沃疏松、高亢干爽、排水良好的园地主要是薯类、旱稻、桑麻等作物景观；低洼潮湿的冲积土或水源充足的缓坡地则是青翠葱茏的蔗田景观。

隋唐时期，汉以来发展的传统作物如水稻、薯类、棉麻、甘蔗等种植已较为普遍。据《新唐书·地理志》记载，琼北各州的土贡，除金银珠贝之外，振州是五色藤盘，儋州是糖香。各州水土地貌不同，出产的农产品也不同，可想当时琼北各地农业景观已有各自特色。除主要的农作物之外，《唐大和上东征传》还有“益智、槟榔、椰子、荔枝、甘蔗、龙眼……楼头，大如钵盂，甘甜如蜜，花如七宝色；唐香树，丛生成林，风至，香闻五里之外；又有波罗捺树，果大如冬瓜”① 的记载，可想当时水果等经济作物的类型和种植范围也在不断拓展，从堂前屋后到村边林带，稻浪绵延、瓜果飘香，一派热带风情的田园美景。

宋元时期，稻作和薯类仍然是琼北地区主要的粮食作物②。这一时期，海上贸易的发展刺激了海南岛经济作物的输出，自然也就刺激了相应作物的种植。据宋代的《诸蕃志》记载，这一时期海南以槟榔、香料、吉贝、棉麻、藤类等输出较多，其中槟榔和吉贝（木棉）③ 是输出的两种主要商品。《诸蕃志》有“（海南）惟槟榔、吉贝独盛”和“漫山悉槟榔、椰子树”的记载。可以推想，贸易需求刺激之下，琼北作物种植开始主动调整并适应市场，货贸的兴衰也促使了作物景观随之变化。可以推想，由于琼北地区盛产椰子、槟榔，稻作景观之外，这一时期琼北乡村椰林漫野、槟榔绕村的景观逐步出现了。

明清两代，除主要的粮食作物之外，琼北地区的经济作物如棉花④、荔枝、椰子⑤、甘蔗⑥等都得到了发展。这一时期，玉米、花生、橡胶⑦、南瓜、辣椒、烟草⑧等从岛外

---

① 《唐大和上东征传》记载鉴真东渡失败之后流寓海南的见闻，记录了海南岛当时的风土人情。

② 薯蓣为琼北主要的粮食来源，首先因为琼北缺水的台地和山地砂壤土，适宜薯类生长，“芋魁大盈尺”；其次因其耐活易种，琼北人口稀少，劳动力不足，只能依靠广种薄收的生产方式，苏轼居儋州时所作的《记薯米》记载，“海南以薯为粮，几米之十六”，在他的另一篇诗词《闻子由瘦》则记载：“土人顿顿食薯蓣”，可见至宋朝薯蓣仍然是主要的粮食来源。

③ 《本草纲目·木三·木绵》：木绵有二种，似木者名古贝，似草者名古终。或作吉贝者，乃古贝之讹也。北宋方勺著的《泊宅编》记载：闽广多种木绵，树高七八尺，叶如柞，结实如大菱而色青，秋深即开，露白绵茸然。土人摘取去壳，以铁杖杆尽黑子，徐以小弓弹，令纷起，然后纺绩为布，名曰“吉贝”。

④ 据顾岕《海槎余录》记载：海南“杂植山萸棉花，获利甚广。”

⑤ 《正德琼台志》卷八记有“荔枝出琼山西南界宅念都者，多且佳”“槟榔四周皆产，文昌、琼山、会同特多”“每家有槟榔之园，椰子之林”等记载。

⑥ 《乾隆琼州府志》地方志中记载“琼州甘蔗，四时不绝”。

⑦ 清光绪三十年（1904 年），侨居马来西亚怡保的侨领胡子春经清政府批准，在海南儋州的那大成立“侨兴有限公司”，开启了海南橡胶垦植先河。

⑧ 清乾隆十八年（1753 年），清政府发布《敕开垦琼州荒地》命令后，移民海南的人数不断增多，这些客家人有的深入黎族地区垦荒务农，有“如惠潮人入黎者，多于坡地种烟”的记载。

传入，丰富了琼北作物景观的种类。玉米喜干燥土壤，在不易栽种稻谷、杂粮和难以灌溉的琼北丘陵坡地被大量引种，形成了坡上玉米、坡下种稻的作物景观。琼北滨海平原有大量砂土带，琼北火山地区的花岗岩和玄武岩风化后也很疏松，由于花生恰好适应于砂土的环境，因此也在这些地区被大量推广。可以推想，明清时期琼北农业景观主要仍是以稻作、薯蓣景观为主，不易灌溉的地区有棉花、玉米、花生等耐旱作物景观，以橡胶为代表的新品种的引入更使得琼北乡村作物景观呈现出更丰富多元的空间尺度和风貌特征。

近现代时期，随着民国初期民族资本的一度兴起，东南亚的热带经济作物咖啡、菠萝、油棕、剑麻等被引入琼北地区并推广种植①。与此同时，由于资本主义货贸的冲击，棉花等传统作物种植在海南岛逐渐消亡②。日据时期，受帝国主义市场需求的影响，全岛作物种植分区被重新划定。琼北地区的琼海和文昌是椰子、槟榔的主产区，文昌也是花生主要产区，临高是甘蔗主产区，儋州成为瓜子主产区。当今的琼北农业，随着南繁育种和岛外引种的发展，作物类型仍在不断丰富，除稻作和薯类等粮食作物之外，热带瓜菜、水果和热带作物种植发展迅猛，形成了极具地域特色的作物景观风貌。

3.3.2 设施景观的增加

“古人兴利，以水利为大”，传统乡村最重要的农业设施莫过于水利基础设施的兴建。秦汉至唐，除掘井之外③，琼北乡村较为大型的水利建设几无记录（兴修水利需要大量财力物力，传统乡村经济水平较低、人力资源不足，难以支撑大规模水利建设）。唐宋以后，琼北地区乡村经济社会的发展促进了水利设施的兴修。这一时期，围塘筑陂、堵河蓄水、筑渠排灌等水利的兴修是琼北先民主动改造生产生活环境的重要措施。唐元和年间，贬谪海口龙泉镇的宰相韦执谊组织新联村乡民就地取材，用遍迹当地的火山岩修建“岩塘陂”以筑堤蓄水、开田种稻。岩塘陂“延袤二百余丈，分流为二派，

---

① 据林缵春《琼崖农村》记录，到 1924 年，全岛计有大小橡胶公司 49 家，植胶 21.7 万余株，占地面积10 575亩（1 亩≈667 米^2），至日本占领海南岛，其他热带作物如咖啡、椰子、菠萝等，都有明显发展。

② 海南岛是我国栽培棉花最早的地方之一。早在夏商年代，海南岛就有了来自东南亚的“吉贝棉”。宋代，海南棉花已经销往内地，织布技艺更是全国领先。元代海南岛成为棉花推广的基地。本岛西部、南部，是棉花种植的中心，手工纺织技术精湛。黄道婆更是把海南崖州的传统纺织手艺带回内地，带动了长江下游的纺织业的大发展。然而，鸦片战争后，海南门户大开，棉纱、棉布等“洋货”大量输入，对本岛棉花生产造成毁灭性打击，土纺织业几乎全部停止，棉地荒芜，棉农破产。

③ 琼北地区现存时代最早、最有名气的古井当数位于儋州市白马井镇的白马井。相传，汉代伏波将军马援南征交趾时，因马援的白马用蹄刨沙，遂涌出清泉故名。后来人们为了纪念马援的历史功绩便将这口泉井命名为“白马涌泉”或称“白马井”。此外，文昌铺前镇铺港的付波井也相传为马援所凿。

溉田各数百顷”[1]，是火山岩材料在乡村基础设施的成功运用。后人形容岩塘陂“架潭成桥，砌陂岸如长虹；引水长流，濯万顷而渺然”，可见其景观之秀美壮观。北宋开宝八年（975 年），琼州知府李易组织百姓修筑渠堰，引龙塘水灌田三百余顷[2]。南宋淳熙八年（1181 年），琼州帅守韩壁“教之民以耕耨灌溉之法”[3]，积极推广中原先进的农田水利灌溉技术。元代水利工程在宋代基础上进一步发展，较为典型的有琼山的义丰地区[4]。另有元泰定年间（1328 年），贺贾在万安组织修建洪口溪，“设陂三十所，沟十八条，灌田七千余亩”。据统计，宋元时期兴修的主要水利工程设施有 14 处，其中以海口周边的琼山和澄迈居多[5]。明代琼北水利继续发展，这一时期的《广东通志》关于琼北水利的记载有“琼山水二、陂九、圩岸三、塘五，灌田 1 800 余顷；澄迈陂三，塘一、灌田 20 余顷；定安水一，共灌田 20 余顷；临高陂二，共灌田 50 余顷；文昌陂三；会同堤四，共灌田 10 余顷；儋州泉三、江二、坝一，灌田 2 400 余顷”。至清代，琼北地区水利设施的兴建进一步增多[6]。据道光年间张岳崧的《琼州府志》记载，琼北地区的水利设施，除了开沟引水外，还有借用水力设天车汲水，用戽斗戽水，用龙骨水车车水和掘井提水等灌溉方式出现[7]。总体来看，古代琼北乡村水利建设在建筑技术方面已经采用了拦蓄、分流、架桥、砌陂、闸桥、堤堰等技术。修建的水利工程主要可分为官方带动和乡村自发建设两类。由当地官府主持、百姓参与的建设工程，通常工程比较大，耗资也较多。如唐代的岩塘陂、宋代的度灵塘、元代的琼山提闸等。乡民自发组织的修建工程，如宋代澄迈县的送甲陂“乡人王逢堰水灌田五百余亩”[8]，元代琼山的

---

① 据清代周广等《广东考古辑要·堤堰》卷九记录，韦执谊被贬海南期间，带领百姓利用琼北常见的玄武岩修筑“岩塘陂”水利工程。明代，韦执谊的后裔效仿始祖做法，在距岩塘不远处的亭塘，兴建“亭塘陂”。由韦执谊开启的水利工程，历经千年仍然历久弥新，灌溉着周边的万亩良田。

② 《宋史·河渠志》记载，开宝八年（975 年），知琼州李易上言：州南五里有度灵塘，开修筑堰，溉水田三百余顷，居民赖之。

③ 明《正德琼台志》卷七记录了韩壁当时在海南的政绩，对其兴修水利有“教之民以耕耨灌溉之法”的记录。据《崖州志》载，明正统二年（1437 年），崖州宁远主簿梁正，率领民众大兴水利，“崖人不知水利，正导民筑陂灌田三千余亩”，说明此时水利兴修在海南岛进一步推广。

④ 元代修建的水利工程，据地方志记载，显著的有琼山区义丰堤闸。据元代王济翁《水利碑记》略云：“其间义丰、遵化、丰好等处，民田往因洪水冲决，陵谷变迁，难于稼穑。后至元丁丑（1337 年）春，诸田老以实闻于郡，檄委前雷庠贰教张宜举董其役。有田之民，不期而至，堤桥车闸，修制有方，七年之内，方始成效。凡通水利者一十八处，成熟田者凡十万余顷。”

⑤ 《琼州府山川考·水利》卷三。

⑥ 清代文献《琼州府志》《会同县志》《文昌县志》《儋州志》等均有大量关于水利设施的记载，其中：闸门有桥车闸、林村闸坝、迈容车坝等；陂塘有南赖陂、梁陈陂、绿松陂等；塘有圆山塘、潭宅塘、潭邓塘等；圩岸有博浪圩岸、苍茂圩岸、东溪圩岸等；沟有大寨沟、水南沟、莲塘渡沟等；灌溉井泉有石塘泉、水出泉、大井泉等。

⑦ 张岳崧将其总结为：“近水泉者，瓮砖以引之，曰圳；架竹以通之，曰笕；树栅畚土以潴之，曰陂；砌石为门，以时出纳，曰闸；凿木为机，手挽脚踏风转，曰车。”

⑧ 据《正德琼台志》卷七记载：送甲陂由“乡人王逢堰水灌田五百余亩。元至元年间，陈子胡作乱，乡人率义兵攻之，贼遂弃甲而走，故名”。

梁陈陂由“乡人以石筑塞堰水灌田”，清代乐会（今琼海）的乌陂塘“水自万州界陵流山发源，注而成塘，乡人筑堤为堰，可灌千亩”。至现代，水利的兴修已经大大超出了琼北传统乡村以自然村为基础的规模，松涛、石碌、南扶等大型水库、跨区域的引水渠等大型的水利工程对本地区的农业发展起到了巨大的促进作用，也形成了更为壮观的乡村设施景观。

随着琼北乡村社会经济的发展，桥梁的建造也逐渐得到了发展。唐宋时期，琼北有两个重要的文化动态：一是许多朝廷高官贬谪于此，他们在琼北继续做一些力所能及的好事，如唐朝宰相韦执谊被贬海南后就带领百姓利用当地常见的玄武岩建造雅咏石桥①，也是海南现存时代最早的桥梁；二是南宋时期琼北地区涌入大批来自福建莆田的移民，这一群体带来了先进的文化和生产技术，也包括桥梁的建设技术，如文昌市的承先桥②就是海南古代最长的桥梁。据《琼州府志》统计，本区域两宋时期造桥共计 16 座，其中以琼山（今海口市琼山镇）最为突出，较为典型的是“琼山六桥”。此后，随着乡村经济的发展和交通的需求，元、明、清各朝皆有桥梁不断建造，官府、乡绅、乡民皆有出资修建桥梁的记录，范围由平原逐渐朝台地发展。

早在先秦时期，中原地区就有通向四方的驿道，汉代时官道网络已经很发达。根据现有资料，琼北乡村在宋代时驿道就已经很发达，从琼州海峡北岸的徐闻渡海在澄迈县老城的通潮驿上岛后，有通往琼州和往西到儋州的官道。以澄迈罗驿村的“东坡路”，定安高林村的官道等为代表，部分古代琼北乡村的官道、驿道、栈道保存至今。澄迈的罗驿村古称“倘驿村”③，有青石板道路 36 条，共计 3 500 米，并建有乐道桥、道阳桥、初八墓桥 3 座石桥。定安县元帝村官道修建于元代，距今 700 多年。官道长 2 000 米，宽 1~2 米，路面用火山岩石块铺成，路两旁也堆有火山岩石护坡。儋州峨蔓镇海边的盐丁村古道建设于清代，是制盐和下海捕鱼的渔民所走的道路，穿过各个水沟、水池，连接各处盐田，通向港口，宽处 1 米余，窄处不足半米，全长约 3 000 米。栈道用石块铺地，多数路段铺制规整，体现出琼北乡村火山岩筑路的技术工艺。

总体来看，琼北丰富的火山岩和玄武岩石材，为乡村设施建设提供了重要的材料。

---

① 该石桥为拱形桥，单孔，下有桥基，水面以上有 8 层用条石砌筑的金刚墙，上面再有 5 层一端呈斜面的斜壁，顶部用两层石板平铺。底宽和高均有 3 米余。儒图村韦氏子孙的家里，有一块断裂的石碑，碑文刻于清雍正十三年（1735 年）。碑文记载：“宋朝端平间，先人于塘门筑石，高一丈六尺，阔三丈八尺，架桥砌陂为堤堰。延袤二百余丈，阔半之。”

② 承先桥位于文昌横山村西北的竹根溪，始建于清康熙三十九年（1700 年），历时 5 年多时间建成。至今保存较好，仍可在桥上通车。该桥采用了石堤式筏形基础建造技术，全部用石条砌成梁桥。全长 80 米，宽 5.4 米，长达 11 孔、12 个桥墩，每座桥墩均用整块石头层层横向叠压。桥墩前后两端呈弧形，石条长 0.5 米，高 0.3 米，厚 0.2 米。分水金刚墙平直，上面用大石条压顶，每洞孔宽 2 米，每座桥墩宽也在 3 米左右。代表了古代海南岛桥梁建设的最高水平。

③ 宋哲宗绍圣四年（1097 年）苏东坡被贬来琼，取道西行儋州贬所，曾夜宿该驿站，村民用当地特产鹅（倘驿鹅）招待这位大文豪。元符三年（1100 年）五月，苏轼北归途中，再次经过该驿站。

琼北先民因地制宜、就地取材，以简单的技术和乡土材料建造了水利、桥梁、道路等使用上千年的生产生活设施，也留下了重要的乡村文化景观。

3.4 琼北乡村住居环境的提升

3.4.1 村落的发展

自从琼北有人居住，就有了人居的聚落。原始社会至秦，琼北地区主要为海南岛的黎族先民所居住①。最初的琼北先民主要居住在洞穴中，而后则是滨海、湖泊及河流沿岸②。新石器时代中后期，随着生产力的发展，琼北先民慢慢由采集渔猎的生存方式过渡到了原始生产阶段，人类逐渐开始建造房屋，制作陶器。人类探索的足迹也开始离开琼北滨海地区溯流而上，在靠近江河边的地方聚族而居，从事农耕生产和生活。从考古报告来看，这一时期的人类遗址主要分布在南渡江、昌化江、陵水河等主要河流及支流两岸的台地丘岗上，又称为“山坡遗址”。其中较有代表性的如位于文昌市昌洒镇的凤鸣村遗址③。定安的佳笼坡遗址，地处距南渡江支流龙州河仅有近百米的一个台地上，地势较为平缓。遗址面积约 6 000 米^2，文化堆积层厚 0. 3 ~ 0. 8 米，采集到双肩石斧、双肩石锛、石锤、夹砂粗红陶釜、泥质灰陶碗等文物。仙沟岭遗址位于海口琼山区甲子镇下沟村东南，即南渡江支流文策河北岸的山冈上。遗址面积约 1 万米^2，采集有石锛、双肩石斧、石铲、石凿等石器，属新石器时代晚期遗址。谷溪遗址位于定安县新竹镇养坤村西南的谷溪，为新石器时代遗址。面积约 600 米^2，出土 11 件石器，器型有梯形石斧、双肩石斧、双肩石锛和双肩石铲等，另有 1 件圆柱形砍砸石器。同处这一时期的琼南石贡遗址位于陵水新村镇西北角海边港湾的沙丘上，东西长约 5 000 米，南北宽约 50

---

① 对黎族族源的研究学界目前尚无定论，但一般倾向于其多元特征，其中主要有南来说与百越移民说两种意见。海南岛的黎族先民大概于新石器时代或更早的时候迁入，黎族迁入海南岛之后最初在本岛东部、西部和北部滨海平原地区开启了刀耕火种的开拓，随着历史的发展又逐步向中部的台地和山地圈层收缩，最终集中于黎母岭与雅加大岭之间，距今已有近 6 000 年的历史。秦始皇遥领海南之后，岭南地区骆越人和部分中原人迁入海南岛（主要在今天的琼北临高、儋州地区），与黎族先民逐渐融合。

② 根据海南岛原始聚落发展的不同阶段，所处自然环境和建造特征的不同，主要分为洞穴、沙丘和台地三个主要阶段。原始社会初期，生产力的低下迫使早期人类主要依赖天然洞穴作为栖息地，洞穴既可防卫野兽侵袭又能遮风避雨。如三亚落笔洞遗址，洞穴位于半山，野兽难以到达，洞内冬暖夏凉、别有天地，洞外森林繁茂、河流潺潺。新石器时代中期，随着人口的增加和环境的破坏，仅仅依靠洞穴周边范围已无法满足生存所需。对火和工具的掌握使得人类有能力朝更适合捕捞渔猎的滨海地区迁徙。此时的人类一般选择海湾或河口附近的沙丘。沙丘往往高出水面约十米，为海水所不能淹没。沙丘遗迹主要分布于临高、三亚、陵水等地滨海地区。在这里，人类依山傍水搭建简易的住居，制作石器、陶器等生产生活工具开始简单的定居或半定居生活。

③ 1950 年，著名的考古学家韩槐准先生回到文昌省亲时，在凤鸣村周边的土沙大肚、报数山坡、排田坎、昌田坡、白土坡等山冈台地上先后采集到新石器时期石器 60 余件。这是海南岛最早发现的“山坡遗址”。

米，面积近25万米²。经碳十四测定，该遗址属于新石器时代中期的沙丘遗址。遗址高出海面6~10米，文化堆积层厚0.6~1.5米，含有大量的螺、蚌、蚝蜊壳、兽骨等，说明贝类和鱼类已成为当时先民日常生活中的重要食物来源。此外，还挖掘出大量通体磨光的梯形斧、锛等磨制石器，部分石凿、砺石、石片等，以及大量粗砂红褐陶、少量灰褐陶及细砂薄壁陶器。同时还发现房址、柱洞、灰坑等遗迹，可以推测此时的海南岛先民已经开始简单的定居或半定居生活（图3-6，图3-7）。

图3-6　汉代发源的东谭古村落群卫星影像

（图片来源：东谭村周边 Google Earth 卫星图）

图3-7　珠崖庙周边东谭古村航拍

（图片来源：孟云起航拍）

汉族迁徙海南岛的脚步从秦始皇设南海、桂林、象郡三郡“遥领”海南开端。汉初珠崖、儋耳二郡在琼北设立之后，琼北地区的平原河谷一直是历代开发的重点，这里水源充足，土地平坦、土壤肥沃，适宜耕种开拓，故而吸引了汉族人口的持续聚集以及村落的建立。这些地区村落的发展主要受商贸往来的影响，本地区汉代地名多以水产命名，“珠崖”（今海口）①、“玳瑁”（今琼山）、“紫贝”（今文昌）皆因物产而得名。这一时期，大量汉族移民的涌入不仅带来了“熟地耕作制”，也带来了房屋建造的技术和经验②，最初的零星聚居由此逐渐发展为早期的村落③。《汉书·地理志》对儋耳郡周边乡村已经有“男子耕农、女子桑蚕、民有五畜”的记载。据王俞春考证，海南岛最早来自汉族地区的移民村庄应当是在东汉初年。有姓氏和落籍地点的琼北移民的最早记载在明代海南史学家唐胄的《正德琼台志》有“建武二年（公元26年），人王氏与二子祈、津，家临高之南村，则东汉有父子至者矣”。按照那时的习惯，迁徙异地都是父子或兄弟几人一起择址某地聚族而居，不久就会形成村落。关于这一时期的村落规模，根据当时琼北乡村的人口规模和改造自然的能力分析，可以推想其应该并不大。海南省第一批中国传统村落中的东谭村建于西汉时期，现存有珠崖神庙、古城墙、珠崖井等遗迹，周边有乐官、谢王、郡内等多个古村落。从田野调查来看，每个自然村约30户，村落规模都不大。村落之间略有两三百米左右的植被间隔，由道路串联形成村落群。琼北村落遗址资料较少，但是从同一时期海南岛南部地区的村落遗址可以看到，其一般位于背山面水的二级台地之上④。可以推想，这一时期的琼北村落由小及大，由简单至复杂，其选址往往背山面水，村落附近种植着薯类、稻作、桑麻、椰子、木棉等作物，牛、羊、猪、鸡、狗等牲畜从汉代开始就在村落中普遍存在。随着村落动植物种类的丰富，种植、防卫、居住、储藏和圈养的空间逐渐出现并且细化，村落环境开始从原始状态向有意识的布局转化。

汉代时期，整个岭南地区都还是地广人稀的莽荒之地，从三国到隋末400多年时间里，整个中原大陆动荡不安，琼北的村落发展亦不可能有大的发展。唐代，海南乡村出

---

① 《汉书》卷六记述，“二郡在大海之中，崖岸之边出真珠，故曰珠崖”。

② 可以推想，秦汉时期征伐岭南地区的部队中，一定会有一批工匠，把中原的“秦砖汉瓦”烧造技术带到海南。根据《史记·秦始皇本纪》记载，早在秦始皇三十三年（公元前214年），为了驰援征岭南的秦军，秦始皇派史禄在湘江上游开凿灵渠时，就征发“逋亡人、赘婿、贾人”，其中应该包含为军队安营扎寨服务的建设匠人。驰援的将士在登上海南岛后就在儋州挖掘井泉，称“白马井”便是旁证。

③ 公元前110年，在海南岛设置珠崖、儋耳两郡及十六县时，必然有大批将士留居琼北落籍，应该已有村庄形成，只是缺乏史料记载而已。

④ 昌江县昌化镇内坑角村的内坑角汉代遗址，背靠昌化岭，面向北部湾，遗址面积约5 000米^2。东方市板桥镇戈枕村的汉代戈枕遗址，地处昌化江西岸3千米的台地上，南北长50米，东西宽30米，遗址面积约1 500米^2，从一个侧面反映了此时聚落的选址环境和建设规模。东方荣村遗址面积达5万米^2，出土遗址内发现了新石器时代至汉代的陶片500件，同时期房屋木桩40根，还发现了灶、柱洞、灰坑等建筑遗迹。

现了豪族富户，其村落规模随之扩大①。位于琼海石壁镇中凤村东北500米的田朗园遗址属唐至元时期的琼北村落遗址，东、南、北三面是万泉河支流白腊沟，遗址南北长约250米，东西宽约200米。从中凤村的田野调查来看，其选址河流周边的二级台地，临水守田，宜耕宜居，具有一定的代表性（图3-8，图3-9）。佛教传入海南岛的具体时间迄今尚无定论，但从鉴真和尚流落崖州水南村、留居大云寺可以看出，至少唐代海南就已经有了寺庙的存在②。海口琼山区的麻钗公婆庙、光岭公庙皆是建于唐代。据《琼台志》记载，琼北地区从唐代开始建庙奉祀冼夫人，儋州修建了宁济庙，此后还有海口的天后宫、文昌宫、龙王庙等。海南四面环海，古代人力微弱、易迷信，随着乡村经济的发展和佛教、道教等宗教的逐渐传播，自唐代起琼北乡村祭祀祈福的宗教庙宇逐渐增多。除佛寺、道观之外还有许多敬奉自然神的（日月星辰庙、龙王庙、山川地方庙、灶君庙）和人神的庙宇（妈祖庙、伏波庙、班超庙）。由于祭祀建筑特殊的形制体量，其在村落中逐渐占据了重要的空间位置，同时也成为村民心理上的村落空间核心要素。

宋元时期是琼北乡村发展的重要过渡期。南宋迁都临安后，其经济、政治、文化重心也随之南移，大批汉人也在这一时期迁居海南岛，闽南文化也随之在本地区广泛传播，琼北村落也获得了较快发展。从琼北的移民历史来看，本地区多数村落都在宋元时期形成。来自大陆的移民多为农耕的汉族，到琼北之后聚族而居，往往就地取材，利用火山岩修建民居、垒筑村墙、铺筑道路，形成了大批具有几百年乃至近千年的地缘村落。宋元时期的村落选址，可以概括为依山傍水靠近耕地。陵水的移辇遗址、琼海的田朗园遗址、临高的昌拱遗址等皆地处近海或临河，其余大部分宋元遗址多处于河流附近的山冈台地上。这一时期，大量汉族移民带来的技术促进了琼北乡村手工业的发展，劳动分工和乡村贸易的发展促进了“业缘”村落的发展。琼北地区至今仍然有不少地名包含“盐”“铁”“瓦”“灰”等字眼③，反映了当时乡村社会的发展和村落类型的分

---

① 据《唐大和上东征传》记载，唐天宝年间，鉴真和尚第五次东渡日本时，被漂流至海南岛的振州江口，得到振州别驾冯崇债的迎接，后又被护送到万安州大首领冯若芳家安置。这个冯若芳每年常劫取波斯船二三艘，取物为己货，掠人为奴婢。其奴婢住处，南北三日行，东西五日行，村村相次，总是冯若芳奴婢之住处也，虽然该记载有夸张的成分，但仍然可见村落规模之大。

② 从宗教传入时间来看，海南岛佛教始兴于唐代。自此后的1 400多年间，历朝历代在海南岛兴建了大量庙宇。唐朝初叶，武则天发动“武周革命”，建国号“周”，以周代唐。僧人法明等撰《大云经》，上表说武后是弥勒下世，应代唐执政。武则天大喜，下诏要求天下普设大云寺，藏《大云经》。50年后的天宝七年（748年），鉴真和尚第五次东渡日本失败，漂流到振州（今三亚市），就被安排在振州水南村（今三亚市水南村）的大云寺住宿。汉传佛教中的禅宗，自唐代传入海南岛，有较快的发展。宋朝建立后不久，开始对佛教的传播有所控制。《宋会要辑稿》记载“建隆初，诏佛寺已废，不得再兴”，不过，这是短暂的政策。到了宋真宗、宋仁宗时期，重视佛经刻印，陆续刊刻《大藏经》，促进了宋代佛教的传播。宋代佛教禅宗、净土宗最为流行，尤以禅宗最盛，《五灯会元》就是唐宋禅宗史与语录集。宋代，佛教也普及民间，是时海南各县都建有佛寺。

③ 根据刘剑三等学者的《海南地名及其变迁研究》，琼北几乎所有市县都有“盐”村。海口有“盐灶”村、“灰灶”村、“瓦灶”村等，儋州有“盐丁”村、“盐田”村，说明这些地方曾以烧灰和晒盐为业；澄迈县城金江旧称为“打铁”，暗示那里曾经是打铁手工业者的聚居地。琼山的龙塘镇制陶业从宋代开始发展延续到今天。琼山的瓦灶村，被称为海南的“景德镇”。

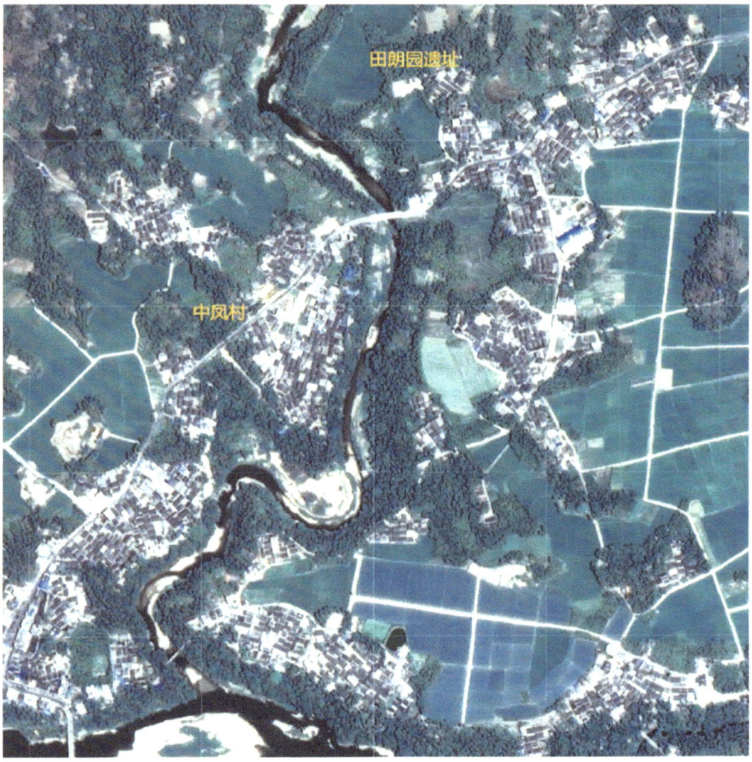

图 3-8 汉代田朗园遗址（中凤村）及周边卫星影像图
（图片来源：作者根据谷歌地图制作）

图 3-9 中凤村航拍影像图
（图片来源：孟云起航拍）

化。社会安定、经济发展、人口增长是教育发展的必备条件，宋元两朝统治者在海南推行文教政策（地方官员的升迁罢黜与办学绩效挂钩），广设学校。海南岛地处偏远，自汉起纳入中央统治却一直没有正规的官办学堂，造成海南一直以“化外之地”的状态处于中原主体文化之外，自北宋海南岛设立正规官学起①，才真正把海南纳入整个中国文化教育之中，极大地促进了海南社会文化的发展。宋代官学最末一级到县级，官学的发展带动了私学的兴盛，广大乡村出现了乡学、私塾、义学等多种形式的教学场所②。总体上看，宋元时期社会经济发展带来了琼北乡村营造的提升，建筑品质有所提升，寺庙、学堂等公共建筑有所增加，但总体上村落规模仍然较小③。人工建造之外，民居与自然环境、庭院种植的有机融合使得村落景观更为自然生动④。

明清时期，除福建移民外，来自广府地区的移民也不断增多，琼北乡村进一步繁荣，促进了村落景观的提升。这一时期，宋元时期尊文重教的风气被延续下来，乡村地区私学、社学和书院（图 3-10）兴盛，其中社学在琼山就有 7 乡办 81 所，澄迈 3 乡办 19 所，儋州 4 乡 18 所⑤，可窥其规模。明清时期，戏剧兴盛，琼剧也逐渐兴起⑥。随着琼剧在琼北乡村逐渐盛行，为适应琼剧观演，戏台在汉族村落中逐渐增多了。海口石山镇三卿村的戏台建于光绪年间，历经岁月洗礼保存至今，每逢祭祖节日，全村在此看琼戏、食“公期”，成为村落核心公共空间之一。这一时期，琼北地区的宗教建筑也得到了较大的发展，现存的一些传统塔式建筑也多建立于这个时期。宋时海口府城所建的天宁寺，经由明清两朝的经营已经成为“海南第一禅林”，建有山门、不二法门、大雄宝殿、天王殿、六祖殿、观音阁、普庵堂等，据记载是海南古代最大的禅宗寺庙。由于封

---

① 钟芳《琼州府学科目题名记》记载“宋兴，始建学校”。宋仁宗庆历四年（1044 年），海南设立的琼州州学、儋州州学、崖州州学和万州州学和琼山、文昌、临高、澄迈、乐会、昌化、感恩、陵水 8 所县学，掀开了海南教育史的新篇章，自此，有了专职的学官执教各级儒学。

② 琼山县的“仁政乡校”和文昌县的“宝芳小学”（不同于今天的小学，而是相对于太学、府学、州学和县学而言），是见于《琼山方志》记载的两所乡校。

③ 这一时期村落规模不大，可以从城市的规模反证，范成大在《桂海虞衡志》描述当时的崖州城，“强名小垒，实不及江浙间一村落也”；南宋知军周鄘家书写道，“抵郡，止茅茨散处数十家，境内仅三百户”。丁谓在《有感》中写道，“户口都无二百家”“吏人不见中朝礼，麋鹿时时到县衙”，可见当时海南岛村落规模仍然较小。

④ 从北宋宰相卢多逊的《水南村・为黎伯淳题》“珠崖风景水南村，山下人家林下门。鹦鹉巢时椰结子，鹧鸪啼处竹生孙”“上篱薯蓣春添蔓，绕屋槟榔夏放花。狞犬入山多豕鹿，小舟横港足鱼虾”，可窥当时融于自然的海南岛乡村景观。

⑤ 明洪武八年（1375 年）明太祖朱元璋下旨“命天下立社学，延师儒以教民间子弟，庶可导民善俗也”。社学，作为乡村教育的一种形式，在明代得到深入发展。据明《正德琼台志》记载，成化（1465—1487 年）年间海南各州县整顿和建立的社学共 179 所，汉族和黎族生源都涵盖了，其中琼山 7 乡办 81 所，澄迈 3 乡办 19 所，儋州 4 乡 18 所，崖州 2 乡 16 所，临高 3 乡 11 所，文昌 3 乡 7 所，万州 2 乡 6 所，乐会 5 乡 5 所，会同 1 乡 5 所，定安 3 乡 3 所，感恩 3 乡 3 所，昌化 2 乡 3 所，陵水 6 乡 2 所。此外，还有一大批学者及社会名流创建书院讲学，如丘濬创建奇甸书院，唐肖创建西州书院，定安人王弘诲做了礼部尚书后，回乡期间创建了尚友书院。

⑥ 闽剧、杂剧、湖广剧等表演艺术与本地音乐逐渐交融，经长期的演变形成了海南“琼剧”。

图 3-10 澄迈大美村清代《王氏族谱》中对书院、社学和宗祠的图像记录
（图片来源：作者自绘）

建等级制度的禁锢，自汉以来民间没有资格设立祠堂①。明嘉靖十五年（1536 年），嘉靖皇帝“许民间皆联宗立庙”，琼北乡村宗祠的设立自此开端并延续至今。明清时期，宗祠已遍布琼北各地（图 3-11），村落无论贫弱大小皆有宗祠。宗祠②一般是一姓一间，在多姓村落往往还有数间祠堂。此外，牌坊、村庙、风水塔③等公共建筑也在村落空间中大量存在。明清时期，琼北乡村社会经济和文化教育的发展推动了大众审美的提升，也带动了大众对人居景观的重视，中原流行的“八景”文化也影响了琼北地区④（图 3-12）。所谓的“八景”往往是对地方自然和人文景观的提炼，“八景”的兴

① “祠堂”这个名称最早出现于汉代，当时祠堂均建于墓所，曰墓祠。南宋朱熹《家礼》立祠堂之制，从此称家庙为祠堂。但由于封建统治的禁锢，直到明嘉靖年间修建祠堂仍仅限皇家，民间不得立祠。

② 作为纪念祖宗或先贤的庙堂，宗祠在海南传统村落中属于家族的精神中心，是举行祭拜典仪等一切活动的核心场所。由于琼北地区普遍为闽粤移民，乡村宗族意识极强，宗祠对村落空间格局亦产生重要影响。

③ 明清时期的塔在海口、澄迈、文昌、琼海、定安、儋州等地都有分布，现仍留有文昌斗柄塔、文笔塔，定安见龙塔，琼海聚奎塔、汀州塔和联魁塔等古塔，距海口郡城 3 000 米处修建有明昌塔，为 7 层楼阁式塔。

④ 明清时期，琼北各个州县都有了八景，如“琼台八景”“澄迈八景”“万安八景”等，很多村庄也都有了“八景”之说，较有代表的如澄迈的“罗驿村八景”、定安的“高林村八景”、海口的“员山村八景”等。

盛一定程度上也促进了村落人文景观的营造，以生活为基础的住居开始朝“文化的栖居”发展。从明清村落遗存来看，这一时期村落规模较以往进一步扩大[1]。汉族传统村落主要受祖居地文化影响，在村落选址、院落布局、民居式样上表现出对闽粤两地民居文化的继承和发展。文昌会文镇的十八行村是海南现存明清建筑规模最大的传统村

图 3-11　迈罗驿村清代建设的李氏宗祠

（图片来源：作者拍摄于海口罗驿村）

图 3-12　清代儋州颜塘村八景之“颜塘漾月”

（图片来源：作者拍摄于儋州颜塘村）

落[2]。村落由十八行前后对齐、高度一样的多进院落构成，在形态上类似广府民居的梳式聚落[3]（图 3-13 至图 3-15）。总体来看，历史发展至明清时期，琼北汉族村落在移民文化的影响下，发展出类似祖居地的梳式村落形态，呈现出规制统一、布局严谨的空间布局形态，而村落中的文化符号则以宗祠、村庙、戏台、乡学、民居、水塘、牌坊、古塔、古井等要素形式不断丰富，最终生成了融于自然，文风蔚然的村落景观风貌。

近现代时期，传统农耕文明逐渐衰微，琼北地区人口也逐渐增多，村落范围渐大。历经千年积累而成的琼北村落空间格局逐渐受到现代文明的冲击。当代琼北乡村生产生活在万象更新的同时，村落传统格局被逐渐突破，民居建筑由合院地居逐渐发展为现代的庭院楼居。琼北村落风貌呈现出衰落和重构两种趋势，传统匀质的村落空间出现了“新旧杂陈”的景象，反映出文明转型过程中传统格局逐渐失序，新的格局尚未成熟的景况。

---

① 海口东寨港的“绝尾沟”明代村落遗址，南北长约 600 米，东西宽约 400 米。遗物有石柱、石板、长方形青灰砖、筒瓦、板瓦、瓦当、石臼等。

② 十八行村林氏先祖于明正统（1436—1449 年）年间迁徙至此，距今已 500 余年，传二十代。最初只建一行老宅，随着子孙的繁衍，人口逐渐增多，遂分居而住，从明正统年间到清末不断增建，形成了现在的十八行梳式格局。

③ “行”是房派的体现，多进院落中每间正屋居住的都是从同一房分居出去的支系兄弟辈亲属，因此，每“行”中的每一进院落正厅前后大门被建造为上下对齐，轴线对称，以示“兄弟同心”；“行”与“行”之间，同辈的房屋高度相等，以示邻里平等；房屋建设每行横距相等，高度一样，每行 3~7 进院落不等。

图 3-13 十八行村航拍图
（图片来源：孟云起航拍）

图 3-14 十八行村多进院落
（图片来源：南国都市报）

图 3-15 文昌十八行村平面图
（图片来源：作者自绘）

3.4.2 民居的演化

居所是人类生存的基本条件之一，可以说，有了人就必然有居所。琼北早期的人类遗址较少，琼北先民的居所可能经历了穴居①和巢居②两个阶段。直到宋代，在海南岛

① 原始社会初期，生产力的低下迫使早期人类主要依赖天然洞穴作为栖息地，洞穴既可防卫野兽侵袭又能遮风避雨。如三亚落笔洞遗址，洞穴位于半山，野兽难以到达，洞内冬暖夏凉、别有天地，洞外森林繁茂、河流潺潺，便于先民采集渔猎。琼北地区目前尚无确认的穴居遗址，石山镇的仙人洞距马鞍岭火山口 4 千米，20 世纪 50 年代在清理洞中泥沙时发现有类似斧凿的磨光石器。

② 战国韩非子的《五蠹篇》记述“上古之世，人民少而禽兽众，人民不胜禽兽虫蛇。有圣人作，构木为巢，以避群害，而民悦之，使王天下，号曰有巢氏”，晋《博物志》也有“南越巢居”的记述。

中部山地，还有“巢居”现象①。最初的“巢居”可能是依托某一棵大树的“单树巢居”②。“单树巢居”对树木选择要求较高（分支点的高度和数量），其树巢大小也有限制。随着结绳绑扎技术的发展，“多树巢居”逐渐出现。先民择间距适宜的林木，利用树枝为支撑，以合适的枝木搭架，再用草叶铺盖，形成树巢③。随工具和技术的发展，先民极有可能对功能简单的“巢居”进行改造④，后期也可能发展到简单的干栏式民居⑤。总体来看，“巢居”阶段，琼北先民的居所营造技术相当原始，不得不顺应自然，运用天然材料和所掌握的技术来营造。相比于位置固定的“穴居”，“巢居”更适应半定居状态下的渔猎游耕，避免了琼北潮湿的地气，也减弱了雨水的影响，体现了琼北先民适应地域自然环境和人类生产生活方式的人居智慧（图 3–16）。

图 3–16 “巢居”演变推演图

（图片来源：引自《中国早期建筑的发展》）

秦汉以前，生活在琼北地区的多为黎族先民。秦朝遥领海南岛之后，因军事、商贸等原因来自大陆的移民逐渐增加⑥。自公元前 110 年，汉武帝在海南岛设立珠崖、儋耳二郡之后，迁入的汉族移民进一步增加。移民不仅带来了原住地的文化生活风俗和居住习惯，也带来了“秦砖汉瓦”及建筑营造技术。汉族移民多来自岭南地区，受岭南建筑文化的影响，此时的琼北汉族民居应与岭南民居类似，沿袭木骨泥墙地居建筑形制。

---

① 宋《太平寰宇记——琼州》中记载“有夷人，号曰黎，巢居深洞”。

② ［清］杜臻《澎湖台湾纪略》曾记载，同为岛屿民族的台湾高山族先民就曾“居于树巅，树绝大，其巅平可置屋，其人亦能耕获，得谷则徙至树上”。

③ 根据卢迅鸣 1989 年在昌江县七左乡“哥咧”村的调查，那里流传有祖先造屋与现在不同的说法，先民在坡地树林中选好生长间距适宜作屋桩的树木，然后砍掉有碍枝叶，接着在树上搭架竹木，最后铺盖船篷状茅草顶盖，建成“隆哗”（黎语：楼居）。

④ 《北史·蛮僚传》有“依树积木，以居其上，名曰干阑，干阑大小，随其家口之数”的记载，可以推测，随着来自岭南地区的最早一批移民到达琼北，琼北民居逐步有了“干栏式”建筑的雏形。

⑤ 随着生产方式从游耕逐渐转为定耕，“依树积木”简单搭建的“巢居”逐渐不能满足定居生活对居所安全性和便捷性的要求。从《新唐书·南平獠传》“山有毒草、沙虱、蝮蛇。人并楼居，登梯而上，名为干栏”的记载可以推想，随着建造技术的发展，一部分琼北居民可能至少在唐代就有建造相较于“巢居”而言更为精细，需要登梯而上的干栏式“楼居”了。

⑥ 秦始皇二十九年（公元前 218 年）大将屠睢率领 50 万大军进兵平定岭南，并设立三郡，海南岛为象郡的外徼（边远地带）。岭南平定后，秦朝的部分将士就留了下来。根据《史记·淮南衡山王列传》记载，秦朝征调了 15 000 名未婚男女来到岭南（包括海南岛）“以为士卒衣补”。

海口龙塘镇博抚村的珠崖岭是否为汉代郡治学界存在争议，但对于出土的汉代陶片基本没有争议，根据李琳（1999）的研究，珠崖岭遗址有广泛的西汉早期遗物分布，有铺设屋顶的板瓦、保护房椽用的筒瓦以及屋墙用砖（图 3-17）。城中心部位 1 米以下仍为熟土，至 70 厘米深时可见有灰屑，还有瓮、罐、壶等残陶片，人类生活迹象明显（李琳，1999）。表明此时琼北地区的建筑已有砖瓦的运用（图 3-18）。相比于衙署建筑中较早的砖瓦运用，琼北乡村民居则经历了很长一段时间以竹木等材料筑屋的历史。由于时代久远，木构建筑不易保存，只能根据文献资料进行推测。以岭南地区的政治、经济和文化核心城市广州为参照，直到唐开元三年（715 年），广州都督宋璟教人陶瓦筑

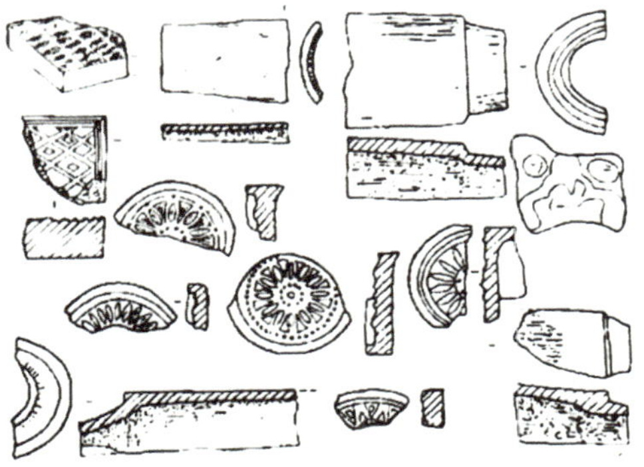

图 3-17　海口唐代珠崖遗址出土的建筑构件
（图片来源：引自《海南琼山珠崖岭古城址 1999 年发掘简报》）

图 3-18　海口唐代珠崖遗址出土的陶瓦
（图片来源：作者拍摄于海南省历史博物馆）

屋①，才开始“撤去蒲葵、陶瓦筑堵”，改造竹木民居。广州尚且如此，作为广东的偏远地区，琼北民居在唐代以前很长一段时间内无砖瓦运用的可能性是非常大的。从历史记载推测，这一时期琼北乡村的汉族民居应类似广州主要是以竹木搭建，茅草或棕榈类植物（如蒲葵叶）等覆盖的竹木民居——“寮”屋。琼北许多地名都来自这种建筑，《南越笔记》记载琼州有“芒寮”，定安州有“坡寮市”，儋州有“郎寮墟”，澄迈有“长寮村”等，“寮”在“墟”“市”“都”“塘”“村”等不同聚落类型的出现，说明“寮”屋在历史上的海南乡村曾经大量存在和聚集，以致形成地名。由于自唐代起粤琼两地的联系日益紧密，广州的民居更新运动自然也会对琼北地区产生影响。在唐贞元五年（789 年），岭南节度使李复在琼北置琼州都督府，“教民陶瓦为屋，以免飓风之患”②。可以推测，至此琼北乡村民居中瓦的运用逐渐增多。在琼北民居墙体的围护材料上，夯土墙和火山岩墙体应该都有存在。夯土墙材料易得，技术原始且费用较低，但

① 《旧唐书》有“广州旧俗，皆以竹木为楼”的记载。《新唐书·宋璟传》中也有：“广人以竹茅茨屋，多火。璟教之陶瓦筑堵，列邸肆。越俗始知栋梁利而无患灾”的记载。宋璟鼓励粤人改造旧俗，带领百姓夯筑土墙，教人烧陶瓦，革新了广州的建筑样式，消除了火灾和风灾的隐患。

② 清《道光琼州府志》卷四十一。

受潮后墙体易剥落，墙基更易腐烂，墙体内虽然有木骨或竹骨，但仍容易开裂。琼北地区多雨潮湿，夯土墙的广泛运用受到了一定的限制。受琼北地区多火山地貌的影响，火山石（玄武岩）① 和花岗岩等材料在琼北地区大量分布，作为量大、易得且易加工的乡土材料，石材在其乡村营造中的运用应该也较早。公元 806 年韦执谊用花岗岩修建“岩塘陂”（图 3-19），砌筑“高一丈六尺，阔三丈八尺，长二百多丈”的堤坝，说明此时琼北地区的石砌技术已经较为成熟。相对于花岗岩而言，火山石（玄武岩）更为质轻且易加工，至今琼北乡村仍有大量火山石民居存留和使用，由此不难推想，这一时期，火山石砌墙体也应该广泛运用于琼北民居的建造中了。此时，茅屋和瓦屋、竹木泥墙和石砌墙应该在琼北民居中都有使用，“陶瓦覆屋”的民居建筑在琼北乡村逐渐增加了。

图 3-19　唐代岩塘陂火山玄武岩石砌水坝
（图片来源：作者拍摄于海口龙塘镇岩塘陂）

图 3-20　海口琼山林村出土的宋代明器
（图片来源：作者拍摄于海南省历史博物馆）

宋元时期琼北乡村发展进一步加速，大量岭南移民促进了本地区手工业的发展，也推动了建造技术的提升和村落民居的更新。宋真宗时期（968—1022 年），琼州“多飓风，能拔屋”②，知州张歧教民众立屋之法，稍免其患。北宋天圣元年（1023 年），宰相丁谓在崖州“教民陶瓦，先为公宇，次营所居之第”③。海口林村宋墓出土的明器（图 3-20）为歇山顶式的建筑，出檐挑枋，檐口飞升，从侧面反映出当时琼北建筑营造技术受中原文化的影响。佛罗镇田头村宋代遗址出土的方砖、板瓦、筒瓦说明了此时砖瓦在民居建筑的使用。澄迈的罗驿村（古称倘驿）南宋（1256 年）建村，全村以火山石为建造材料（图 3-21），民居构架基本以木结构硬山搁檩（图 3-22）、穿斗式，硬山顶为主，前檐的门庭和内部房间用木板间隔，外墙为火山石砌筑。此外，火山石在罗驿

---

① 火山石是由火山喷发出的岩浆急骤冷却，内部气体快速逸出形成，其特点主要是质量轻、强度高、孔隙多。火山玄武岩则是火山岩浆未喷出地面，在地底冷却凝固而成。火山玄武岩硬度强，耐磨性好，是古代琼北地区很好的建筑材料，又名“海南黑”。

② 明弘治《八闽通志》记载“其地多飓风，能拔屋，盛夏犹寒，岐教以立屋之法，稍免其患”。

③ 语出北宋《国老谈苑》卷二。丁谓被贬之前曾因主持皇宫建设而大受赞誉，他带来的制造技艺和营造方法较为先进，对本地区建筑材料和技术的推动有重要意义。

村的村墙、道路、塘渠的营造中也有大量运用，可以推想石木民居此时已经在琼北乡村进一步增加了。当然，积贫积弱的琼北乡村在此时也应该有大量茅草屋存在。这一点从绍圣四年（1097 年），苏轼被贬至昌化军（现琼北儋州）建桄榔庵①可窥一二。宋元时期是海南岛移民的另一个高峰期，甚至出现了很多迁岛族群“落地为村”的现象，至今仍有古村遗存。此外，现存于澄迈大美村的楼阁式佛塔（美榔双塔），始建于宋末元初，其细部有大量石雕斗拱构件（图 3-23），从侧面可说明这一时期琼北乡村石砌建筑水平已经较高。

图 3-21　宋代建村的罗驿村火山石干砌民居

（图片来源：作者拍摄于澄迈罗驿村）

图 3-22　罗驿民居简明的硬山搁檩结构

（图片来源：作者拍摄于澄迈罗驿村李运达宅）

图 3-23　美榔村元代火山石砌双塔

（图片来源：作者拍摄于澄迈美榔村）

① 北宋时的大文豪苏轼贬谪昌化军安置以后，开始时住在官舍。绍圣五年（1098 年）四月，湖南提举董必到广西察访，得知苏东坡住官舍，遂向朝廷告发，将苏轼父子逐出。苏轼只得在儋州城南一片桄榔林里建起茅草屋顶（一说为桄榔叶屋顶）的房子，命名为“桄榔庵”。此时，当地村民黎子云、黎子明兄弟常与苏轼来往，饮酒论文。后黎氏兄弟修整黎子云的旧茅屋，苏轼取《汉书 · 杨雄传》中“载酒肴，从游学”的典故，取名为“载酒堂”。

明清时期琼北汉族民居的历史记载已经较为清晰，村落遗存也相对较多（图 3-24）。道光年间（1821—1850 年）的《琼州府志》记载，“民居一室两房，栋柱四行。柱之大者圆径尺，中两行嵌以板，旁两行瓷以石，俱系碎石，用泥甃成，富者加以灰漫。其木以石梓、波萝蜜为上，胭脂、海梅次之”。光绪时期的《崖州县志》对民居的记载①也可作为补充（图 3-25）。从关于这一时期琼北民居的历史文字和当代遗存可以看出：此时的琼北民居主要以石木或是砖木民居为主，构架的基本形式以硬山顶、穿斗式为主；格局形制为“一明二暗”的正屋和两侧横屋组成合院（图 3-26，图 3-27）；“板壁分间”，正屋厅堂两壁、内部间壁镶嵌木板；“石梁衬底”，柱网下多衬石柱基础，以有效防潮；由于本区域多台风侵扰，故其建筑高度一般较低，出檐也较少，以避风害；由于经济的限制，砖瓦屋和茅草屋都有，民居的体量也较小。清末海南岛海禁大开之后，东西方文化在琼北碰撞交融。受东南亚建筑风格影响，琼北民居建筑风格逐渐革新，呈现出多元文化影响的态势。城市首先产生变化，据《中国通史 · 民国习俗史》记载，琼北地区“自民国以来，各县城次第拆毁，屋宇竞尚西式”，而乡村由于经济所限，“居室则茅屋、瓦屋互用，屋式与城市相同，但低小而窗少，或不设窗，其低者檐高仅四五尺”，在建筑材料上“筑屋用石、用砖或用泥，大抵琼山、澄迈、临高各地多用乱石，儋州、文昌各地则石砖并用，定安屋墙的四周用砖。乡村则多用泥”。

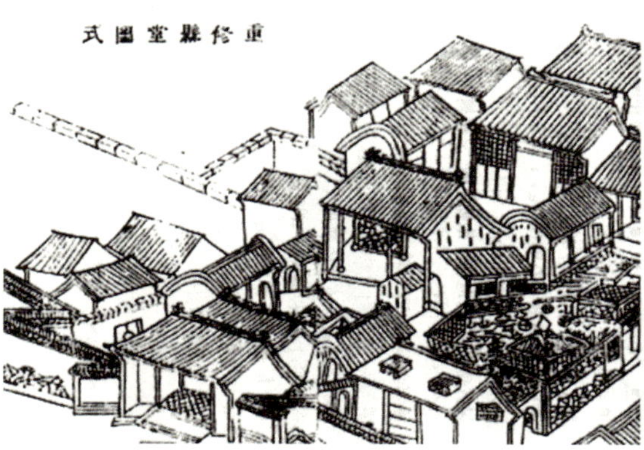

图 3-24　明万历《澄迈重修县堂图》中的传统民居

（图片来源：引自万历本《琼州府志》）

图 3-25　崖州保平村清代民居

（图片来源：作者拍摄于崖州保平村）

民国初期，大量华侨从东南亚回到海南（尤以琼北文昌、海口为多），东南亚建筑风格与琼北本土文化逐渐融合，衍生出“南洋风”为特征的琼北民居。当时的侨民在回乡建屋时，一方面尝试将其熟悉的东南亚建筑风格带回家乡，另一方面往往又受到琼

① 清光绪时期（1871—1908 年）的《崖州县志》记载：“崖州处滨海，时有飓风之虞。故公私宫室，不为高敞。贫民庐舍，织柴为壁，涂之以泥，盖以茅茨，常为飓风所卷。富家营一室两房，栋柱四行。中两行嵌以薄板，余甃以砖。所构材料，选用格木，坚重细腻，最为耐久。其制，中为正室，左右为旁室，两相对向。有三、四合之名。不尚楼阁，惟取完固而已。”

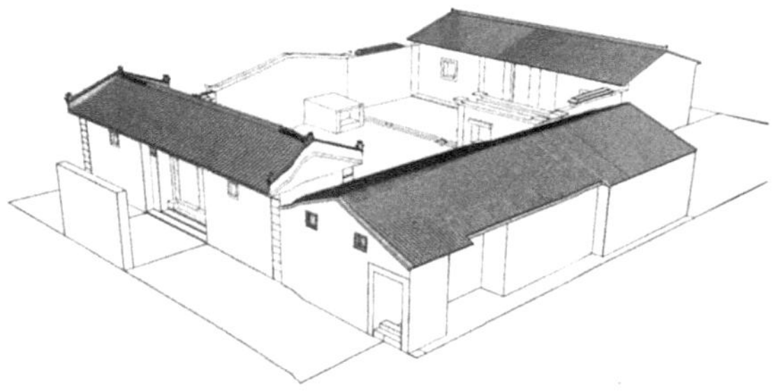

图 3-26 儒豪村清代民居院落

（图片来源：引自《海南火山石传统村落》）

图 3-27 “一明二暗”建筑院落

（图片来源：清代《龙拔塘村族祠图》）

北传统建筑文化潜移默化的影响，在建筑礼制的影响之下，“南洋风”民居往往会尊重当地已有的居所礼制、空间布局和风水习俗等，在施工上也会应用本地的材料和做法对东南亚建筑风格进行模仿（图 3-28）。因此，这一时期的“南洋风”民居仍然延续了琼北传统民居的空间格局，如多进式院落、中轴对称、两边横屋、院门侧开等，但另一方面又借鉴了东南亚建筑的正屋骑楼、局部平顶、拱券、过庭廊、宝瓶栏、西洋线脚等建筑符号语言（图 3-29）。建筑色彩以白墙青砖灰瓦为主，常有绿色或白色酒瓶栏杆。总体上看，琼北“南洋风”民居是琼北地域建筑文化与外来文化融合的产物，体现出东西方文化的融合。

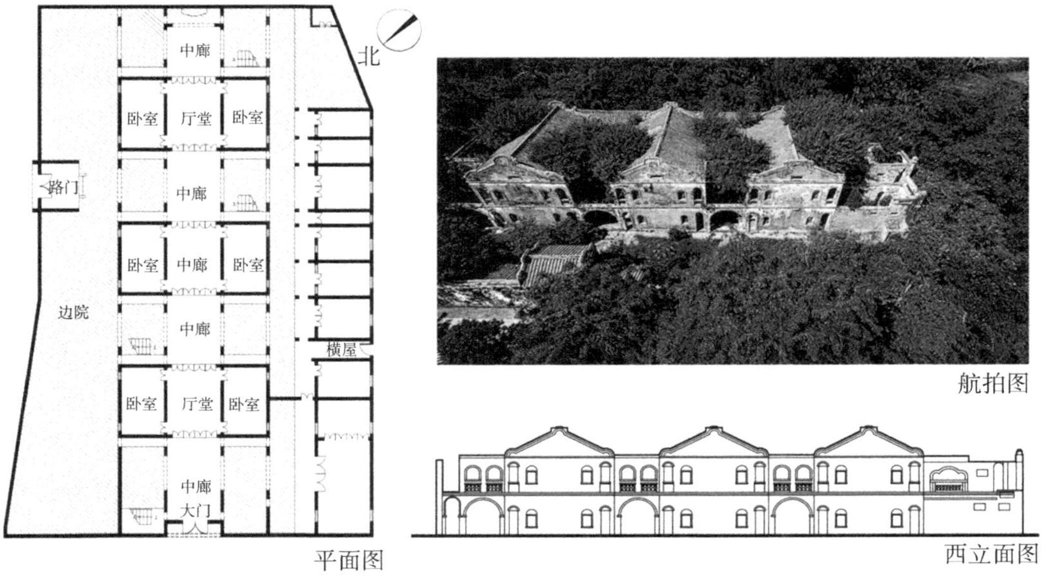

图 3-28 文昌松树下村符家宅“南洋风”民居

（图片来源：作者自绘）

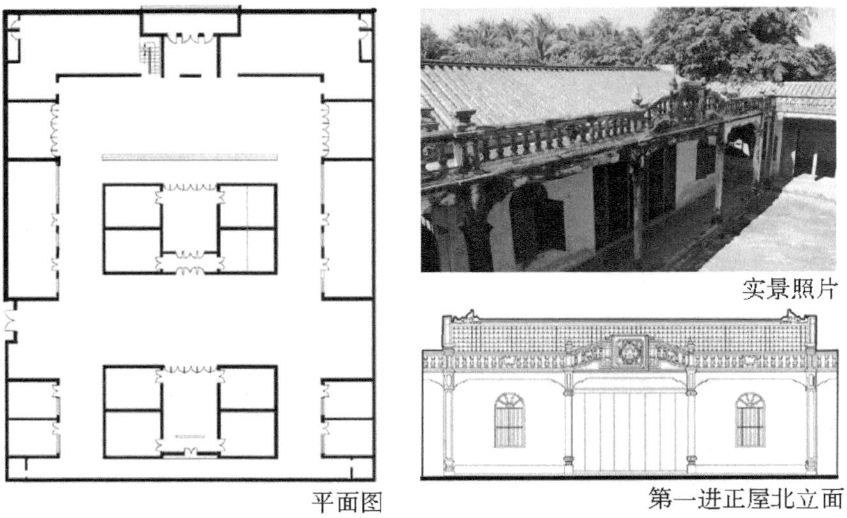

图 3-29　文昌冠南村林家宅“南洋风”民居

（图片来源：作者自绘）

当代琼北乡村民居受南洋风格、现代风格以及一些热带地区建筑风格的影响，逐渐形成风格混搭的现代建筑。随着乡村社会经济的发展，砖混结构的楼居逐渐取代传统的地居，出现了坡顶、平顶或者平坡结合的楼居形制，民居建筑从空间结构到内外装修越来越复杂，体量较大的楼居形态被认为是个人经济实力和生活进步的标志而在乡村广为流行，传统民居质朴简洁的空间形态被逐渐打破了。另外，虽然当代琼北民居建筑风格渐变，但是在民居的气候适应性上与琼北传统民居类似，仍然会比较注重建筑对热带气候的适应，如阳台出挑、栏板透空、屋檐舒展、露台花架及屋顶飘板遮阳等。

3.5　琼北乡村景观的历史演进特征

乡村每时每刻都在与外界环境进行着物质、信息和能量的交换，在这一过程中，某些景观要素或兴起或发展，又或衰退，这种变化贯穿了琼北乡村景观演进发展的全过程。乡村景观作为一个复杂的开放系统，受外部环境多种因素的综合影响。从琼北乡村景观的历史演进可以看到，经过土地垦拓、环境改造、设施营建、种植生产以及村落建设等一系列措施，琼北乡村的开发不断深入，乡村景观亦逐步由朴野自然升华至人文蔚然，这一过程表现为以满足生存需求为基础，以生活需求为拓展，以文化需求为提升，反映出地域自然环境和社会人文环境的综合影响。

3.5.1　形态演进的阶段性

从海南岛的历史发展来看，人类在琼北的垦拓足迹是逐渐从台地平原向丘陵低山及中部山麓发展的。历经千年的发展，人类改造自然的能力不断提升，琼北地区的自然环境与人文环境不断演化，琼北乡村景观亦随之发生改变，呈现出一定的阶段性特征。

第一个阶段可以简要概括为以人类生存为基础的“森林寄居”景观。原始社会至南北朝时期，琼北地区人口总量较小，琼北乡村虽然逐步发展，但由于人口和生产力的限制，此时的人类对自然的扰动尚轻。村落主要位于琼北滨海平原的繁茂森林之中，耕地和村落规模尚小。此时，琼北村落人居环境的选址和营造受自然环境影响较大，多选择河流附近的二级台地，直接应用当地材料和低技术来营造居所，表现为以生存为基础，对自然环境的选择和依赖。此时琼北乡村景观的总体特征为自然景观尺度大、多样性高，农业和聚落景观尺度小、多样性低。

第二个阶段是以土地垦拓和发展生产为目标的“田园聚居”景观。隋唐至宋元时期，汉族移民的大量涌入导致了琼北乡村地区人口激增、耕地需求不断增大，乡村人文渐兴。琼北乡村的人居范围逐渐由滨海平原向内陆台地拓展①。此时，生产力的发展提高了人类改造环境的能力，繁茂的森林逐渐垦拓为良田，丘陵台地开始有了村落的存在，作物的驯化引种、道路水利的兴建和建造技术的提升带来了乡村景观的更新。人类与环境的关系从简单的“寄居”逐渐过渡到积极的适应与改造，包围村落的不再是原始森林，而是人类所改造的农业田园。总体而言，这一时期琼北先民已经有足够的能力适应并改造环境，但乡村聚落与自然环境之间仍然保持了大致的均衡，农地和村落空间尺度逐渐增大，原始环境的尺度进一步缩减。

第三个阶段则逐步发展为以景观营造为升华的“诗意栖居”景观。明清至近现代，移民人口的大量涌入，使得琼北乡村土地的垦拓进一步加速，土地的改造、作物种类的丰富和人居建设的提升极大地改变了乡村景观风貌。本阶段也是琼北乡村景观演替加速的阶段，宗教的兴起、教育的发展、宗族的兴盛、琼剧的流行给琼北乡村带来了村庙、书院、戏台、宗祠和牌坊等一系列人文元素，乡村八景文化的兴起则激发了琼北乡村社会的景观意识，进一步助推了琼北乡村景观营造的热情。这一阶段，琼北乡村地区自然环境的尺度不断缩减、多样性降低，农业和村落景观尺度进一步扩大，乡村景观的多样性和文化性不断提升。

总体来看，琼北乡村景观的历史演进阶段呈现出人类早期改造自然的力量较弱、对自然环境依附，中期生产力提升之后对生产生活环境积极改造，后期人文风气影响逐渐增强后对人文营造加强的特征。表现为以生存环境的开发为基础，以生产空间的拓展为发展，以人文风景的营造为升华的演进过程，呈现出明显的阶段性特征（图 3-30）。

3.5.2　景观内核的适应性

适应性最初是生物学上的一个普遍现象，指生物体对外界环境的适应能力，20 世

① 对资源更丰富的台地圈层的向往，刺激了人类由滨海圈层继续向台地圈层的探索。相比滨海地区而言，在台地种植薯蓣和旱稻，是比采集渔猎更为稳定的食物来源，林地自然资源也较滨海更为丰富易得，可食用的植物，几乎四季都可采集，可补充农业产量的不足，像野芋头、野荔枝、野芭蕉、水芹菜等都是采集的对象。

时期	自然环境的开发		生产环境的垦拓		住居环境的提升	
	土地垦拓的深入	自然环境的演化	作物类型的丰富	设施景观的增加	村落的发展	民居的演化
秦汉	滨海平原 珠崖、儋耳两郡	“森林之岛” 汉末森林覆盖率约85% 人居范围小	山栏旱稻 台地芋园 平原稻作 洼地蔗田	掘井 田埂休憩	规模较小 种植、防卫、居住、储藏和圈养空间出现	依树巢居 竹木地居
唐宋	滨海、河谷平原 局部台地 扩展至澄迈、临高、文昌	“开山伐木” 森林覆盖率较高 人居范围渐大 自然环境较好	台地稻作 坡地木棉 沙地良姜 村边瓜果	围塘筑陂 堵河蓄水 筑渠排灌 凿石架桥 修筑驿道	移民人口大增 村落规模渐大 业缘聚落增多 村庙、书院等文化元素相继出现并增加	寮屋为主 陶瓦屋增加 竹木泥墙、石墙共存
明清	台地、丘陵区域 扩展至定安、会同	清末森林覆盖率降至60% 人居范围渐大 环境逐渐破坏	坡地玉米 沙地花生 旱地烟草	灌溉井泉 开沟引水 筑堤为堰 砌筑圩岸 修建闸桥	传统村落繁荣 宗祠、戏台等文化元素相继出现 乡村八景文化	茅屋与瓦屋并存；多硬山顶木结构穿斗式 竹木泥墙、石墙、砖墙并存
近现代	丘陵、山地区域 扩展至屯昌	“山尽而田” 近现代森林覆盖率最低约至25% 自然环境受损	坡地橡胶 园地咖啡 平原油棕	反季节种植设施 大型水库 跨区域引水渠 道路体系完善	村落规模较大 传统格局渐变 文化设施完善 乡村景观营造	南洋风民居 现代楼居 材料以木、砖、砼等为主

演进逻辑	以生存为基础 →	以生产为拓展 →	以风景营造为升华
演进阶段	森林寄居 →	田园聚居 →	诗意栖居

图 3–30　琼北乡村景观历史演进的阶段性

（图片来源：作者自绘）

纪 40 年代被引入系统工程领域。从系统的角度来看，适应性表现为系统与外部环境相协调的能力，指当外部环境发生变化时系统通过改变控制策略、结构或参数来保持一定功能，从而在新环境下继续生存并发挥功能的能力。Jackson（1984）认为乡村景观具有很多特点，暂时性、机动性、变化性，但最重要的还是其适应性，乡村景观是生活在土地上的人们无意识地、不自觉地、耐心地适应环境的产物。纵观琼北乡村景观的历史演进，乡村地区的自然和人文环境随着历史的发展不断变化，人类基于自身需求不断调整适应的步伐，琼北乡村景观就在这种适应的过程中演进发展。只要环境不断变化，人类的需求不断提升，景观的演进就不会终结。

从农业景观来看，随着人类在琼北的迁徙和垦拓，为适应耕作环境的改变，人类发展出不同的应对方式，也生成了相应的景观形态。无论是在平原地区修筑陂塘灌渠发展水稻生产，还是在台地丘陵地区，以火山砾石筑成围墙，堆积种植土，形成石埂旱园，都体现出人类对自然环境的适应与对生产环境的拓展。此外，作物的驯化引种，台地的旱稻种植，水稻和甘薯的水旱轮作，水稻一季三熟，土壤盐碱化之后的作物改种等生产形式，则体现出环境限定下，人类在生产技术上的不断适应。可以说，人类对琼北地区生产环境的不断适应，形成了乡村丰富的农业景观形态。

农业生产的发展为村落和住居景观的提升提供了保证，在琼北村落景观的演进过程中，也体现出明确的环境适应特征。原始农业时期，琼北先民以“刀耕火种”的游耕生活为主，迁居较多。在此情况之下，村落选址一般选择水源附近的二级台地，整个村落空间松散、布局自由，民居材料易得（以常见的木、竹、藤、叶等为主要建筑材料，造作工艺简单），结构简单、功能适用，展现出明显的自然环境适应性。随着乡村生产方式由游耕转化为定耕，生产的进步带动了生活品质的需求，过去因陋就简的居所逐渐得到发展更新。琼北民居经历了从草寮到石木民居，再到砖木民居和“南洋风”民居，直至今天发展成钢筋水泥砌筑的现代民居的过程。从松散的民居分布到有目的的村落规划，从简单的寄居山林到村落中社学、村庙、戏台和祠堂等人文要素的不断丰富，体现出从无序到有序，从自发生成向规划引导过渡的过程。此外，琼北移民主要从岭南地区迁徙而来，民居建设上往往师法传统，原先的文化落地之后经地域环境的修正，逐渐衍生出不同于闽粤民居的新的地域特色，这都说明了琼北乡村景观所蕴含的独特的人文环境适应性（图 3–31）。

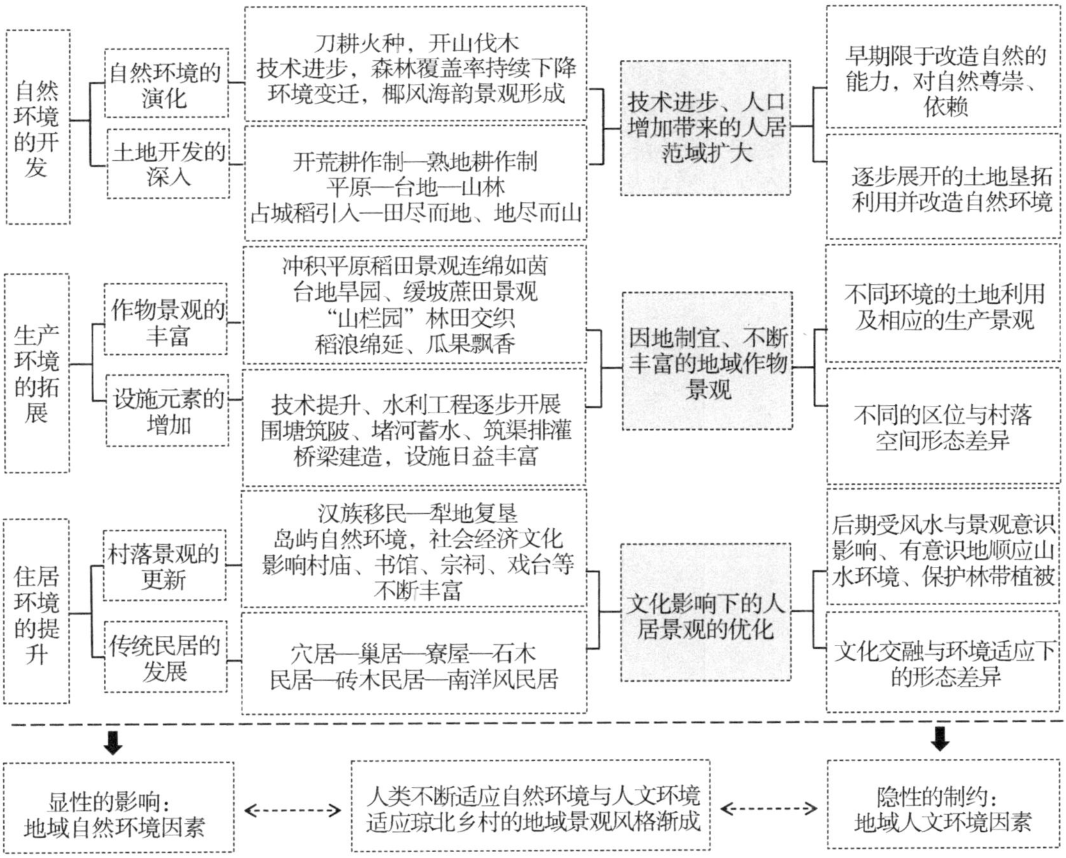

图 3–31　琼北乡村景观历史演进的适应性分析

（图片来源：作者自绘）

回顾琼北乡村演进的历史，可以看到，时间越是早远，人类改造自然的能力越低，受自然环境的制约越大，自然环境因素在景观形成过程中发挥着基础性作用。气候、地形和水文等诸多因素“合力”影响着乡村景观的形成，表现为一种显性的力量。随着文明的发展，人类适应与改造自然环境的能力渐强，人文环境的作用通过社会经济、文化观念和技术工艺等形式，以一种隐性的力量持续影响着乡村景观的生成，自然的人化日益明显。纵观琼北乡村景观历史演进的过程，体现出自然环境和人文环境综合影响的作用，也体现出人类积极适应及主动改造环境的能力。

3.6 本章小结

在人类与环境长期的相互作用过程中，自然环境与人文环境对乡村景观的共同作用，呈现出一种互为影响的复杂关系。每个地域都有属于自己的自然地理和社会文化环境，伴随着人类对地理环境与人文环境的不断适应、修正与传承，不同地域的人们逐渐形成其特有的社会习俗、审美偏好、生活习惯等，这些因素进而在景观中得到体现并影响到地域景观的形成。随着历史的沉淀，琼北乡村景观的空间形态与文化内核逐渐形成并传承下来，最终形成了与地域环境和谐共生、独具琼北特色的景观形态。

本章首先梳理了琼北乡村发展的主要历史沿革。其次以时间为脉络从琼北乡村地区自然环境的开发、生产环境的拓展以及住居环境的提升三个方面对琼北乡村景观的历史演进过程进行了详细的梳理。最后，从景观形态演进的阶段性和景观内核的适应性两方面总结了琼北乡村景观在历史演进中的主要特征。

4　琼北乡村景观的宏观格局

琼北乡村景观的宏观格局是随着琼北先民在大地上的迁徙与垦拓，由历史沉淀下的万千村落汇聚而成的。从琼北乡村的宏观空间格局来看，村落镶嵌于自然山水和田园农地之中，构成自然、经济和社会复合的空间和文化体系。琼北乡村景观则主要包含了以山水为主体的自然风景、以田园为主体的农业板块和以建筑为主体的村落风貌三种主要的空间要素，涉及乡村生态、生产与生活三个主要功能体系。其中，以山水为主体的自然风景，包含了琼北乡村的地形地貌、天象物候、动植物景观等要素，是其重要的景观基底；以田园为主体的农业景观板块，有丰富的农地肌理和作物形态，还有基础设施和农田植被景观，是琼北乡村地区重要的景观形态；以建筑为主的乡村聚落，在村落和建筑空间形态、公共空间和植被绿化等方面展现出人文景观的魅力，是琼北乡村重要的景观核心（图 4-1）。

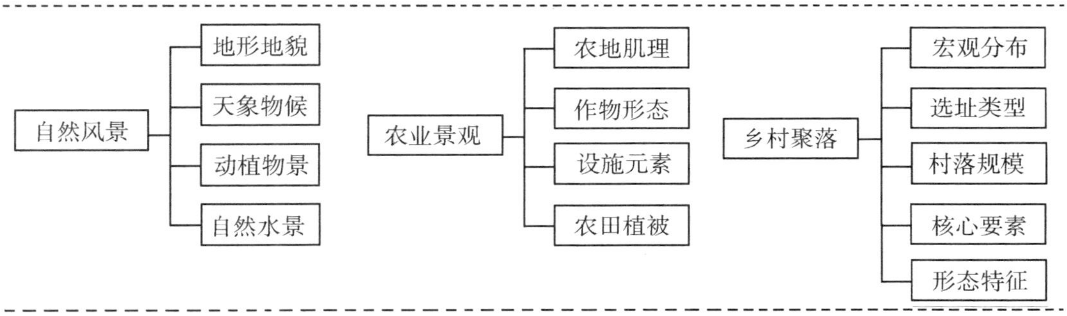

图 4-1　琼北乡村景观宏观格局的要素构成
（图片来源：作者自绘）

4.1　自然风景

与城市景观相比较，乡村景观最突出的特质之一就是景观的自然性。中国传统文化中自古就有天人合一的自然意识，也有因借自然的景观手法。琼北地区独特的地貌环境和优美的热带风光，构成了本地区乡村景观的自然基底和绝佳背景。

4.1.1　地形地貌

在中国人传统的山水意识之下，地形地貌的美学特征很早就被人们所重视和利用。

较有代表性的如中国古典园林就较为注重对地形地貌美学价值的挖掘利用，颐和园中的“湖山真意”就近借玉泉山，远借西山为景观背景，巧妙地将山形地貌融于景观营造。由于历史上的地质运动影响，海南岛中高周低，构成竖向上的中部山麓、丘陵低山和台地平原的三级结构，多级的圈层结构产生了地形地貌的差异，这些地形地貌的美学价值被乡村景观借用，留下了较多的历史记录。较有代表性的如清代陵水八景中的“笔峰吐秀”和崖州八景中的“鳌山白云”。历史上琼北乡村“八景”里也有诸如儋州峨蔓村的“龙门激浪”，海口文山村的“仙洞聚奇”，定安高林村的“挂榜山”和“圆势岭”（图 4-2）等众多关于地形山势的景观记录。

图 4-2 清代定安高林村八景之一的“圆势岭”

（图片来源：孟云起航拍）

琼北台地平原地区土地平坦、适宜耕种，主要分布在海口、澄迈、文昌、琼海等地区，总面积约占琼北地区总面积的 62. 34%，农业生产总值几乎占到了海南省农业生产总值的 40%，人口的 30%以上。琼北台地平原村落一般位于平原上隆起的微丘岗坡之上，或者沿河谷河沟发展。平坦之地被开拓为农田，村落则分布于略难耕作的区域。琼北的丘陵低山及中部山麓地区主要分布于儋州、定安、屯昌等地，总面积分别占琼北地区总面积的 32. 19%和 2. 72%，这些地区的农地和村落一般位于山间谷地或山间盆地等相对平缓的区域，地形地貌复杂多变、形态丰富的山岭往往成了村落的空间背景，大大丰富了山地乡村景观的层次。在定安的高林村，清代的“高林八景”中就有笔架山、香炉墩、挂榜山、大鼓坡、狮子山等地貌景观。总体来看，琼北地区的地形地貌变化丰富，成为琼北乡村重要的景观背景。

4.1.2 天象物候

日月星辰等天文现象，晨昏昼夜等时分变化和风雨云雪等气候因素展现出的自然景观被称为天象景观。自然界的天象景观以其变幻绮丽的独特魅力为人所关注，亦使其成为景观资源中的重要类型。泰山的夕阳玉照、西湖雷峰夕照是瑰丽的夕阳景观，蓬莱狮洞烟云和西湖双峰插云是缥缈的云雾景观，而海南古代崖州八景中的“水南暮雨”，陵水八景中的“文塔晴晖”，琼州八景中的“海门秋月”则代表了历史上海南先民对其天象景观的认知。琼北地区因其独特的热带雨热条件，阳光充足、空气湿度大，热带天象与乡村美景结合，很容易形成极具地域特色、壮丽多姿的天象景观。较为典型的如澄迈大美村清代八景中的“青山凌云”，澄迈罗驿村清代八景中的“松间明月”，澄迈山椒村八景中的“东岭霞光”等。物候指环境的周期性变化中植物、动物的节律性变化及其形成的景观现象。乡村景观往往因为季节不同而姿彩各异，“春晖寸草”“夏绿葱茏”“秋果硕硕”等，四季丰富的物候变化形成了景观的时序之美。海南岛常年炎热，树木长青，动植物物候变化虽不如四季分明的地区明显，但琼北乡村景观中仍然有物候变化的记录。例如，清代琼州八景中的“琼台春晓”、临高八景“桐乡夏荫”、儋州八景“天堂春色”、陵水八景“文塔晴晖”（图 4-3）等。

图 4-3　清代陵水八景之“文塔晴晖”

（图片来源：引自乾隆版《陵水县志》）

4.1.3　动植物景

琼北地区常年光照充足、湿热多雨，植物资源丰富。3 600 多种植物资源之中，乔灌木就有 1 800 多种，丰富多样的植物构成了琼北乡村景观的绿色基底。在琼北山地和台地地区，天然林地植被繁茂，有明显的植物分层现象①。在这一区域，多山的地貌弱化了风害的影响，加之区域水热条件良好，非常有利于热带植物的生长，使得这一区域

① 琼北地区的天然林分层现象明显：最上层往往是由高大乔木构成的树冠层，这一层充分吸收阳光，乔木高大挺拔，多为常绿树和落叶阔叶树，形成“林上林”景观。次冠层为第二亚层乔木以及各种木质的大型藤本，这一层空间郁闭度大，形成“连绵林冠”。第三层为灌木层，多为中性或阴性植物，往往会填满次冠层没有遮蔽的空间。第四层为地被层，由于光线极少，这一层多为草本阴性植物或藤本植物。第五层为地衣、苔藓层，该层是林木群落中最低的层次，在空间上几乎贴地而生。

中植物种类丰富，村落常常为林带所包围，极具热带特色。琼北滨海平原地区开发较为深入，村落斑块镶嵌于农田之中，天然林面积较小，村落周边抗台风耐盐碱的棕榈类植物较多，“椰风林韵”成为琼北平原乡村最具地域特色的植物景观形态。良好的生态环境为动物的多样提供了基础，琼北传统乡村八景之中就有大美村八景之“端邱草碧”，山椒村八景之“双树团荫”，崖州八景之“竹篱啼鸟”“南山秋蟾”等动物景观的记录。总体来看，琼北乡村生态环境良好，动植物资源丰富，人与自然和谐共生，一派万物和谐的悠然图景。

4.1.4 自然水景

水是生命之源，琼北地区共有大小河流200多条，流域面积在100千米^{2}以上的有50多条。其中，南渡江流域面积大于3 000千米^2，是琼北地区最主要的河流。在河流之外，琼北自然界中的水体多以湿地和池沼等各种形式出现，在影响了村落分布和农业种植的同时，也丰富了乡村景观的空间要素。在琼北地区，众多小溪萦绕于台地村落之间，细流淙淙、泉石飞瀑，生机盎然。万千溪流经由台地，在平原地区逐渐汇聚，最终呈放射状流入大海。本区域的南渡江、珠碧江、文澜河等河流绵延数百公里，流域范围之内沃野千里、山明水秀，风光绝佳。自然水体与植物、农田、村落等结合极大地提升了空间的美感，在琼北传统村落乡村八景中就有文山村八景之“水环玉带”、罗驿村八景之“清溪萦绕”、大美八景之“溪穿合岭”、陵水八景之“清潭龙伏”（图4-4）等水景记录。

图4-4 清代陵水八景之“清潭龙伏”
（图片来源：引自乾隆版《陵水县志》）

4.2 农业景观

在自然景观之外，中国人自古也有深厚的田园情怀，而琼北地区的农耕环境与田园之美也很早就被人们所认识到了。苏东坡居儋州时就曾作诗“春牛春杖，无限春风来海上。便丐春工，染得桃红似肉红”，赞叹其田园美景。

农业生产驱动了人类对原有自然环境的改造，改造后的环境被用以耕作、畜牧或养殖，原始的自然环境则由于人类生产活动的影响而产生了农业景观。至此，大地上的景观不再只是单纯的自然演化的结果，还有农业生产影响下，人类土地垦拓和生产种植所带来的景观变化。琼北既有广阔平坦的平原台地，也有地形复杂的丘陵低山及中部山麓，地形地貌影响了农业耕作的方式和作物类型的选择，同时也决定了其大地景观的空间形式；田园中的灌渠水网等基础设施提升了土地的生产潜力，也使得开发更为便捷；穿插于田园中的植被林带则减弱了台风等极端气候对作物的影响，同时也丰富了农地景观形态。可以说，因地制宜的土地利用方式，独具特色的热带作物肌理，形态多样的农业设施元素使得琼北乡村的农业景观呈现出鲜明的地域特色。

4.2.1 农地肌理

农地是乡村生产生活的基础，在乡村空间体系中占据重要位置，丰富的农地肌理是乡村农业景观的重要组成部分。琼北地区农用地总面积约 12 207 千米^2，占整个琼北区域总面积的 73. 72%。根据琼北地区农业土地空间形态划分，主要可分为水田、园地、林地和塘地四种形式。平坦宜耕的土地往往首先被开发为耕地，水田和园地是琼北农业最主要的耕地形式，琼北地区的耕地面积约 8 038. 78 千米^2，占琼北地区土地总面积的 48. 55%。不宜耕种的土地则往往开发为林业种植的林地，琼北地区林地总面积约 3 489. 21 千米^2，总体占比 21. 07%。水源丰富的地方则往往开拓为塘地，总计约 142. 07 千米^2，总体占比 0. 86%。此外，还有牧草地等其他农地形式，面积总计 533. 12 千米^2，占比 3. 22%①。

水田有两类，一类是只用于种植水稻、莲藕等水生农作物的耕地，另一类是实行水生、旱生农作物轮种的耕地。琼北地区的水田主要以水稻种植为主，琼北水田开发的历史悠久，分布广泛。琼北地区水田土壤以黏土为主，也有部分砂质土、砂壤土和重黏土，总体上种植条件较好。水田对地块水肥要求较高，因此往往与灌渠水网相伴，水田还需要形成平坦的种植面，因此一般顺应等高线划分地块。琼北台地平原地区一般是地块划分较为规整、尺度较大的洋田，山地丘陵地区则是与较多地形水系结合紧密的坑田②。在地形高差较大的山地，也有尺度形态略为细碎、空间变化丰富的梯田分布。缺乏水源灌溉的土地一般为园地，园地主要种植旱生农作物，又可细分为旱田和坡地两种类型。琼北地区的旱田主要分布在丘陵和山地地区，土壤多为砂泥土、砂土和黏土，一般为地势较高、水源缺乏的梯田、堰田等。琼北的坡地土壤大致为砂土、砂泥土和砖红壤。坡地耕作方式因劳动力、土壤肥力、灌溉设施、降水量等条件差异而不同。人多地少的平原地区对坡地的利用率较高。台地丘陵地区则依等高线整理土地，以砾石筑成围墙，形成石埂旱园，种植旱生农作物。例如，在琼北火山地貌区域“地无三尺平，土无三寸厚”，人们采用火山石垒砌田埂，拢住珍贵的土壤，因地制宜地种植甘薯、玉米、花生等耐旱作物。这些石埂旱园大者不过亩许，小不及分，一圈圈黑色的火山石田埂连在一起，像高低不平的山坡上铺开的渔网，形成令人赞叹的农田风光。林地是林业生产的主要土地形式，主要包括自然林与人工林两类。自然林依地形变化，林木种类繁多、总体形态自由；人工林则一般呈现行列式种植，作物种类及空间形态都较为简单。

---

① 关于琼北地区农地的分类统计目前未有直接资料，本研究数据主要参考《海南省土地利用总体规划（2006—2020 年）》，结合海口、临高、儋州等市（县）土地利用总体规划得出。

② 坑田一般在河流两岸或低湿地带，地下水源丰富的地区。但也常有因积水而酸性过多，影响稻根发育和分蘖产生从而造成减产的现象。

塘地是琼北内陆地区水产养殖的主要类型，往往与河流相伴位于低地，规模上则零星或连片都有，主要包括自然塘与人工塘。自然塘往往由洼地自然形成，形状多变；人工塘多以人工砌筑的几何形式为主（图 4-5）。

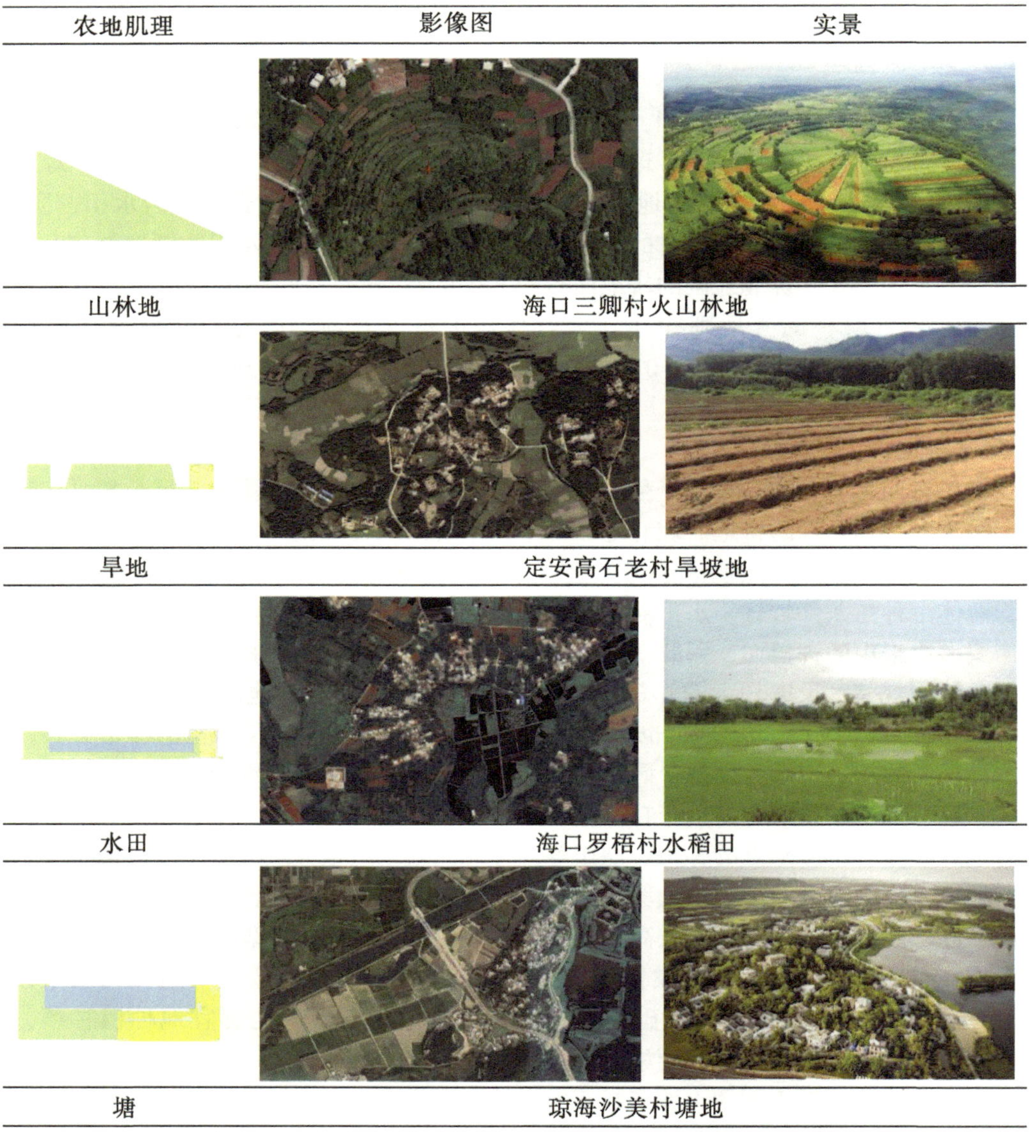

图 4-5　琼北地区典型的农地肌理图示

（图片来源：作者自绘）

不同的农地形式，提供了不同的生产条件，也在大地上形成了不同的景观肌理。琼北地区的水田以稻作种植为主，部分地区实行水稻与瓜菜的水旱轮作，不仅有作物肌理的变化，还兼有稻田养鱼和稻田养鸭等动物景观。旱地以薯类、瓜果、粮油作物种植为主，因与粮食等农作物用地矛盾，一般在坡地种植。林地以橡胶、槟榔、椰子、荔枝、杧果等热带果木种植为主。由于农地周边环境的差异，作物品种的不同、农地形态尺度的变化，形成了丰富的农地景观肌理。以稻作景观为例，水源缺乏的望天田，由于地势影响，缺乏灌溉条件，作物所需水全部靠天降。因此，只能采取单季稻轮歇制，即一年只种一季晚稻（不能种早稻，因为上半年琼北地区属于旱季，降雨少，这一区域往往不能满足水稻生长所需要的水）。晚稻收割后必须撂荒、轮歇，恢复地力，待来年七八月雨季来临带来大量降雨后，才能犁田准备播种晚稻。如果降雨少或者降雨迟，晚稻亦不能保证。随着农田水利的发展，部分稻田灌溉条件改善后，可以采用两熟轮作制，即早稻—晚稻两熟连作制，这种耕作制度主要是由一熟制的单季稻演变而来，也称双季稻制，即早、晚两造种植水稻，冬季和其他时间休闲。近年来，随着蔬菜种植的发展，在琼北一些地区又发展出早稻—晚稻—冬季瓜菜三熟轮作制。其特点是利用本地冬暖、干旱、强光等自然条件和农田冬闲时长、冬闲劳力充足的条件，种植一造经济效益较高的冬季瓜菜。可见，因地制宜的种植方式，带来了作物景观的差异。

4.2.2 作物形态

农作物以其姿态的各异、色彩的不同、生长的变化、种植的更替、尺度的差异以及季相的变化等因素形成了农地之上变化多姿的景观肌理，更因为人类观花、观果、观叶的审美视角不同，而具备了更多的美学价值。

从宏观上来看，农作物在琼北地区的空间分布，受环境要素的多重影响，与作物生理特性、种植技术、资源条件、市场需求情况等都有关系。从台地平原的洋面水田景观、洼地水塘景观到丘陵低山的坡地旱园景观和山麓林地景观，琼北乡村作物景观展现出丰富的美感。在微观的视角，作物种类的选择和作物景观的产生主要受个体选择的差异影响，村民基于实用的原则，主要根据作物耕作的时间、所需要的环境、与居所的距离和耕作的成本几个因素决定作物的种类。例如，水稻种植在犁地、插秧、除草、施肥、防虫及收割各阶段需要投入大量劳动力，虽然需要经历如此繁重而辛苦的过程，但水稻自古至今都是琼北地区传统农作物种植的首选。这其中，除了自然和社会环境中各种因素的影响外，水稻产量大、利润较高是主要的因素。而薯蓣类作物，由于耐活易种，方便管理，又能适应琼北丘陵低山地区缺水的情况，因此也被广泛种植在离住居地略远的地方。随着琼北地区现代农业的发展，一方面农作物种类越发丰富，另一方面作物分布也呈现出随耕作条件区域化集中的趋势。

农作物在琼北地区分布的变化除了带来作物景观的空间形态差异之外，也蕴含了各区域土地利用的文化信息。稻作景观是琼北地区乡村作物景观的代表之一，以不同的形式分布于平原、台地和山地区域，是热带地区最重要的传统作物①；槟榔、椰子、甘蔗

---

① 琼北作物类型相对非常稳定，但也有消失的种类和引入的种类，形成作物景观的动态变化。最具代表性的就是稻作景观，琼北稻作自古至今持续供养着本地区人类的生活，发展稻作的目标则刺激了人类的不断垦拓。琼北稻作在类型上有旱稻和水稻；在空间形态上先后发展出平原的洋田景观，台地的石埂旱园，山地的梯田景观；季相上从一年一熟、两熟到三熟；设施景观上有塘、渠、桥、堰等；除去传统的生产功能，在当下又发展出农业观光功能，展现出丰富的文化内涵。

等作物在海南岛有悠久的种植史，极富地域特色；橡胶、咖啡、油棕等在近代被华侨从南洋引入，彰显了地域文化交流的作用。当代，依托于得天独厚的资源优势，反季节果蔬、园林花木培育等业态随着琼北城市化和交通的发展，更是得到了极大的促进，越发丰富了琼北乡村景观的内容和形式（表 4-1）。

表 4-1　琼北各区域主要作物分布表

一级区域	二级区域	主要地域范围	作物斑块类型
北部平原粮糖油果蔬区	临高、澄迈粮糖作物区	澄迈县北部、临高县、儋州市北部	以粮食作物和甘蔗为主，其他经济作物次之
	海口果蔬区	海口市周边大部分区域	以水果、蔬菜等为主
	文昌、定安油粮林业区	海口南部、文昌市中北部、定安县、屯昌县大部分区域	以油料和粮食作物为主，林业次之
东部平原粮热作区		文昌市、琼海市东部	海南商品粮基地之一，也是椰子、胡椒的主要产地
西部平原粮糖油热作林业区	儋州热作林业畜牧区	儋州市	以粮食作物、甘蔗、油料作物为主，速生丰产林、薪炭林等热带林业和畜牧业次之
北部丘陵台地橡胶热作林业区	儋州橡胶林业区	澄迈县南部、临高县南部、儋州市	以橡胶为主
	文昌橡胶热作油料区	文昌市西南部、琼海市北部	大叶茶、热带水果、槟榔、胡椒、椰子等热带作物以及南药的重要区域

注：作者根据海南省农业农村厅作物主产区分区规划总结整理。

4.2.3　设施元素

乡村的设施元素是农业发展的重要支撑，其内容主要包含了乡村道路桥梁等交通设施、陂渠堤堰等水利设施、饲养储藏等产业设施几大类型。在空间上，设施要素与乡村山水基底、农业斑块和乡村聚落皆有关联。在功能上，乡村基础设施的功能往往是复合的，常常需要满足农业生产和居住生活的综合所需（如源于宋代的火山石晒盐池景观，见图 4-6；火山岩堆砌的石埂旱园景观，见图 4-7），设施的发展往往能给农业生产带来提升，进而产生新的作物景观（如水稻、瓜菜的种植都需要良好的灌溉条件，水利设施的发展往往带来作物种类和作物景观的变化）。在景观上，乡村基础设施往往也体现出一定的地域风格和美学价值。如唐代

图 4-6　源于宋代的火山石晒盐池景观
（图片来源：作者拍摄于儋州盐丁村）

的岩塘陂以琼北地区常见的玄武岩垒筑，姿态秀美、功能得宜，被形容为“架潭成桥，砌陂岸如长虹；引水长流，溉万顷而渺然”。

乡村道路在空间上串联起自然环境、农业斑块和乡土聚落，道路沿途的空间、色彩和环境变化丰富了身处其中的感官体验，而道路本身的材质构成、形态起伏和道路绿化亦给乡村空间增添了新的景观内涵。乡村道路是根据乡村生产生活的功能需求有机生成的，由于乡村资金和技术的限制，乡村道路往往随高就低、尺度适宜、取材自然，灵活多变的乡村道路提供了多变的景观视角和丰富的空间体验。道路沿线空间的连续性和开合变化，穿插于林地、农田、塘池、建筑山墙间的不同体验，道路的材料、形态、尺度、出入口以及节点变化，都会给乡村景观的营造和体验带来影响。在琼北的丘陵低山地区，村落格局多因地形限制而呈不规则的空间形态，受建筑布局和地形限制的影响，乡村道路往往迂回曲折地穿插于各建筑之间，行人视点则随着道路的高低变化，沿途景观转换丰富。在平原地区，乡村道路受地形限制较小，线型更为自由，或曲折或笔直，体现出因地制宜、灵活自由的特点。此外，琼北地区河流纵横，交通设施中的桥梁、埠头和驳岸等也随形就势形成了丰富的形态。如桥梁在形态上有平桥、拱桥、折桥等，在材质上有砖桥、石桥、砼桥等；埠头有平行形态、转折形态、垂直形态等；驳岸则有生态式、人工式或混合式。可以说，丰富的材质构成和形态变化使得琼北地区的乡村交通设施景观具备了相当程度的观赏价值。

水利是乡村生产生活的命脉，其对农耕生产至关重要。琼北农业的发展史上，自唐代开修岩塘陂以后，其水利基础设施得到了持续的发展，极大地促进了本岛生产发展和土地开发。当代琼北地区的乡村水利主要可分为农田灌溉工程、排水工程、防洪工程和发电工程等，其主要作用是改善地区水情，防止旱涝灾害，促进农业生产。水塘、泉井、陂塘（图 4-8）、灌渠、水库、水塔等类型各异的水利设施不仅在蓄水防洪、农业灌溉和生活供水等方面发挥了巨大作用，依托水利工程还形成了静水、流水、动水、落水和叠水等丰富的水景形态，并附带了理水的工程智慧、涉水的乡土民俗和民间艺术等多方面的价值，成了乡村景观要素的重要内容之一。

图 4-7 火山岩堆砌的石埂旱园景观

（图片来源：作者拍摄于海口龙泉镇美朗村）

图 4-8 明代玄武岩亭塘陂塘水利景观

（图片来源：作者拍摄于海口新联村亭塘陂）

4.2.4 农田植被

农田中的植被主要分布于田垄、道路、灌渠等基础设施周边，由天然植被和人工绿化（琼北地区的农田绿化主要以防风林为主）构成。植被以点（图4-9）、线（图4-10）、面的形态出现在农田区域中，形成农地中的点状斑块、绿色廊道或面状背景。

图 4-9　琼北农田中的点状植被

（图片来源：孟云起于文昌市文城镇下山陈村农田航拍）

图 4-10　琼北农田中的线状植被

（图片来源：孟云起于澄迈县永发镇美墩村农田航拍）

乔木是农地空间中最为醒目的植物元素，农田中的乔木无论是三两点缀还是葱郁群落都有其独特的观赏价值，作为重要的空间控制要素，也往往由它构成农地植被的主要空间构架（图4-11）。琼北地区乔木种类众多，这里仅列出乡村地区少数具有代表性的常见种类：湿润地区大型乡土乔木有青皮、坡垒、蝴蝶树、白桂木、黄桐、幌伞枫、海南韶子、海南菜豆树以及榕树等；干旱及半干旱地区乡土乔木则主要由细子龙、苦楝、青皮、山乌柏、油楠、大风子、蒲桃、野荔枝、榕树等所组成。人工种植方面，农田种的植被主要以具备了防风固沙、农林经济和景观美化等价值的树种居多，木麻黄、琼崖海棠、母生、榄仁、大叶相思、小叶桉、菠萝蜜、印度紫檀、凤凰木、火焰木、椰子等常被用作农田防护林的基础树种。农田植被的群落中，大型乔木的构架之下是小型的木本植物。热带地理环境的优势下，小乔木或灌木种类多样，大大丰富了农地植被的景观形态。除天然生长的多样种类之外，部分小型木本植物由于其在防风固沙、禽类饲料供给、园地防护等方面具有一定的价值和用途，人工引种也较多。例如，车桑子、油茶、鹅掌柴、竹柏、草海桐、蔓荆、红千层等由于较好的抗风能力，多作为防风林主干乔木两侧的补充种植；银合欢、黄牛木、木豆、大果榕、大叶千斤拔、倒吊笔、长穗决明、双荚决明等是常见的饲料灌木；刺竹、露兜、枸骨、刺天茄等带刺植物常被用于园地的防护及边界的围合；变叶木、三角梅、鸡蛋花、文丁果以及各类棕榈植物等由于花、果、叶姿态色彩各异，极富地域特色，被用作观赏植物。

图 4-11 琼北农田中典型的天然林带景观
（图片来源：作者拍摄于澄迈龙吉村）

木本植物之外，琼北地区乡野田间的草本植物种类繁多，形态各异、色彩丰富的草本植物是农地植被空间的景观基底。地毯草、白茅、芒草、笔管草、含羞草和谷精草等，既可固沙又可供牲畜特别是牛羊食用，阴生的春羽、水鬼蕉、肾蕨等，喜阳的紫锦兰、彩叶草、长春花，水边的蒲草、水葱、莎草，海岸的厚藤、海刀豆、海马齿等，多样的草本植物既有鲜明的热带特色，又展现出独特的朴野之美。

总体来看，琼北农田中的植被基本处于自由生长状态，连续的植被群落成为田园的背景，成为竖向空间上的天空与农作物中间过渡的层次，为农田景观增加了视觉的层次和美感；在平面空间上，丛状、簇状、线状的植物群落主要位于田缘、路缘、渠缘、林缘边，作为农地、道路、灌渠和林地的自然边界，起到划分空间的作用；在植物自身的景观之美以外，植被群落为鸟类、爬行类、啮齿类动物提供了重要的食物来源或栖息场所，促成了田园上“牧牛啃青”“稻陇眠鸥”“竹篱啼鸟”等丰富的动物景观。

4.3 乡村聚落

琼北地区 16 558 千米^2 的土地上，13 068 个大小村落①星罗棋布地点缀在大地之上，和连绵不绝的田园风景以及周边的自然环境一起，汇聚成壮美的乡村景观。从宏观上来看，乡村聚落因地理地形分布的不同而产生了选址环境的差异，其村落规模、空间形

① 这里的村落为自然村，数量依据《海南统计年鉴 2019》汇总，其中海口 2 209 个，文昌 3 236 个，儋州 1 431 个，定安 888 个，澄迈 927 个，屯昌 679 个，琼海 2 818 个，临高 880 个。

态、景观要素亦受到影响。

4.3.1 宏观分布

对琼北地区村落的宏观研究首先以桌面研究和田野调查结合选取样本村落。由于本研究主要针对琼北乡村景观地域特征展开，因此在样本村落的选择上偏向于有一定历史积淀的传统村落。通过参考海南省传统村落名录及相关资料，选取358个村落作为样本进行数据分析①。接着将Google Earth与ArcGIS软件结合②，将选取的村落通过ArcGIS进行定位。

数据统计，海口、澄迈和文昌传统村落数量较多，定安、屯昌数量较少。从地理分布上看，台地平原地区村落较为密集，占比达78.77%，如海口、文昌等地，丘陵低山地区的村落分布则较为稀疏，占比21.23%，如定安、屯昌、临高南部等地。

琼北传统村落的分布从南向北逐渐增多，主要可分为4个片区。第一片区是澄迈东部与海口片区，传统村落聚集程度最高；第二片区是儋州辖区中的木棠—中和—那大至临高文澜河流域；第三片区是文昌北部珠溪河周边及南部滨海片区；第四片区则是琼海市的滨海区域。其他地区则分布数量相对较少或分散，聚集程度略低。

水是生产生活必需要素，河流分布对村落择址产生重要影响。将琼北主要水系周边范围划分为3级缓冲区③，其中：1级缓冲区距离河流两侧0~400米，2级缓冲区距离河流两侧400~800米，3级缓冲区距离河流两侧800~1 200米。利用ArcGIS进行水域缓冲区与村落分布的叠加分析。经统计，样本村落中位于水域缓冲区的共有136个，占研究村落的37.99%，其中位于1级缓冲区的村落占比26.7%，位于2级缓冲区的村落占比31.5%，位于3级水域缓冲区的村落占比41.8%，说明琼北村落选址既考虑了择水而居的便利，又注意了与河流保持一定距离的避灾意识。

琼北乡村主要以传统农业为主，农业发展的优劣直接关系到村落和人口数量。受耕地面积影响，琼北村落分布主要分为两种类型：一是以儋州、海口、文昌为代表的耕地

---

① 依据住房和城乡建设部《传统村落评价认定指标体系》的标准，“传统村落”指1980年以前建村，较好保留了村落的历史风貌，具有较高的经济、社会、文化和美学价值，至今仍在为人服务的村落。海南省目前已经有68个村落评选上中国传统村落（前五批），其中琼北地区有55个。在中国传统村落之外，琼北地区仍存在大量有历史积淀的村落未进行申报或者级别达不到国家级标准，但这些村落同样承载了乡村人居的传统文化，同样经历了历史的发展，同样具有一定的研究价值。为了进行更广泛的研究，本研究需要更多的样本支撑。因此，笔者对琼北传统村落研究范围进行了扩展，主要包含以下几个方面：琼北各市（县）拟申报中国传统村落的名单，中华人民共和国不可移动文物（海南卷）上有文物留存的村落，有明确历史记载的村落，卫星影像上有明显成片传统民居布局的村落。通过大量的桌面工作和翔实的田野调查，最终确定358个样本村落作为研究对象。

② ArcGIS研究中，琼北地区的DEM数据来源于地理空间数据云平台，河流、道路交通数据来源于全国1∶100万基础矢量地理数据。

③ 本研究中的缓冲区分析基于线性要素建立，方法是将河流抽象为矢量线条，距离中心轴线一定距离生成多条平行的条带状区域，结合区域中的村落分布可以研究其与河流的距离关系。

面积数量较大的地区，该地区农业的经济总量较大，占比整体经济总量较高，因此，村落的数量较大并且分布均匀。二是以定安、屯昌为代表的耕地面积较少的区域，该区域主要是山地和丘陵，村域耕地面积较少，经济发展水平较低，因此村落分布较为松散且规模略小，没有明显的集聚现象。

总体来看，琼北传统村落主要集中在海口、临高、儋州等地，可能是因为历史上这部分地区受台风等自然灾害影响较少，且该区域内地势平坦、水量充足，具备了宜耕宜居的地理条件。南渡江、北门江、文澜河等河流周边传统村落分布较多，则体现了琼北先民择水而居的人居传统。

4.3.2 选址类型

通过前述分析可见，自然山水是村落主要的景观基底，田园农地为其生产环境，山水—农田—人居是乡村的基本格局。受地形地貌影响，琼北村落的分布环境归纳起来主要可分为丘陵低山地区与台地平原地区两大主要类型，具体又因其与山水要素的空间关系不同而略有差异。

4.3.2.1 丘陵低山区

琼北丘陵低山地区主要包括定安、屯昌、儋州等地的南部地区，约占本区域陆地面积的 37.66%。由于地貌条件和水陆交通的限制，本区域适宜聚居的平地较少，因而区域内人口密度不高，村落数量和规模较小，主要分布在部分河谷、盆地以及河流附近的台地。琼北的丘陵低山地区地形地貌相对复杂，几种类型的村落选址格局在区域内并未形成相对集聚，更多的是与具体的地形地貌结合进行的村落空间布置。由于村落选址与山水、农田的关系不同，其村落格局形成了不同的空间关系，主要包括如下三类（图 4-12）。

丘陵低山Ⅰ类：依台守田　村落选址于河流附近的二级台地，低洼平坦、易于灌溉的河滩地则作为生产区域。村落后面多为林地，部分则垦拓为园地。这类村落主要分布在丘陵低山片区河流周边的位置。

丘陵低山Ⅱ类：谷地守田　此类村落主要位于丘陵低山地区的山谷，前后皆山，尽量将谷地中宝贵的平地作为农地开发（由于水源较便捷，往往以水稻种植为主），村落则分布于山麓，村落后的坡地主要以林地形式存在（主要以经济林和果林为主）。

丘陵低山Ⅲ类：靠山守田　在地形坡度较大的区域，村落主要依山分布。村落周边坡度较大的地区主要开发为林地，村落周边坡度略缓的区域则被开发为石埂旱园进行薯蓣、豆类以及果蔬等种植。

4.3.2.2 台地平原区

琼北地区的平原地带主要位于海口、澄迈、临高和文昌等区域，约占本区域陆地面积的 62.34%。该区域内人口稠密，村庄数量多、密度大。平原地区的村落主要依托平原上的微丘进行建设，村落周边往往是田洋和园地。具体由村落周边环境的不同形成不同的村落格局，主要包括如下四类（图 4-13）。

平原Ⅰ类：偎丘守田　村落依托微丘建设，村落周边平坦的土地垦拓为稻田或者园

图 4-12　琼北丘陵低山区村落主要选址类型

（图片来源：作者自绘）

地，低洼处则设置为养殖的塘地。这种村落格局在琼北平原地区最为普遍。

平原Ⅱ类：望山守田　村落位于平原，农地分布于周边台地或丘陵之中。此类常见于琼北火山地貌区。

平原Ⅲ类：临水守田　村落主要分布在河流周边的二级台地上，沿河流发展，农田则分布在村落及河流周边。

平原Ⅳ类：依路守田　村落主要沿道路展开，其周边林带和农田环绕。

以 Google Earth 为基础，根据村落选址中的山水关系，以偎丘守田、依路守田、临水守田、望山守田等关系进行统计，分类记录样本村落的选址环境情况，录入 ArcGIS

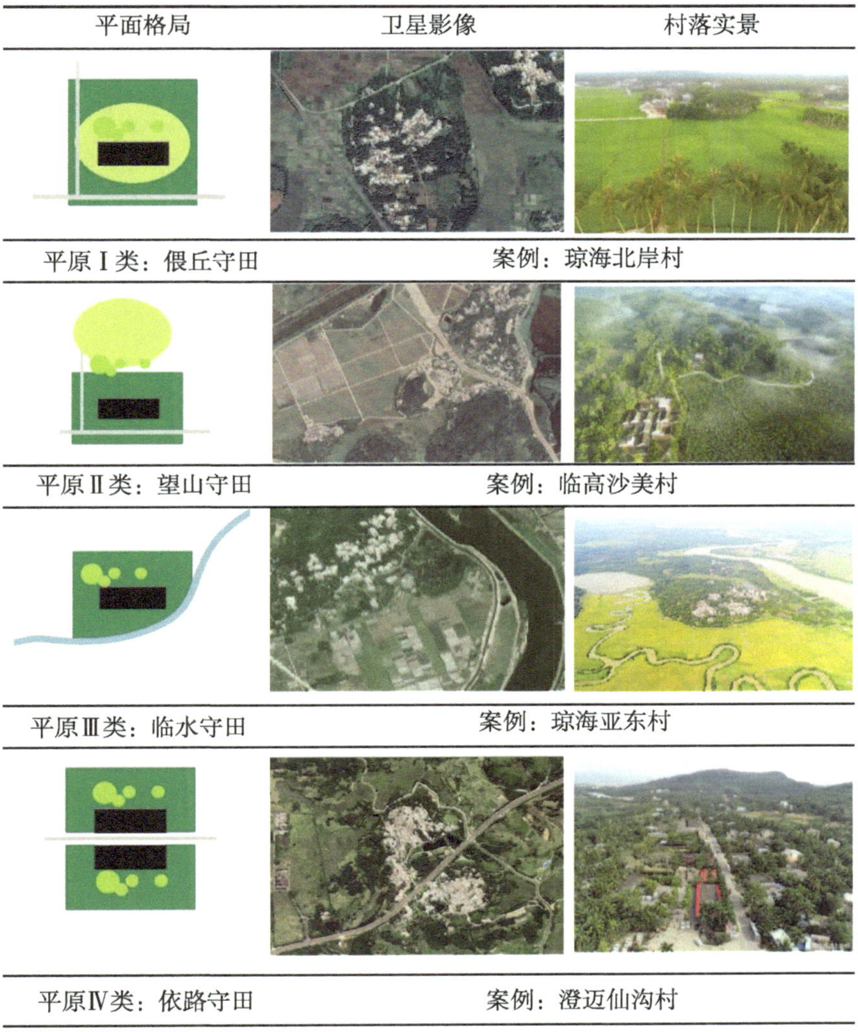

图 4-13 琼北台地平原区村落主要选址类型

（图片来源：作者自绘）

并生成分类统计表。其中，琼北台地平原圈层的村落因远离山体，水系众多，故其选址类型大多为依路守田和假丘守田为主，分别占比 42.2%和 16.67%，临水守田占比则为 26.95%；在琼北丘陵低山地区的村落，因靠近山体，则以谷地守田、靠山守田类型居多，分别占比 32.89%和 51.32%（图 4-14）。总体上看，琼北村落分布主要有丘陵低山村落和台地平原村落。村落选址环境受地形和水源影响较大，河流水域周边分布的村落较密集，坡度较缓的地形如山地中缓坡、平原上微丘和水边二级台地等被用以村落营建，村落周边平地用以农地开发和耕种。反映出以农为本的生产生活方式下，琼北村落选址依据主要体现了宜耕宜居的基本原则。

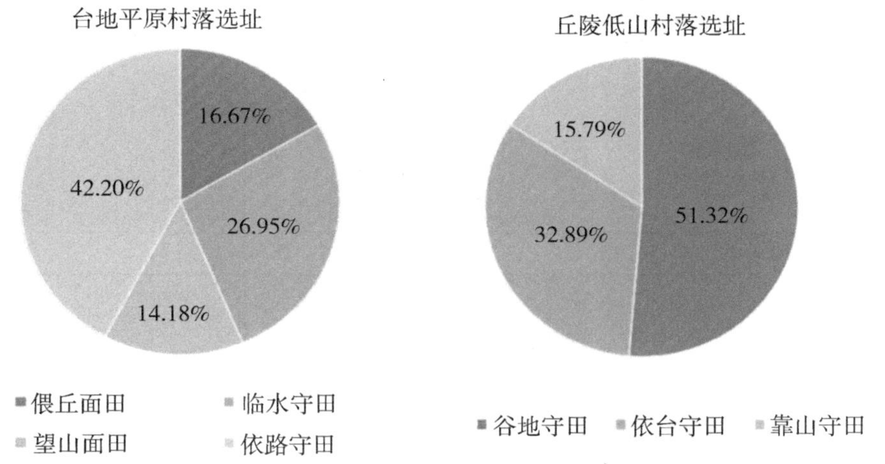

图 4-14　台地平原与丘陵低山村落选址统计

（图片来源：作者自绘）

4.3.3　村落规模

以 Google Earth 为基础，对本次调研的 358 个村落按建成区边界进行村落面积统计记录，村落面积平均约为 13.5 公顷。据统计结果，将村落规模分为三个级别：小型规模（<10 公顷）、中型规模（10~20 公顷）、大型规模（≥20 公顷）。由统计结果可以看出，台地平原和丘陵低山的传统村落都是小型规模占比较高，两者之中大型规模的村落占比均较低，说明琼北村落总体规模较为适度（图 4-15）。

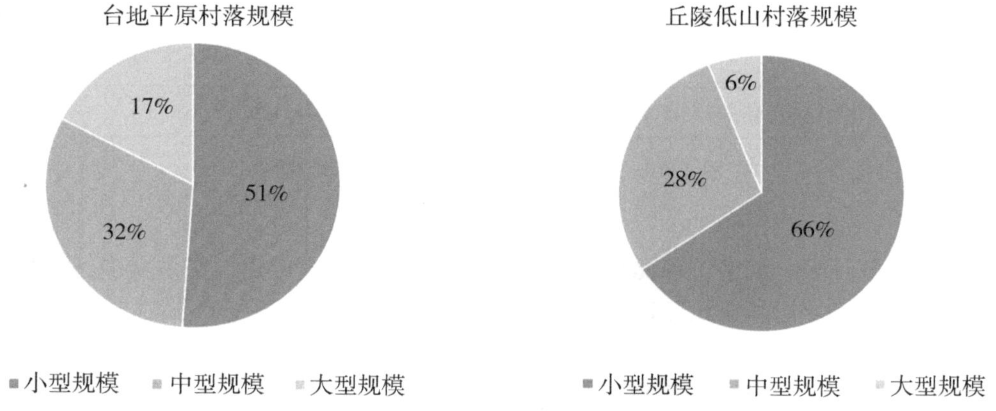

图 4-15　台地平原与丘陵低山村落规模统计

（图片来源：作者自绘）

4.3.4　形态特征

本节研究重点是不同地貌环境下琼北村落的形态差异。村落形态在其发展和演变过程中不断受到自然环境和人文环境的综合作用，既存在相应的规律性，也存在一定的偶然性。因此，本研究中样本的选择主要依据村落的空间形态是否为在历史积累中自然生成，以及村落空间结构是否基本保存完整。从琼北台地平原和丘陵低山地区分别选取了10个满足条件的村落作为空间样本。研究方法借鉴了浦欣成和王竹（2012）关于乡村聚落平面形态的量化研究方法，选取村落的周长面积比、形状指数、长宽比、建筑密度4个指数对村落形态进行量化分析。

4.3.4.1 周长面积比

在目前的图形特征分析方法中，图形周长和面积比（SI1）分析相对简明。

$$SI1 = \frac{P}{A} \tag{4-1}$$

式中，P 为边界图形的周长，A 为边界图形的面积。

图形的周长面积比越大，表明村落边界越曲折复杂；相反，村落边界则更平顺畅达。琼北台地平原及丘陵低山地区样本村落周长面积比见表4-2。

表4-2 样本村落周长面积比

台地平原类型			丘陵低山类型		
市（县）名	村落名称	周长面积比	市（县）名	村落名称	周长面积比
海口	罗梧村	0.013 0	海口	莲塘村	0.018 9
临高	透滩村	0.006 6	海口	美孝村	0.018 0
文昌	十八行村	0.014 4	屯昌	山塘村	0.009 7
文昌	龙吉村	0.008 6	文昌	下山陈村	0.016 1
儋州	油麻村	0.018 8	文昌	东坡村	0.026 9
澄迈	道吉村	0.010 2	儋州	巨雄村	0.014 7
定安	高林村	0.015 1	澄迈	扬坤村	0.016 5
澄迈	秀灵村	0.018 1	澄迈	美墩村	0.023 8
琼海	马寨村	0.006 2	海口	冯塘村	0.017 7
澄迈	石矍村	0.006 9	琼海	南望沟村	0.022 2
平均值		0.011 8	平均值		0.018 5

4.3.4.2 长宽比

长宽比（SI2）是指图形边界外接矩形（弧形）的长短轴之比，它反映了图形的狭长程度。

$$SI2 = \frac{a}{b} \tag{4-2}$$

式中，a 为边界图形外接矩形（弧形）的长轴，b 为边界图形外接矩形（弧形）的短轴。

村落平面的长宽比的比值越大，表示村落形态越狭长，其空间的线型特征也越突出。琼北台地平原及丘陵低山地区样本村落长宽比见表 4-3。

表 4-3　样本村落平面长宽比

台地平原类型			丘陵低山类型		
市（县）名	村落名称	长宽比	市（县）名	村落名称	长宽比
海口	罗梧村	3.203 4	海口	莲塘村	1.259 5
临高	透滩村	1.435 4	海口	美孝村	1.664 7
文昌	十八行村	2.120 0	屯昌	山塘村	3.434 8
文昌	龙吉村	2.668 1	文昌	下山陈村	2.274 0
儋州	油麻村	1.896 2	文昌	东坡村	3.250 0
澄迈	道吉村	1.883 6	儋州	巨雄村	1.863 6
定安	高林村	3.420 7	澄迈	扬坤村	1.022 0
澄迈	秀灵村	2.673 3	澄迈	美墩村	3.583 3
琼海	马寨村	1.624 4	海口	冯塘村	1.746 0
澄迈	石矍村	2.252 9	琼海	南望沟村	2.820 8
平均值		2.317 8	平均值		2.291 9

4.3.4.3　形状指数

形状指数（SI3）的计算借鉴了景观生态学里常用的一种计算方式，该方法主要通过计算区域内某斑块形状与相同面积的圆（或正方形）之间的偏离程度来反映形状的复杂程度（邬建国，2007）。

$$SI3=\frac{P}{2\sqrt{\pi A}}\text{（以圆为参照）} \tag{4-3}$$

式中，P 为边界图形的周长，A 为边界图形的面积。

形状指数数值的大小反映了图形的复杂和破碎程度。形状指数数值越大，表明图形复杂程度越高。本文以圆形作为参照，通过公式计算，圆形的形状指数为 1。琼北台地平原及丘陵低山地区样本村落形状指数见表 4-4。

表 4-4　样本村落形状指数

台地平原类型			丘陵低山类型		
市（县）名	村落名称	形状指数	市（县）名	村落名称	形状指数
海口	罗梧村	0.958 4	海口	莲塘村	1.114 5
临高	透滩村	1.137 9	海口	美孝村	1.113 7

（续表）

台地平原类型			丘陵低山类型		
市（县）名	村落名称	形状指数	市（县）名	村落名称	形状指数
文昌	十八行村	0.998 5	屯昌	山塘村	0.853 5
文昌	龙吉村	0.941 1	文昌	下山陈村	0.944 0
儋州	油麻村	1.249 1	文昌	东坡村	0.983 2
澄迈	道吉村	1.080 0	儋州	巨雄村	1.085 6
定安	高林村	1.081 9	澄迈	扬坤村	1.163 7
澄迈	秀灵村	0.982 8	澄迈	美墩村	1.082 8
琼海	马寨村	1.040 2	海口	冯塘村	1.134 7
澄迈	石矍村	1.075 7	琼海	南望沟村	1.120 3
平均值		1.054 6	平均值		1.059 6

4.3.4.4 建筑密度

密度（SI4）体现了形态内部要素之间联系的紧密程度。在本研究中主要是反映村落中的建筑密度，体现其内部建筑单体分布的紧密程度。

$$SI4=\frac{S_1}{S_2} \tag{4-4}$$

式中，S_1为建筑单体面积，S_2为公共空间边界下的图形面积。

琼北台地平原及丘陵低山地区样本村落建筑密度见表 4-5。

表 4-5 样本村落建筑密度比

台地平原类型			丘陵低山类型		
市（县）名	村落名称	建筑密度比	市（县）名	村落名称	建筑密度比
海口	罗梧村	0.211 9	海口	莲塘村	0.269 3
临高	透滩村	0.279 6	海口	美孝村	0.520 6
文昌	十八行村	0.264 7	屯昌	山塘村	0.245 3
文昌	龙吉村	0.128 6	文昌	下山陈村	0.105 9
儋州	油麻村	0.499 2	文昌	东坡村	0.206 1
澄迈	道吉村	0.197 9	儋州	巨雄村	0.419 4
定安	高林村	0.115 7	澄迈	扬坤村	0.238 4
澄迈	秀灵村	0.228 5	澄迈	美墩村	0.236 7
琼海	马寨村	0.362 5	海口	冯塘村	0.189 4

（续表）

台地平原类型			丘陵低山类型		
市（县）名	村落名称	建筑密度比	市（县）名	村落名称	建筑密度比
澄迈	石矍村	0.447 5	琼海	南望沟村	0.141 0
平均值		0.273 6	平均值		0.257 2

4.3.4.5 综合比较

通过计算，统计出琼北地区的台地平原、丘陵低山地区样本村落的周长面积比、长宽比、形状指数及建筑密度。为了直观比较琼北台地平原和丘陵低山地区的村落形态差异，将这两类样本村落按照表 4-2 至表 4-5 中的数据进行排序，绘出台地平原和丘陵低山村落指数的对比折线图（图 4-16 至图 4-19）。

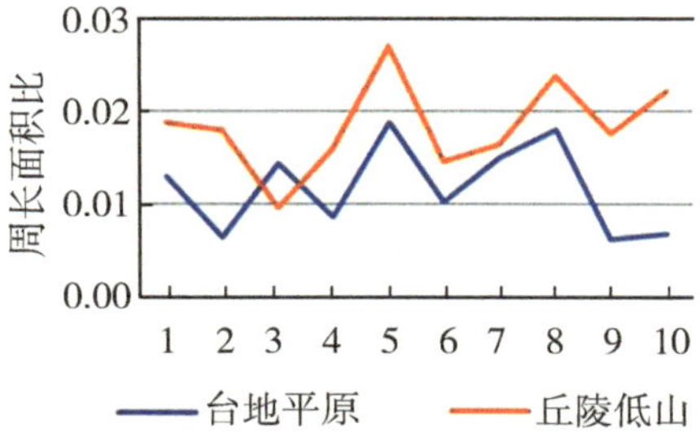

图 4-16　周长面积比对比

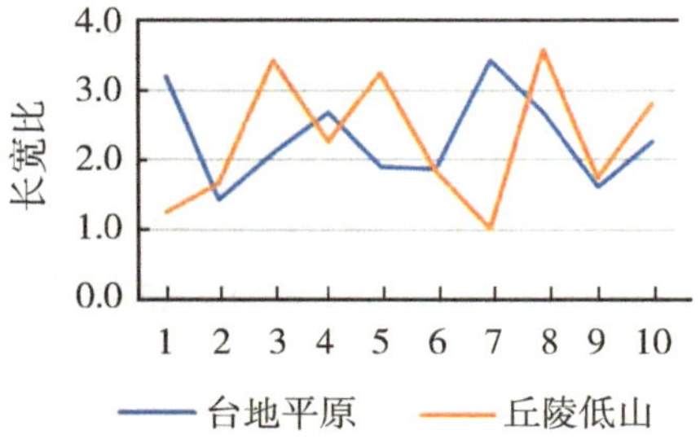

图 4-17　长宽比对比

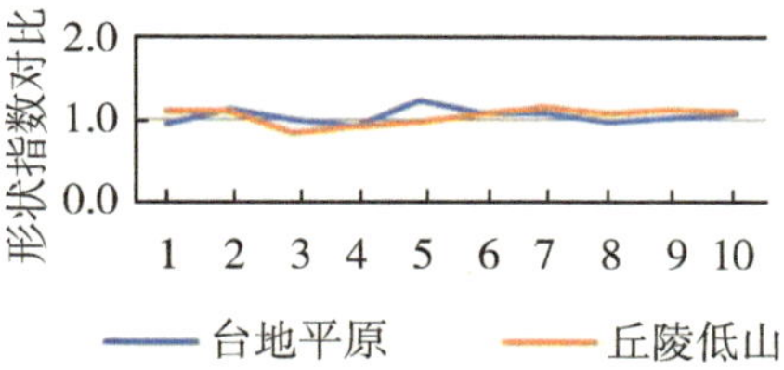

图 4-18　形状指数对比

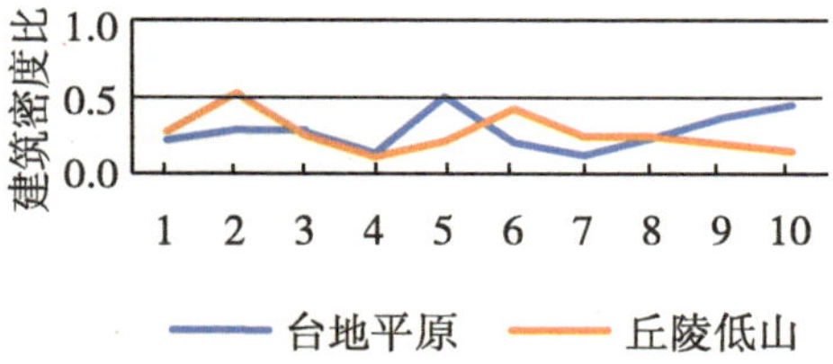

图 4-19　建筑密度对比

对琼北村落形态量化的进一步研究需要引入参照图形进行。本研究选择圆形为参照进行对比分析。圆形可代表琼北大部分村落以宗祠、水塘或地形等要素为核心，向周边发展的状态，较适合用于其形态的对比分析（图 4-20）。

根据计算，圆形的周长面积比 SI1＝0.5，长宽比 SI2＝1，形状指数 SI3＝1，据此与台地平原、丘陵低山两个地区的样本村落平均指数进行对比，可以得出如下结论：

村落边界形态　琼北丘陵低山地区村落周长面积比（SI1）平均值为 0.018 5，台地平原村落的周长面积比为 0.011 8，与圆形的 0.5 相差较大，说明两者的村落边界形态都趋向于复杂形态，其中丘陵低山区的琼北村落边界形态更加曲折复杂。

村落平面形态　琼北台地平原地区的村落长宽比（SI2）的平均值为 2.317 8，丘陵

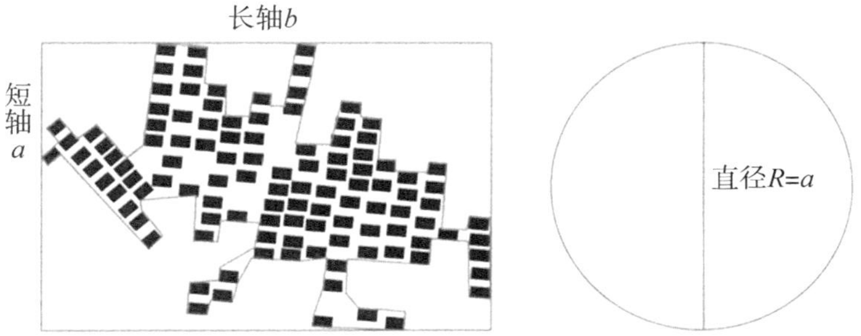

图 4-20　村落形态的综合比较

（图 4-16 至图 4-20 来源：作者自绘）

低山村落的长宽比为 2. 291 9，与参考图形圆形长宽比数值 1 对比，说明丘陵低山地区村落形态更接近于圆形形态，在实际的村落空间形态中主要表现为团状或块状，这种类型的村落聚集度高、布局紧凑。台地平原村落边界形态则趋于带状，但聚集程度相比台地平原村落较低，村落格局较为松散。

村落平面破碎度　琼北台地平原地区的村落形状指数（SI3）的平均值为 1. 054 6，丘陵低山的村落形状指数平均值为 1. 059 6，与参考图形圆形形状指数数值 1 对比，台地平原村落更为接近，可说明其平面形态更为匀质，图形破碎度较低，而琼北丘陵低山地区的村落平面形态则破碎度较高、空间疏离程度也更高。

建筑密度　琼北台地平原村落的建筑密度（SI4）的平均值为 0. 273 6，丘陵低山的村落建筑密度平均值为 0. 257 2，二者对比可见台地平原村落建筑密集度更高，说明其村落空间聚合性较高，村落空间活跃度相对较高；而丘陵低山地区的村落建筑密度较低，聚集性较弱，村落空间活跃度也相应更低。

4.3.5　核心要素

4. 3. 5. 1　村落地形

地形对村落分布有较为明显的影响，往往直接影响到村落的选址与布局。地形是自然环境中较为稳定的因素，也是乡村景观的基本要素。地形对地表水的分配、局部微气候、植物分布、土壤肥力、土地开发的难易等都有重要的影响，这些因素影响到人类在此环境中的生产生活方式，最终也会反映到乡村景观的空间形态上来。根据琼北地区地貌形态，主要可分为台地平原区村落和山地丘陵区村落两大地貌类型。

样本村落分布的最低高程为 1. 6 米，最高高程达 792. 4 米，自北向南逐渐升高。北部、东部和西部的平原地区，高程低于 353 米的村落数量有 306 个，占比 85. 47%，此区域较为平坦，影响村落分布更多是河流水系、道路交通等线型因素，可见高程在平原地区对于村落的影响相对较小。在琼北南部的山地丘陵区，村落分布的高程逐渐增高，高程高于 353 米的村落仅有 52 个，占比 14. 52%，这一区域内村落分布较散，地形因素在一定程度上限制了村落的聚集。

坡度对农业种植和建筑营建均有一定制约，因而对村落的分布以及相应的乡村景观空间形态也有较大影响。根据 ArcGIS 生成的坡度与样本村落分布叠合分析，本区域村落多数分布在坡度 0°~6°的区域，属于平原、微斜坡或缓斜坡地貌（依据国际地理学联合会坡地分类标准）占比 86.6%。仅有 13.4%的村落分布在坡度大于 10°的区域，可见绝大部分琼北村落均分布于坡度较缓的区域。

坡向对于区域日照时长、太阳辐射强度有较大影响，进而也影响作物种植和人居分布。根据 ArcGIS 生成的坡向与样本村落布局叠合分析，琼北村落总体上南坡分布占比最高，为 16.20%，西南坡次之，为 13.41%，紧随其后的是东南坡、东坡和西坡，仍有部分村落朝向北坡、西北坡和东北坡，分别占 9.78%、10.34%和 10.61%。并非所有村落都选择南向，背后原因主要是琼北地处热带，区域光照充足，不需要刻意追求南向以满足日照，而往往是从农业生产的目标出发，因地制宜地满足村落临水面田、谷地守田、依山守田等朝向需求。

4.3.5.2 建筑风貌

从文化上来看，琼北乡村的建筑文化分区主要可分为闽海民系文化影响区域、广府民系文化影响区域、客家民系文化影响区域。其中，受闽海系影响的区域其民居往往横屋较长（类似福建民居的从厝），受广府文化影响的民居则以短横屋为主（类似广府的“三间两廊”）。此外，受客家文化影响的民居分布在儋州，与琼北大部分地区院落形式不同，为客家“排屋”。各种文化逐渐发展，表现为一定的聚集性和区域性，最终形成了琼北乡土建筑当前的地域文化分区及其空间形态特征，具体如下：临高、儋州大部分区域，澄迈和海口局部受广府民系文化影响；儋州东南局部受客家民系文化影响；屯昌、定安、琼海、文昌、澄迈和海口大部分区域受闽海民系文化影响。

通过田野调查统计，琼北村落民居传统的布局形式大致分为多进院落和独院民居。多进院落主要是纵向连续拓展、前后连通的宅院，也有一定数量以独院形式前后对齐、纵向分布形成多进院落。琼北台地平原地区大多为多进院落构成的整饬型村落；丘陵和山地地区，大多为独院形成的散点式村落或小簇团聚合型村落，与此相适应的分布格局为独院式民居。

琼北地区乡土材料主要有两种类型：一类是以火山石、花岗岩为材料的石木建筑，另一类则是以青砖或红砖为主要材料的砖木建筑。根据本次田野调查，将琼北传统村落建筑风貌划分为儋州青砖民居风貌区、围屋民居风貌区、火山石民居风貌区、花岗岩民居风貌区和琼东北青砖民居风貌区等几个主要分区（徐琛，2016）。

4.3.5.3 水体特征

水是生命之源，它与人类生产生活息息相关，同时也是村落重要的景观元素。琼北地区河流众多，有条件的村落都会依水而建。从生活用水需求出发，琼北村落中水塘、水渠、水井等配置较为普遍。通过对 358 个传统村落的水体要素形式进行调查统计发现，琼北传统村落所涉及的水体要素形式主要包含了河流、湖泊、风水塘、水渠四大类，其余则是在此基础上的类型叠加。358 个样本村落中：台地平原地带风水塘的占比较大，占总体的 70.42%；在丘陵山地地区，风水塘占比也达到了 60.61%，其次为临河村落，也相对较多，占比达 22.22%（图 4-21 至图 4-23）。无论台地平原还是丘陵山地村落中，水渠的分布都较少，这反映了相对于塘池的修砌，水渠作为一种耗费人力财力、成本较大的水利设施，在经济基础相对薄弱的琼北村落分布呈现较少的特点。总体来看，风水塘在琼北传统村落中分布较多，这既是地理环境影响使然，也受其生活需求和经济基础影响，成为琼北大多数村落空间要素的一大特点。

图 4-21　琼北乡村景观中的河流要素
（图片来源：作者根据谷歌地图自绘）

图 4-22　琼北乡村景观中的水塘要素
（图片来源：作者根据谷歌地图自绘）

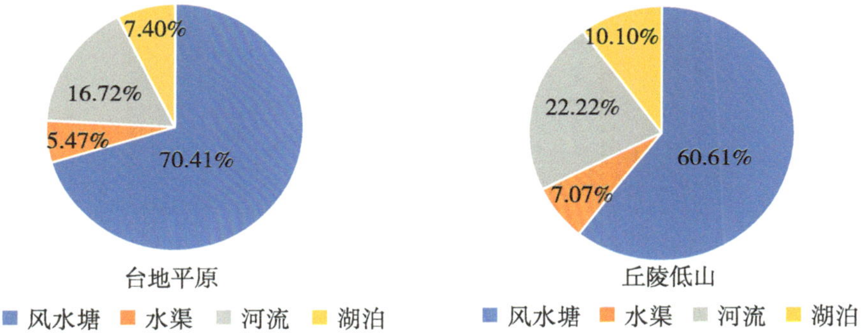

图 4-23　台地平原与丘陵低山地区样本村落水体要素类型分析
（图片来源：作者自绘）

4.3.5.4　林带形式

受地域气候、植物信仰和风水观念等因素影响，琼北传统村落周边通常会伴有成片的带状林地，称为风水林。这种林带主要分为全围、半围和无林带三种空间形式（图 4-24）。在选取的 358 个琼北村落样本中，台地平原村落周围多为半围式，占比 52.58%，山地丘陵村落周边林木多，因此不特别强调外围林带，背山面田或面水村落较多，其村落则以半围式林带更多，占比 75%（图 4-25）。此外，还有部分村落外围林带逐渐弱化，主要集中在平原地区及少部分山地新建村落，占比较少，反映了琼北乡村对环村林带的普遍重视。

图 4-24　琼北村落外围林带典型形态影像

（图片来源：作者根据谷歌地图自绘）

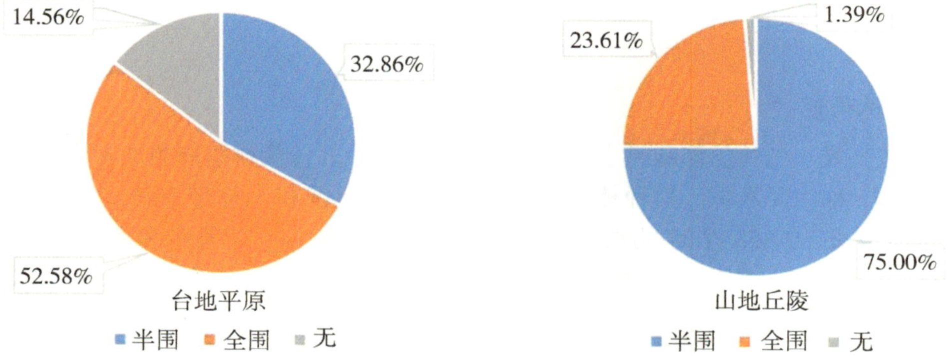

图 4-25　样本村落外围林带典型形态统计

（图片来源：作者自绘）

4.4 本章小结

本章从自然风景、农业板块和乡村聚落三方面探讨了琼北乡村景观的宏观格局。地形地貌、农业景观、乡村聚落和作物形态等形成了琼北乡村的宏观基底，村落人居分布与水系分布、地形地貌、产业水平等因素关联紧密，主要分布在河流周边，高程较低、坡度较缓的区域，村落周边林带环绕，普遍有塘池，建筑风貌则受民居格局和建筑材料影响，呈现出极具地域特色的景观形态。

5 琼北乡村景观的微观单元

人类对自然环境的扰动首先是以农地和村落的形式体现出来的，在空间上的体现就是一个个自然村落。这些自成一统、相对独立的乡村人居单元，可称为琼北乡村景观的微观单元。这些单元个体虽然在山水地形、农田林地和建筑组团上各有差异，但总体上都受到琼北地区独特的地形地貌和热带气候等自然条件所限定，又被其人文环境潜移默化地影响，最终形成了本地区极具地域特色的乡村景观形态。

5.1 琼北乡村景观微观单元的典型样本

5.1.1 平原聚合状村落——文山村

文山村发源于南宋，是福建移民南迁琼北建村的典型样本①，它坐落于海口市新坡墟西部 6 千米处，周边田洋平阔、村落密布。村庄面积 350 亩，村域范围约 6.7 千米^2。秦朝时，该地草木繁茂，松竹尤多，禽兽遍地，名为“猿山峒”。汉时归属珠崖郡瞫都县，因该地形势“圆如布基”，远窥如“屈曲盘旋”，故名为“圆山里”。隋唐时期，这里居住着甘、袁、何、高、陈等少许人家。据史料记载，文山村渡琼始祖周秀梅为翰林学士，为避战乱于宋孝宗隆兴年间（1163 年）从福建莆田甘蔗园村迁琼，落籍琼山遵都。宋淳祐年间（1241—1252 年）四世祖周椝（解元登进士）从遵潭镇咏潭村携家带口，落籍“圆山里”，因此称为“圆山村”。清末期，由于人文兴盛，圆山村逐渐改名文山村②。

文山村地形中高周低，形似龟背，村落后接起伏的火山余脉，前临玉带蜿蜒的悠悠碧水，自然景观得天独厚。村落周边则是连绵的稻作田洋景观。在地形起伏的区域，分布少量果林和经济林，田园之中则有防风林分布。文山村民居建设大都顺应地势，院落分布错落紧密。交错的道路体系呈放射状辐射全村，前宽后窄，陌生人进入之后，宛如

① 文山村，是海南周姓一族发祥地，建村始祖周秀梅祖籍福建莆田甘蔗园村，进士出身，位居翰林院学士，南宋时期避祸南迁海南岛。随着周氏一族在海南开枝散叶，文山村在琼北历史上影响逐渐扩大。据 2000 年纂修周氏宗谱时统计，文山周氏后裔遍布海南岛 12 市（县）121 乡镇 475 个自然村以及中国台湾、香港地区和各东南亚国家。文山村则成为联系周氏族群的精神纽带。

② 据《琼山县志》记载，明世宗嘉靖初年，巡抚巡视至文山，见近百人身着官袍士服鱼贯来迎，不禁称奇说：“此何地耶？人文若此其楚楚耶?”得知乃周氏“一族兄弟团居于此”时，他鼓掌大笑，赞道：“吾巡视多矣，未有若员之文士接踵，官员济济，如此里也”。自此，圆山村逐渐被称为文山村。

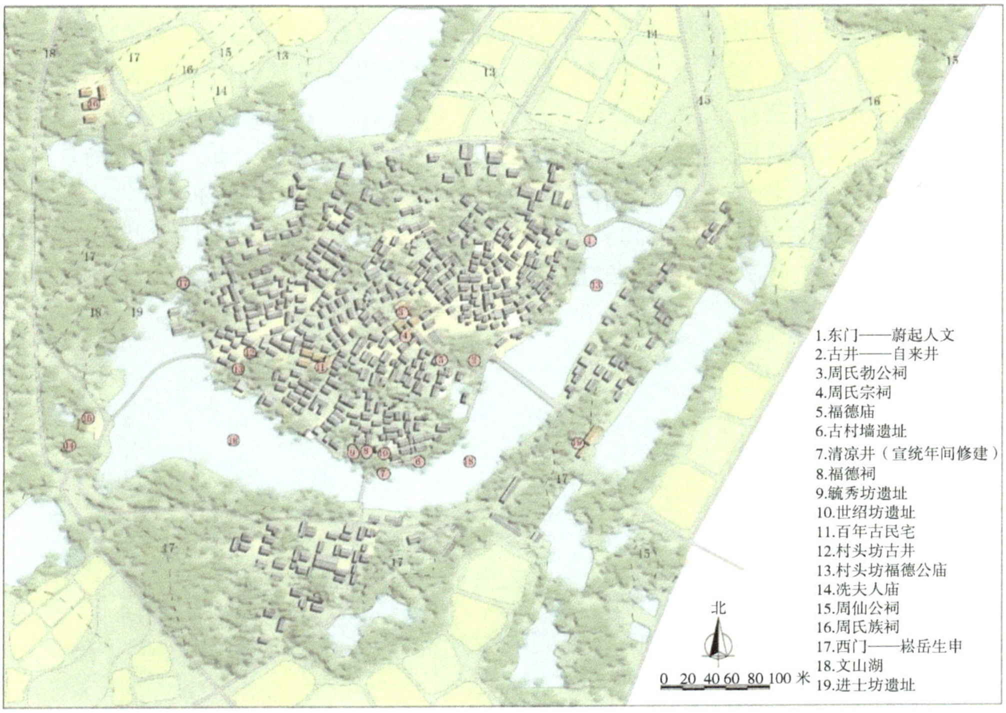

图 5-1 文山村总平面图

（图片来源：作者自绘）

进入迷宫，难辨方位，有较好的防御功能①。村落民居以多进院落为主，多两进、三进式，院落配有门楼、照壁、正屋、横屋（受用地限制，多短横屋）。公共建筑有周氏宗祠、周氏族祠、冼太夫人庙等祭祀建筑，同时也有蔚起人文牌坊、周世昭进士牌坊等人文要素。此外，村中东、南、西、北四个方向与村落中央各有水井开凿，东北方的甘泉井水质清甜，南向的井面阔较大，为清宣统元年（1909 年）重修的玉露清凉井。文山村总体上院落交织、村环水带，圆形的村台稍高隆起，村落周围则是映日的荷塘，从高处俯瞰，像一朵浮出水面的莲花（图 5-1）。秀美的自然风景，经由人文的历代经营，逐渐发展成秀美的村落景观，从古到今有多个版本的“文山八景”流传②。结合明代的文山八景记载和现场考察：文山村地势团圆，中高边低，八面披离，状如莲花，民居东南西北任取方向，所在皆宜，成八景之“村成莲花”；村前文山湖碧水蜿蜒（玉带水），环绕村落，终年积水不涸，形成“水环玉带”（图 5-2）；村后山岗一带，西北方有石

① 文山村的路巷布局复杂，便于周旋辗转，以防兵匪侵袭。文山村经历 800 多年风雨洗礼，能完好地保存至今，与该村独特的地理位置和极具防御性的空间设计不无关系。

② 明代的礼部尚书王弘诲曾作八景长诗描写文山村的景观，八景分别为：“绿水环龙”“横桥渡马”“竹松笼月”“楼阁丛云”“塘尾甘泉”“岸头娇柳”“莲塘渔唱”“石岭樵歌”。清代版本的文山八景则与现在的文山景观更为吻合。

洞数穴，探之深黝，状态各异，令观者流连，形成“仙洞聚奇”；村北有一条起伏的长山，势似城墙，与村周围的石城墙内外围抱拥卫村庄，成为八景的“山城拥障”（图5-3）；村前叠起重案，案上草色青绿，状似蛾眉，每当天清日朗时，塘水青草彼此射映，光气倒影、浮沉荡漾，照人眉目，被称作“蛾案围光”；村前塘中横架两桥，横架两桥贯通东西，风清月朗之夜，波心印月，桥上钓鱼，亦如钓月，成“鱼桥钓月”（图5-4）；环村四境，东南西北中五方，各就中心点开凿水井，为“五井饮和”（图5-5）；村人种莲塘文山湖中，映日荷塘和渔歌唱晚结合起来，又成为八景中的“莲塘渔唱”；“三元镇口”指村东北方，半里许凸起三阜，曰三元墩，以塞塘水溢出大江之路，为镇水口。

图5-2　文山八景之“水环玉带”

（图片来源：作者拍摄）

图5-3　文山村火山石砌村墙为文山八景之“山城拥障”

（图片来源：作者拍摄）

图5-4　文山复建的石桥为八景之“鱼桥钓月”

（图片来源：作者拍摄）

文山村历史悠久，宗族意识深厚，村内祠堂、村庙分布众多。文山村祠堂，主要是族祠，有“周氏宗祠”“周悦公支祠”“周勃公支祠”“周以豪公支祠”“周仪公支祠”“百通公祠”6座。“周氏宗祠”为渡琼始祖周秀梅支派的合族宗祠，旧称大宗祠，始

图 5-5　文山村八景之“五井饮和”

（图片来源：作者拍摄）

图 5-6　文山村周氏宗祠正屋一、正屋二立面

（图片来源：作者拍摄）

建于明正德四年（1509 年），为三进式砖木结构（图 5-6，图 5-7）。周氏宗祠所供奉神人甚众，每年定于阴历三月十六日举行祭祀大典，同时通过一年一度的族众祭祀活动，维系血缘亲属的团结，祈求祖先庇护子孙，万代昌隆。文山村崇文重教，以“耕读传家”为荣。自南宋以来，村里一直有社学。经宋、元两代的积累和沉淀，在明代文人辈出，有“父子翰林院，兄弟进士科”的美谈。村中牌坊承载了文山村落数百年文风兴衰，有明代建的折桂坊①、拔尤坊、毓秀坊、登科坊、登俊坊、文魁坊、光裕坊、礼魁坊等进士牌坊 3 座②、举人牌坊 10 座。

村落人居单元以独院民居为主，主体格局一般主要由正房、横屋、照壁、门楼和院墙组成。正房一般面阔三间、中为厅堂，一般东西各一横屋，以正房为中轴，前为照壁，照壁左（或右）设置院门，院门不要求完全正对巷道，大多数民居都设有矮墙。文山村的传统民居建筑以硬山顶建筑，插梁式构架为主（图 5-8）。插梁式构架是海南

---

① 文山村内的诸多牌坊从明永乐七年发端至今，尤以村落东部和村落西边两座清代牌坊保存较好，成为村落景观体系中的重要组成部分。

② 明弘治四年（1491 年），为弘治庚戌进士周宾立；明正德十年（1515 年），为正德甲戌进士周宗本立；进士坊——明嘉靖十五年（1536 年），为嘉靖乙未进士周世昭立。

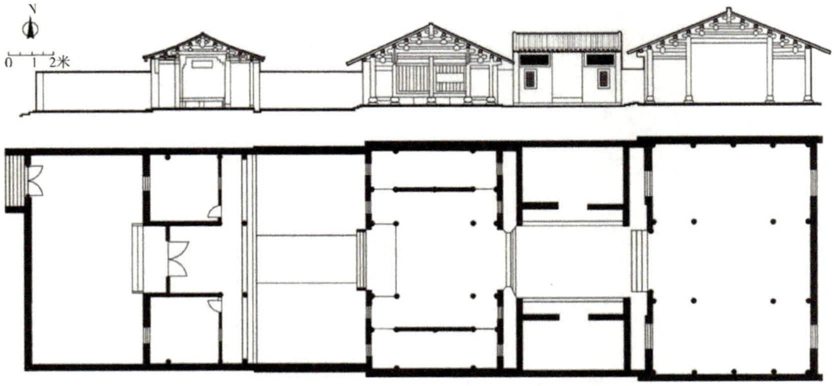

图 5-7 文山村周氏宗祠纵剖面与平面图

（图片来源：作者自绘）

传统民居的一种常见结构，它介于抬梁式和穿斗式之间的混合构架。在每根檩条下皆有一柱（前后檐柱、金柱、瓜柱或中柱），每一瓜柱骑在下面的梁上，而梁端则插入邻近两端瓜柱柱身，依次类推，最下（外）端的两瓜柱骑在最下面的大梁上，大梁两端插入前后金柱柱身（图 5-9）。由于台风影响，传统民居普遍较为重视防风，屋檐高度为 2 米左右，屋脊高度为 5 米左右，屋檐有条石压顶以防止台风掀瓦。室内为青石铺装，建筑装饰有闽南民居“三雕三塑”的做法。传统建筑为石木或者砖木结构，墙体以火山石或者青砖横扑叠压，灰浆批荡而成，十分有利于防雨防潮。

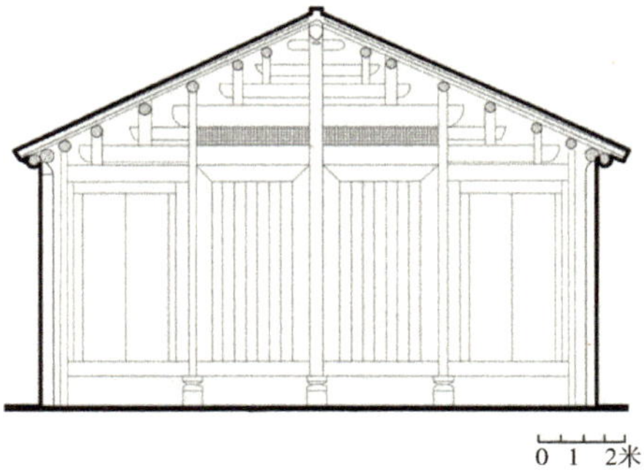

图 5-8 文山村传统民居常见的插梁式结构

（图片来源：作者自绘）

图 5-9 文山村周家宅正屋插梁式结构

（图片来源：作者拍摄于文山村周德勋家）

文山村滨水植物较有特色，遮荫良好的小叶榕种植时间较长，成为滨水绿廊体系的基础树种，林下空间也成为村落中最受欢迎的区域。水中种植热带莲，水边种植柳树，“莲塘渔唱”和“岸头娇柳”① 营造出优美的滨水植物景观。小叶榕、大叶榄仁、木棉树等遮荫效果较好，且较有观赏价值的树种也多有种植。此外，椰子、槟榔、龙眼、荔

① 明代礼部尚书王弘诲，在其八景诗中描写文山村“岸头娇柳”：“袅袅垂金线，迢迢绕大堤，春风满地落，夜月几枝低”。从中我们也得以一窥当年文山湖周边植物与水体的结合，一派休闲的家园美景。

枝、黄花梨等极具地域特色，且有经济价值的树种则被广泛种植于庭院之中。

5.1.2 平原梳状村落——罗驿村

图 5-10 罗驿村宋代官道“东坡路”

（图片来源：作者拍摄）

澄迈县老城镇的罗驿村，建于南宋（1256 年），是海南岛古代的西线驿站，古称倘驿。北宋大文豪苏东坡被贬海南岛，从澄迈老城登岸，前往贬黜地儋耳（今儋州），就曾在罗驿村落脚。罗驿村也将当年苏东坡走过的西线官道称为“东坡路”（图 5-10）。罗驿为“李”姓的单姓血缘村落，规模较大，历史上人才辈出①。据 2016 年的村庄人口统计，全村共 700 余户、常住人口 3 000 多人。村落周边有田地 2 500 余亩，主要为优质水田，历史上一直以水稻种植为主。

建于平原地区的罗驿村整体空间形态以南部水塘（日湖、月湖）为核心，村落组团面对水塘形成半环扇形布局，村北部有星湖，东、西、北三面林带环绕。罗驿村历史上文化的兴盛也影响到村落人居环境的建设，罗驿先民修筑宗祠、营建学堂、树碑立坊，通过村落建设有意识地营造出浓厚的文化氛围。这些人文景观可以用“二湖、二寺、三坊、三桥、三塔、九井”来概括。其中，二湖为日湖、月湖（寓意日月同辉、文脉绵长）；二寺指乐道寺（现为观音庙）、李氏宗祠；三坊是文奎坊、步蟾坊和节孝坊；三桥则是南翠桥、卜武桥和乐道桥（东坡桥）；三塔则为文昌塔、乐道塔及用倒塔；九井则是坡傩、马碲、坡林、道猛、玉容、千户、乐道、新碲和起龙井。这些人文景观与罗驿村的自然要素有机融合，形成罗驿村丰富的村落景观（图 5-11，图 5-12）。清代罗驿村《李氏族谱》中就有“文阁大观”“清溪萦绕”“松林明月”“宝塔峥嵘”（图 5-13）“月池绿波”“科第高坊”“佛岭村社”“仙姬引泉”的八景记载。罗驿八景中的“清溪萦绕”，八景诗云“清溪一带碧澄鲜，萦绕村场并获田”，说明了罗驿村呈前清溪围绕、前水后村、田包围村的传统格局；“松林明月”指村外较为独特的松林（因琼北乡村松林较少，罗驿村的松林被称为“飞来松”）；“月池绿波”（图 5-14）指月湖及水中莲花之景；“文阁大观”是指为纪念李恒谦②所建的文昌阁（现已毁），阁高数

---

① 罗驿李氏入村始祖李文英为乡贡进士，原籍琼州万安（今海南万宁市），于南宋末年（1265—1279 年），游学澄迈，在罗驿村设立学塾，日久便逐渐开枝散叶定居于此。小小的罗驿村在元明清三朝共出了 3 名举人（李惟铭父子先后中举）、34 名贡生、18 名廪生、78 名监生、129 名庠生，可见村中读书入仕的传统之深。

② 李恒谦是澄迈清代名仕，历任云南开化府、丽江府、澄江府知府、云南省通判等职。在清代罗驿村的建设中，李恒谦不仅从云南带回大量建筑图纸用以参考，还出资铺路建桥（道阳桥、乐道桥、初八墓桥），对罗驿村的建设有过较大影响。

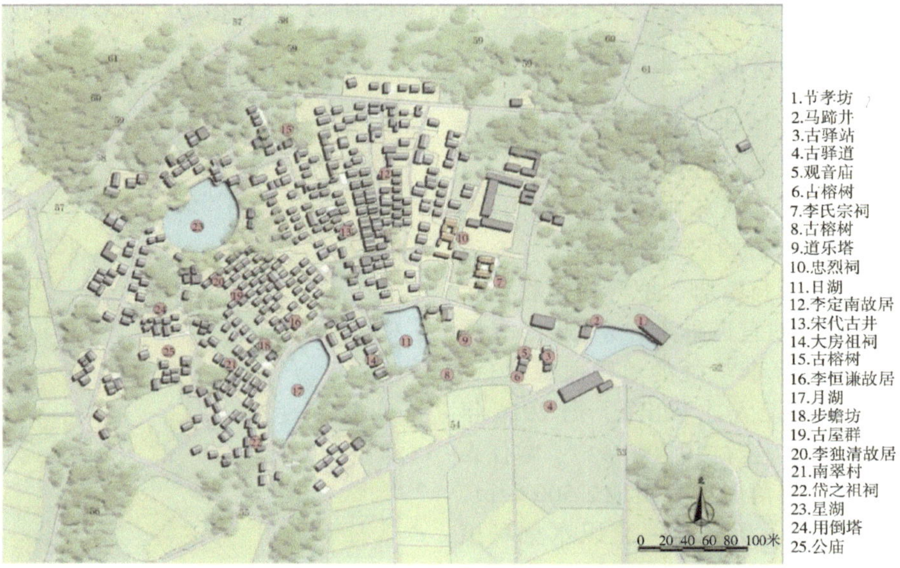

图 5-11　罗驿村平面图

（图片来源：作者自绘）

图 5-12　罗驿村航拍

（图片来源：中国传统村落数字博物馆）

仞，朝拱绪水，诸山环绕，登楼眺览，尽纳山川；“科第高坊”（图 5-15）位于村落中心，是村中惟铭、金公二人的“文奎”和“步蟾”牌坊①，传递出耕读传家的传统文化；“仙

---

① 古时用“步蟾”“步月”比喻考中举人，罗驿村中心矗立的石雕牌坊，名“步蟾坊”。据《正德琼台志》记载，明代罗驿村人李惟铭曾中举人，村里为他建设了一座“文奎坊”，李惟铭为鼓励儿子李金努力读书，便承诺李金，若其高中举人，便在村东建设一座更大的牌坊。李金不负众望，考中举人，李惟铭也没有食言，建造了“步蟾坊”。如今，罗驿八景之一的“科第高坊”仍旧鼓励着村中晚辈要“青出于蓝而胜于蓝”，体现出深厚的耕读文化。

姬引泉”则是以井泉为要素，引入历史传说①，形成人文景观。罗驿八景暗含了中华传统文化中的诗画意境，反映出村落营建中对人文环境营造的重视。

图 5-13 罗驿村八景之“宝塔峥嵘”
（图片来源：作者拍摄）

图 5-14 罗驿八景之“月池绿波”
（图片来源：作者拍摄）

图 5-15 罗驿村八景之“科第高坊”
（图片来源：作者拍摄）

在传统民居层面，罗驿村内居民以琼北传统火山岩民居为主，院落单元则以三合院为主，宅院以侧门与主要道路相连，合院按序列排布，所形成的民居群落呈现出规则有序的格局，是典型的琼北梳式布局村落。较有代表性的如清代李恒谦故居（图 5-16，图 5-17），采用二进四合院的布局结构，屋前设照壁，院落大门设于照壁东边。民居采用木结构，青瓦铺顶并设置砖石压顶以防台风掀瓦，青砖砌墙、火山岩做檐柱，具有较为典型的琼北民居特色。同时，由于李恒谦长期在云南为官，其民居建设受云南民居文化影响，较琼北民居简洁之外，则又表现出注重建筑雕刻装饰的特点。其民居建筑，无论房梁柱脚，还是神龛、窗花皆有雕刻，所雕刻的花鸟鱼虫形式多样、形态精美，展现出琼北民居在文化交融下的包容个性。

---

① 八景之一“仙姬引泉”来自一个传说：梁武帝大同年间（535—546 年），冯宝和冼夫人统率大军，第二次渡海登上海南岛平乱。一次行军作战途经罗驿村，午时屯兵造饭，没有水源，冼夫人坐骑白马一声长鸣，腾空而起，足下石头下沉，一股泉水喷涌而出，士兵得以取水做饭。后来，村民在泉水流经之处挖了一口井，冼夫人“仙姬引泉”故事发生地也成为罗驿八景之一。

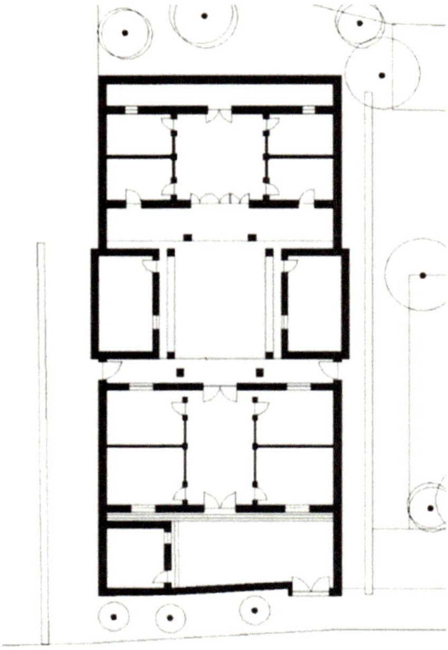

图 5-16 李恒谦故居平面图

（图片来源：作者自绘）

图 5-17 李恒谦故居航拍

（图片来源：引自《海南火山石传统村落》）

5.1.3 山地梳状村落——高林村

定安县龙湖镇高林村，始建于清乾隆十二年（1747 年），是清代探花张岳崧故乡。后村子取“高林”之名，一是为了纪念张岳崧①，二是激励张氏子孙，意在林木高大，做梁栋之材。定安高林村属于琼北丘陵低山地区，规模不大，全村共有住户 48 户。

高林村村前浅丘之间的平坦谷地被开垦为水田，200 余亩，村周边的丘陵浅山有椰子、槟榔、芒果、荔枝、龙眼等热带果林近万亩，一派热带山林风光。与平原地貌不同，琼北丘陵低山地区平地较少，村落周边的自然风景以山景为胜。高林村依山面水，坐北朝南、地势开阔，北、东、西三面环林（图 5-18）。张岳崧曾说“余居环群山”，高林村背后是蜿蜒的“伏龙岭”，稍呈弯状，与古代风水选址中常见的“太师椅”山形吻合。村前环绕一条近百米宽的田埇，宛如玉带，曰“玉带田”（图 5-19）。隔着“玉带田”的是一块书桌状的山坡，称“香炉墩”。再往前便是一镜方塘，天光云影，尽映其中。村前西南侧有一座小山，名曰圆势岭，张岳崧在《家园八景》形容其“势似覆釜，圆净可爱”。山顶上原有一棵高大的木棉树，远看似清代官员帽上的“戴顶”，因此又被称为“官帽山”。依传统风水选址的视角来看，高林村“后有镇山为屏，村前临

① 张岳崧（1773—1842 年），字翰山，又字子骏，号指山，清乾隆三十八年（1773 年）出生于高林村，祖籍福建莆田，宋嘉定年间迁琼，其祖为琼山尹，故落籍琼山，后迁高林村。

图 5-18 高林村平面图

（图片来源：作者自绘）

水开阔，左右次山辅弼，对面有案山似书桌条案，南向而立，选址大吉”。从生态学的视角来分析，高林村这样的选址环境，有利于形成良好的人居生态和局部微气候，背山选址可以屏挡冬天北面吹来的寒流；面水使得村落可以迎接夏日从水田吹来的凉风；坡地建村避免淹涝；村落周边山岭上的茂盛林木利于水土保持、采集和获得燃料能源。从景观的角度来看，山体围合的空间能给人以安全、稳定的空间心理感受；以水田为前景，形成开阔平远的图景，使人心情愉悦；近处低矮的案山与远处的文笔岭高低结合，丰富了山景的层次。总体来看，这样的选址环境兼顾了人居需求、视觉景观和文化意蕴，反映出古人在人居环境选址上的传统智慧。

图 5-19 高林村南部的“玉带田”

（图片来源：引自《海南日报》）

高林村是琼北传统村落“平地置田、坡地布局、林地环绕”空间模式的典型代表，为典型的梳式村落格局。村落面南、通风良好，三面环林，村中绿化较少。村口植大榕树为风水树，起到了空间标识的作用。村落中有“日”“月”两口古井（寓意日月同辉、文脉绵长），张岳崧以“川源焦竭患旱魃，兹泉依旧鸣潺湲”将其纳入了其《高林八景》组诗。位于圆势岭下的村落高处是圆形的日井，涌泉清冽，是村民的饮水井。月井则在村口低处，井口呈半月形，主要用于日常洗盥、饮畜。日、月二井，一高一低，功能明确，保证了村落饮用水源不受污染。琼北丘陵低山地区村落的水源和地形都不同于平原，难以像平原梳式村落那样营造村前水塘，高林村村口古井的设置在某种程度上代表了对村前置塘这种空间模式的承袭。村内建筑均坐北朝南、前后对称、紧密相连，整体上依托地形、前低后高，利于通风排水。村落中巷道呈“田”字，四横五纵结构清晰，巷道宽1.5米左右，均由青石板铺成（图5-20），基本为沿等高线或垂直等高线铺设，形成典型的“梳式冷巷”，可见建村之初已经有一定的规划意图。

高林村规模虽小，但在民居之外亦有宗祠和书院设置，体现出宗族思想和耕读观念对村落空间格局的影响。高林民居的基本单元以琼北传统民居风格为主，主要为三合院式的多进院落形式。几十间民居坐北朝南，顺地形坡度布局。墙体为青砖或火山石墙，屋顶则是灰瓦坡屋顶（图5-21）。村落传统建筑中尤以张氏宗祠和张岳崧故居为代表。张氏宗祠位于高林村西，占地达1 500米^2，为由山门、前殿、正殿、后殿及廊庑构成中轴对称的多进合院格局。建筑均为硬山顶砖木结构，正殿前后廊为火山石檐柱。屋梁斗拱刻有丰富的木雕，圆顶拱门是其身份与地位的象征，呈现出精致与独特的风格（图5-22）。张岳崧故居有两处，一处是其出生地，位于村西北（称上宅），由“一明二

图5-20　高林村巷道形态
（图片来源：作者拍摄）

图5-21　高林村传统火山石雕
（图片来源：作者拍摄）

暗”七栋正屋、六栋横屋、十个庭院和一座南向路门共同构成。庭院中有张岳崧亲植的百合和含笑，百合花洁白清香，表达其崇尚廉洁，清白做人的态度；而含笑则表达了乐观豁达、家庭和睦的寓意，从侧面反映出绿化选种中的文化内涵。此外，张岳崧的孙媳妇许小韫在其《柏香山馆即事》中也有“植就两株青翠柏”和“荡漾秋风卷碧荷”的诗句，反映出琼北传统人居环境营造中绿植选择的文化意识。另一处是张岳崧祖居，位于西南方，为其做官时修建，占地约1 200米^2（俗称下宅）。下宅为四合院式布置，

建有砖木结构正屋两栋，此外还有七栋横屋、五个庭院以及两个花园。高林村的空间布局和建筑形制呈现出典型的梳式布局，对宗祠、书院和绿植的重视，反映出传统文化意识对村落空间格局的影响。

图 5-22 高林村张氏宗祠
（图片来源：孟云起航拍）

5.2 琼北乡村景观微观单元的空间形态

乡村聚落是人类在乡村聚集生活的产物，不同于农业景观主要是基于生产目标而产生的第二自然，人类的村落营造在满足基本的生活功能之后，更逐步加入了礼制、审美和情感等人文因素，使其成为人类物质与文化紧密结合的产物。这一点从明清以来盛行于琼北乡村的八景文化可见一斑，“村成莲花”“水环玉带”“楼阁丛云”等出现于村落景观体系中，人文精神附加于村落物象之上，形成了情景交融的景观风貌。

5.2.1 选址环境

在乡村营造及其景观生成的过程中，村落选址是第一步。琼北乡村人居选址的考量主要基于两个方面：一是包括地理环境、水文及局部气候条件在内的自然环境；二是区位交通、耕种条件、安全防御及场地风水之类的人文因素。具体来看，琼北村落选址主要分为低山丘陵村落和台地平原村落两类。

低山丘陵村落地形相对复杂，以澄迈、定安、屯昌等地区分布较多，其村落选址往往遵循“背山面水”的原则，呈现出“山、水、林、田、村”紧密融合、要素共构的特点。由于低山丘陵地区可耕作的土地相对紧张，民居选址一般位于坡地之上，村落则顺应地势进行建设。这一地区的农地一般沿等高线分布，农地大小因地制宜，农地肌理一般呈现出狭长的不规则状。地形的多变导致了劳作便利度的差异，又由于不同的作物在管理难度上的差异，导致了作物在村落周边空间分布不同，并最终产生了作物景观的差异。

不同于低山丘陵地区多山多林的自然环境，琼北台地平原地区总体上地势平坦，林地少耕地多。本区域的村落往往分布于靠近河流、水塘等有地表水的地方，往往选址平原上的台地微丘建设村落，尽量把平坦之地用于耕作。在景观风貌上，琼北台地平原村落呈现出如“绿岛”般镶嵌于大地田洋之上，以村落为核心，四周风水林、田洋逐层分布的态势。田洋之中的村落小气候舒适，既能有效管控耕地，又适宜人类居住。台地平原地区村落的作物分布主要受人为因素的影响，需要精细管理的作物往往离村落更近，可粗放管理的作物则布局稍远。例如，稻作种植有更高的回报，但也更需要精耕细作的管理，因此离村落较近，薯蓣、豆类、甘蔗等管理则稍为粗放，因此其分布在距离村落略远的地方。

总体来看，以村落为核心的村域范围内汇聚了丰富多彩的景观要素，山林、田洋、水塘、民居、道路和植物等景观元素有机融合，选址环境的宜耕宜居为琼北村落奠定了良好的景观基础。

5.2.2 村落形态

琼北村落空间形态受自然和人工的共同影响。自然环境往往决定了村落形态的发展方向，而人类的作用则体现在对自然环境的利用和改造上。琼北地区多样的自然地理环境和历史人文背景孕育了不同的村落空间形态，呈现出不同的空间风貌和景观美感。根据本研究的田野调查，从类型研究的视角出发，可将其村落形态大致分为散点型、线型、树型和整饬型四种类型（图 5-23）。

整饬型村落常见于琼北台地平原地区，格局多呈类似于广府聚落的梳式形态，传递出琼北村落与移民祖居地传统居住文化之间的联系。树型村落往往分布于地形略复杂的丘陵低山地区，其中特别以火山石村落最为独特。这些村落往往位于火山熔岩流凝固后所形成的通路上，其路网格局则表现为与火山岩流一致的“树”形特征。当然，也有部分村落同时具有以上几种形态，反映出地形影响下琼北村落因地制宜的发展建设。

5.2.2.1 散点型村落

散点型村落的空间形态往往不规则，民居疏密不均地散布于山林之中，布局灵活，村落道路随形就势串联起各民居单元，在村落空间上呈现出一种形散而神不散的疏落之美。琼北地区的散点型村落主要以临近中部山麓的山地村落居多。这一区域山峦起伏，平地狭小的地理特征限制了村落耕地和住居用地的布局，导致散点型村落人口和规模一般较小。此类村落总体规模一般由几户到几十户，人口在 100 人左右，村落间距 3~5 千米，山间盆地或谷地中的村落稍近。

5.2.2.2 线型村落

从琼北历史上人类的垦拓路径可以看到，地形是影响人类迁徙的主要因素（琼北先民主要的迁徙路径就是沿河流谷地向海南岛中部山地纵深发展）。交通的因素成了琼北线型村落形成和发展的主要影响因素，总体上看，琼北地区的线型村落主要分为沿河布局和沿路发展两种类型。当然，由于持续的线型延伸并不利于村落内部空间的有效组织，因此线型村落的规模往往也有一定极限，表现为一定范围内线型方向上建筑密度较大，随着线型的延伸逐渐稀疏。

在陆路交通较不发达的古代，水运是一种便捷的交通方式，河流则利于满足生产生

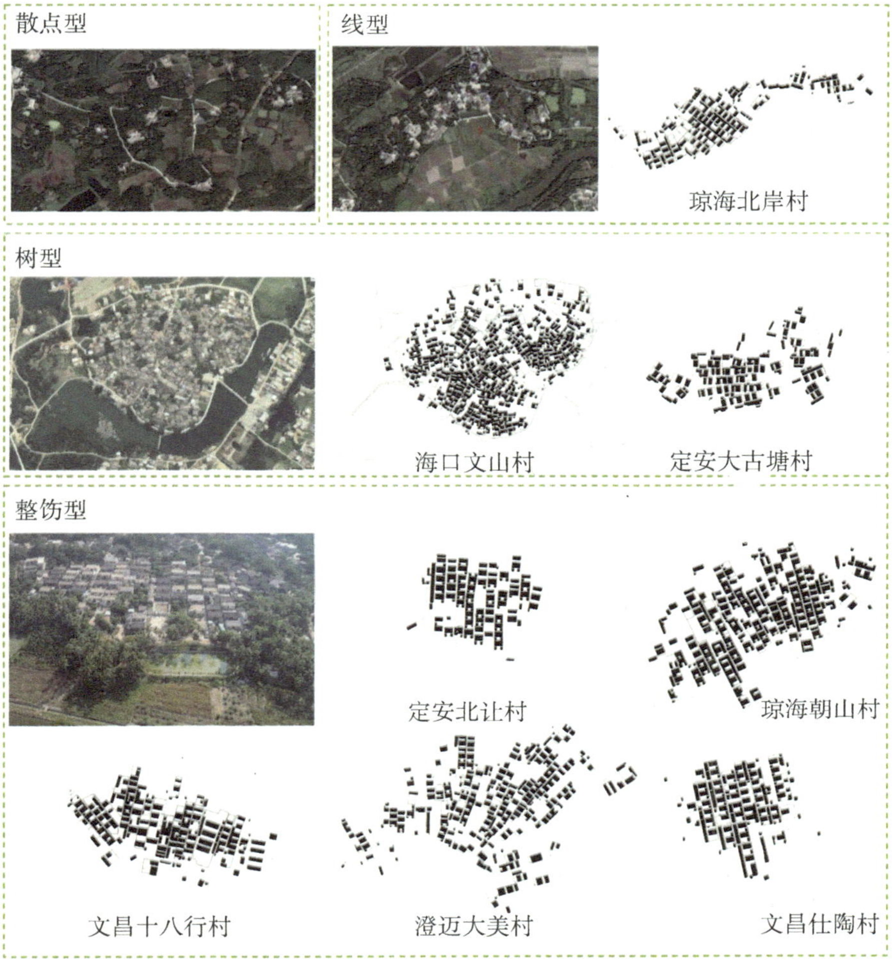

图 5-23 琼北村落的主要形态类型

（图片来源：作者自绘）

活的需要。因此，琼北地区的河流沿岸往往分布有较多临水而建、沿河而兴的线型村落。本区域内的南渡江、珠碧江、文澜河流域的河流沿岸线型村落分布较多。较为典型的如南渡江边的罗温村、新潭村、张吴村，珠碧江畔的太平村、七水村等，都是典型的滨水线型村落。

随着琼北乡村地区道路交通的建设发展，沿路发展的村落逐渐增多。与滨水沿岸村落为利用河流而多呈线型特征一样，沿路的布局也给村落生产生活带来了很大的便利，因此也形成了大量沿路发展的线型村落。如海口石山镇的美岳村、安仁村，永兴镇的儒劳村、儒行村，都是非常典型的沿道路线型布局形态。这部分村落，民居往往临街而建，建筑布局规则有序，民居朝向与道路垂直，建筑后面设置庭院。琼北地区沿路发展的线型村落主要以新建的现代村落为多，体现了时代和环境发展对村落形态的影响。

5.2.2.3 树型村落

树型村落主要分布于琼北的丘陵低山地区。这部分村落布局主要受多变的地形限制，往往采取随形就势、因地制宜的空间分布方式，在平面上呈现出树型的结构特征。相对于琼北散点型村落，树型村落在空间上往往由几个小的组团结合而成，而这些小组团则由民居院落紧密结合形成。各组团受丘陵低山的地形限制，围绕水塘、地形等自然要素发展。树型村落中的建筑单体在朝向上往往灵活自由，随型就势选择建筑朝向，并不刻意追求建筑的南北向布局，甚至对北向也并不十分避讳，因而在空间上表现得相对自由（图5-24）。较为具有代表性的如海口市石山镇始建于宋代末年的三卿村，整个村落建于火山熔岩流上，按熔岩流方向依山势布局民居，熔岩流的中轴则发展为巷道，形成典型的"树"状空间格局。

图5-24 琼北村落典型的树型形态示例

（图片来源：作者自绘）

5.2.2.4 整饬型村落

琼北整饬型村落通常分布于地势平坦、农地较广的台地平原地区。这类村落一般由大量院落规则排布而成，整体空间布局较为紧凑，规模也往往较大。与受自然环境限定的村落不同，琼北整饬型村落一般具有明显的规划意图，多表现为围绕水体、地形等自然要素或宗祠、村庙等人工要素呈单中心或多中心态势发展。这种形式类似于广府地区典型的梳式村落形态，反映出移民族群对其祖居地文化的传承。一般来说，琼北整饬型村落通常围绕"风水池"或"风水塘"展开；水体旁边设置开放场地（用于晾晒、集会、休闲等）；村落中往往设置有村庙、宗祠等代表礼制或信仰的功能性建筑；民居组团多顺应台地微丘，前低后高、缓坡布局；村落周边注重培植团绕的林带。民居院落前后对齐、建筑尺度和风格统一，总体格局主要以三合院或四合院为基本单元纵向连接，排列成行；两行建筑之间由村巷分隔，巷宽1.5米左右，称为"冷巷"。每行建筑横向为一户，纵向一般由三五户至十几户发展形成，每户在庭院开侧门，门外接巷道。若行列单元纵深过长，则会设置横巷连接东西两侧，辅助交通。由于这种布局形式组织合理，结构明确，能很好地适应本区域自然环境和移民群体的空间和心理需求，因而在琼北分布广泛。比较典型的有文昌的十八行村、澄迈的罗驿村、定安的高林村（图 5-25）等。

图 5-25 琼北村落典型的整饬型形态示例

（图片来源：作者自绘）

5.2.3 民居院落

村落的形成是时间和空间的积累，在村落漫长的历史发展中，民居的累积和发展是一个缓慢的过程，大量形态相似、风格统一的民居在村落景观的形成中起到了基调的作用，它的美学价值源自建筑的“总量效应”及其所附带的“文化信息”。此外，民居也是村落建筑的基本单元，村落中很多功能性建筑如宗祠、村庙、学馆等，基本都是由民居发展而来。琼北乡村的民居单元是在本区域独特的自然环境和人文氛围下形成的，体现出环境适应的乡土智慧，是构成其地域景观特征的核心要素。

5.2.3.1 建筑形态

琼北自古以来移民不断，其中尤以闽海和广府地区的移民居多。来自这些地区的移民带来祖居地的住居文化并在琼北落地生根，移民群体一方面会因为文化的惯性而在修建民居时模仿祖居地的建筑形态，另一方面又由于琼北乡村在自然地理、资源、经济条件等方面的限制而发展出与之相适应的建筑模式。在自然和文化的综合作用之下，琼北乡村社会逐渐产生了对其民居形态的基本认同，这种基本认同转译为空间形式就表现为琼北乡村民居的基本构型单元。

根据本研究的村落民居调查并结合相关资料发现，琼北传统村落的基本住居单元为硬山顶、三开间单层建筑，称“一明二暗”[①]（图 5-26）。三开间正屋明间为厅堂，两侧为起居室。当正屋进深较大时，正厅往往会以屋心墙分隔为前后两部分，前面的部分是空间较大的厅堂（厅堂方正、内距后墙两檩条处设神龛），后面的窄厅称为后轩；两侧的次间也通常被分隔成前后两间，形成正厅左右共 4 个房间，厅堂两边的为上房（供长辈使用），后轩两边的称后房（供晚辈使用），由于房的进深往往较大，采光较差，故有“亮厅暗房”之说。正屋屋顶四角筑有“云公”“龙翅”等（俗称柱头或翘头），有威慑妖魔、保佑平安等寓意。琼北民居建筑在空间上以“间”为基本单元组成“屋”，一般由三间、五间甚至七间构成一屋。房屋的面宽由屋顶瓦坑的数量决定，一瓦坑称为一“路”（约 25 厘米宽），明间一般有 13~17 路（面阔 3. 3~5. 7 米），次间为 11~15 路（面阔 2. 7~3. 9 米）。房屋进深则由桁数控制，一桁为一“架”，两架间距约 70 厘米，架数多为单数（七、九、十一等），总体进深约 6 米。房屋高度以脊桁上皮为准，一般净高 4 米左右，檐口高度一般为 2 米左右。建筑结构上较为灵活，主要为木结构穿斗式、抬梁式或是二者的结合，外墙多采用石墙或砖墙（图 5-27）。民居带廊称为“飘”，起遮风挡雨的作用，有无廊式、前廊式，也有前后廊式，主要以无廊及前廊为多。在建筑风貌方面，由于主要以琼北乡土材料构建，以青砖、火山石的青灰色系兼带梁柱、隔墙和大门等的原木色为主，总体上色彩原真、质朴稳重。

“一明二暗”基本单元平面图　　“一明二暗”基本单元正立面图

图 5-26　琼北传统民居基本单元

（图片来源：作者参考《海南近代民居——琼北分册》自绘）

总体来说，琼北地区的传统民居都由“一明二暗”三开间单层建筑衍变而来，但在实际建造中，由于经济水平、空间需求、材料技术等因素的影响与差异，各区域在建筑形制、建造材料上略有差异，表现出“同源共生、有机变化”的特点。其中主要有以东部文昌、琼海等地民居为代表的琼北砖木民居和在本岛北部、西北部的羊山、定安、临高、澄迈等火山岩地区，以火山岩石为建筑材料的琼北火山石民居（图 5-28）。

① “一明二暗”只有正堂和左右房，是建筑史上较早阶段的建筑类型，也是最基本的类型。《明会典》卷三载：“庶民所居房舍，不过三间五架”，指平面为一间正房、两间或四间边房，形成三开间或五开间。

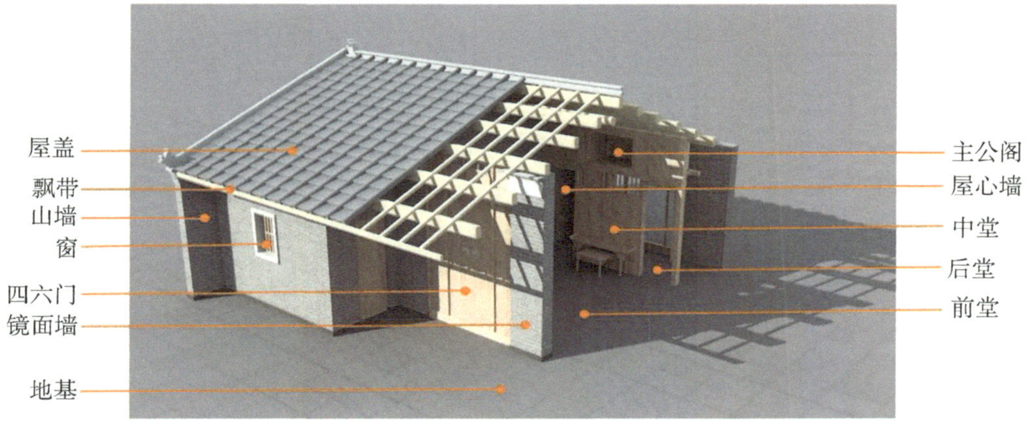

图 5-27 琼北传统民居单元构成分析
（图片来源：作者自绘）

图 5-28 琼北传统民居单元典型形态
（图片来源：作者拍摄）

5.2.3.2 院落组合

三合院是琼北传统民居最为普遍的形式，主要由中轴上的正屋、一侧（或两侧）的横屋、院门、庭院和院墙共同组成（图 5-29）。正屋是家庭活动的中心，横屋则作为补充住房、厨房、贮藏间等多功能用途。院门设置在院落正面或侧面，院门一般比厅门高，有些院门上会设置门楼。正屋前面的庭院俗称“前庭”，后面的庭院为“后院”，庭院的大小形态主要受用地条件影响，多进院落中的后庭往往较窄。

琼北地区的族群构成主要以广府系和闽海系移民为主，其院落空间形态亦表现出对两地院落空间形态的承袭和发展。受广府民居文化影响较深的区域，其院落构成往往表现为，在广府“三间两廊”基础上将正屋与两廊分开，将两廊向外布局的同时增加其间数形成短横屋，院门设施在一侧，表现为以正屋和两侧短横屋构成的中轴对称形式。受闽海民居影响较深的区域，其院落则在福建民居“四点金”的形式下保留三开间正屋，正屋居中，增加多开间从厝形成长横屋（单侧居多），院门设置在另一侧，表现为“对而不称”的布局。较为规整的布局中，护厝后墙与正屋山墙齐平。由于实际建造中受用地条件、空间需求或经济水平等多种因素的影响，护厝的位置和尺度也会有所调整，形成略为自由的布局形态。总体来说，琼北民居院落表现出琼北移民对祖居地住居

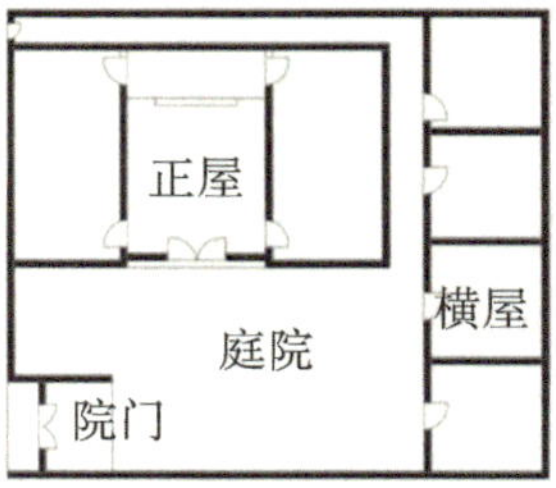

合院基本单元平面图

合院基本单元鸟瞰图

图 5-29　琼北传统民居典型合院单元分析

（图片来源：作者参考《海南近代民居——琼北分册》自绘）

文化的继承和发展，“对”反映出传统建筑礼制的影响，“不称”则反映出地域自然和人文环境影响下的变通性。

琼北地区的小型民居一般由一个院落单元形成独居院落，中型和大型民居则往往由几个甚至十几个院落组合构成（图 5-30）。院落组合方式既有以独院成簇的方式发展为集合式村落的，又有通过有意识的规划排布，以多进合院沿中轴纵向发展的方式发展为梳式格局的。较为典型的梳式布局如文昌的十八行村、定安的高林村、海口的道宗村等。

图 5-30　琼北传统民居典型合院单元构成要素分析

（图片来源：作者自绘）

5.2.4 公共建筑

在几乎所有的民族文化体系中，都倾向于宗教或文化建筑比一般的民居具有更突出的空间形态和环境影响力。在竖向空间上，公共建筑常常成为村落民居簇群中较为凸显的部分；在水平空间里，公共建筑较大的附属场地往往能够给紧凑的村落空间带来开合变化。琼北乡村地区自古以来受宗族礼制、神仙崇拜和耕读传家的观念影响，这些观念意识的影响反映在村落空间上，就体现为宗祠、村庙、学堂等功能性建筑的设置。

5.2.4.1 宗祠

琼北自古就是一个移民区域，来自岛外的移民往往需要借助宗族的势力互助发展。由于环境开拓的艰辛，宗族观念由此也体现得更为明显。宗族礼制的影响在村落空间上突出表现为宗祠的设置。在以血缘为脉络、聚族而居的琼北传统村落中，宗祠不仅是追本溯源、维系同宗、伦理教化的载体，常常也是乡村书院、宗族议事的场所。中国东南部的宗族文化兴盛，琼北亦不例外。自明朝开禁，民间准立宗祠以来，琼北村落中几乎每村都有宗祠的分布（表 5-1）。

表 5-1 《琼北地区不可移动文物名录节选——古建筑类》中的宗祠节选

名称	所在市（县、区）	所在村	年代	保护级别
许氏宗祠	海口市秀英区	东山镇大坡村	明	省级
邵氏宗祠	海口市龙华区	龙桥镇昌学村	清	
周氏宗祠	海口市龙华区	新坡镇文山村	明	
黄氏宗祠	海口市龙华区	遵谭镇儒禄村	宋、清	
陈氏宗祠	海口市琼山区	大坡镇亭竹村	清	
卢氏宗祠	海口市琼山区	旧州镇洪列村	清	
胡氏宗祠	海口市琼山区	龙塘镇玉璜村	明	
丁氏宗祠	海口市琼山区	云龙镇道让村	清	
曾氏宗祠	海口市美兰区	桂林洋农场迈德村	清	省级
外翰第民居祠堂	儋州市	峨蔓镇兴旺村	民国	
余氏宗祠	儋州市	木棠镇大坊村	清	
许氏宗祠	文昌市	文城镇大观村	清	
张氏宗祠	定安县	龙湖镇高林村	清	
莫氏宗祠	定安县	定城镇莫村	清	省级
胡氏宗祠	定安县	雷鸣镇仙坡村	清	
冯氏大宗祠	定安县	岭口镇九锡山村	清	

（续表）

名称	所在市（县、区）	所在村	年代	保护级别
吴氏宗祠	定安县	龙河镇龙塘东村	明	
符氏宗祠	定安县	定城镇美玉村	清	
孙氏宗祠	定安县	定城镇多校村	清	
王氏宗祠	屯昌县	西昌镇仁教大坡村	清	
洪戴公祠	屯昌县	新兴镇	清	
徽祥公祠	屯昌县	新兴镇	清	
李氏宗祠	澄迈县	老城镇罗驿村	清	省级
冯公祠	澄迈县	老城镇石石矍村	明	省级
冯林文公祠	澄迈县	老城镇石联村	明	县级
李氏宗祠	澄迈县	老城镇罗驿村	清	
王氏宗祠	澄迈县	金江镇大美村	明	县级
王氏宗祠	临高县	波莲镇美国村	明	
王氏宗祠	临高县	波莲镇美珠村	明	
王氏宗祠	临高县	皇桐镇居仁村	清	

琼北村落一般有单姓和多姓村落两种类型。“无异姓掺入”的单姓村落，全村只有一个姓，常归源于一个始祖，因此常设一个主祠。随着族众繁衍，人口稠密而用地不足的情况出现后，族人就会另择地点、按照房系另行建设，这时就要建支祠。较为典型的如海口的文山村，在周氏宗祠之外，还有勃、悦、仪、以豪、伯通五大分支的支祠，支祠以下有各房派的小宗祠“众厅”，形成了一个庞大的宗祠体系。在多姓村落中，往往各姓皆有宗祠，也出现多宗祠现象。较为典型的如海口的新潭村，建村600余年，村民主要由王、陈、周姓组成，村中分布有王氏宗祠、陈氏宗祠和周氏宗祠。村附近有海南王姓始祖王居正墓，海南各地王姓子孙每年清明节都要来祭祀先人，周姓、陈姓宗祠每年也定期举行祭祀活动。除了祭拜祖祠之外，宗族活动还有抬公游、演公戏、食公期等活动，宗祠附属的场地则成为这种族群公共活动最重要的场地。

宗祠是村落中祭祀建筑的代表，相对于民居而言其体量一般较大，往往布局规整对称，强调轴线关系，相对色彩出挑并且注重建筑装饰。简单的宗祠与民居形近，为“一明二暗三开间”式样。复杂的宗祠一般较为规制，往往是多进院落，中轴布局，前低后高，由外向内渐次递进①。第一进为门厅，第二进为正厅，规模较大的宗祠其正厅一般是五间或七间，第三进是后寝，供宗族子孙停放棺木和先祖灵牌。海南乡村流行琼剧，宗祠周边往往设置戏台及观看的场地，场地绿化往往栽植荔枝、龙眼、菠萝蜜之类多子的果树，意喻多子多福、宗族昌盛。

5.2.4.2 村庙

琼北地区的传统村庙主要分两类：一种是几乎所有村落都有的土地庙，另一种则是村神庙（表5-2）。

表5-2 《琼北地区不可移动文物名录节选——古建筑类》中的村庙节选

名称	所在县	所在村	年代	保护级别
冼夫人庙	定安县	定城镇潭榄村	清	省级
土地庙	定安县	黄竹镇杨亨村	清	县级
土地庙	定安县	雷鸣镇常头村	民国	县级
夏阳候庙	澄迈县	老城镇石矍村	清	县级
新盈高山庙	临高县	新盈镇和贵村	清	县级
五员庙	临高县	新盈镇头咀村	清	县级
陈杨庙	临高县	新盈镇安全村	清	县级
陈杨庙	临高县	新盈镇新盈村	清	县级
忠显王庙	临高县	新盈镇昆社村	清	县级
居仁孔庙	临高县	皇桐镇居仁村	清	县级
冼太夫人庙	临高县	皇桐镇富理村	民国	县级
临高文庙	临高县	临城镇高山岭	明	县级
美珠孔庙	临高县	波莲镇美珠村	清	县级
冼夫人庙	澄迈县	永发镇新吴村	清	县级
灵山庙	澄迈县	老城镇大场村	清	县级
居丁冼太夫人庙	定安县	龙湖镇居心墟	清	县级
桐树庙	定安县	龙湖镇桐树村	清	县级
土神庙	定安县	岭口镇皇坡村	元	县级
三圣庙	定安县	岭口镇岭口墟	明	县级
田昆庙	定安县	龙河镇龙介村	清	县级

① 《鲁班经》对宗祠形制的描述为："凡造祠宇为家之庙，前三门，次东西走马廊（即廊庑），又次之大所，此之后明楼、茶亭，亭之后即寝堂。"受资金、用地和材料等综合因素影响，琼北村落中的宗祠往往并不严格按此形制建造，简单的甚至就是三开间正屋一座，体现出琼北村落营造中因地制宜、不拘礼法的自由。

（续表）

名称	所在县	所在村	年代	保护级别
南引庙	定安县	龙河镇龙介村	清	县级
邓公庙	定安县	龙河镇平塘村	清	县级
升堂庙	定安县	龙河镇安良村	清	县级

土地庙常位于村口、井庭及风水树的周边，一般坐北朝南，形制较小，内置小型塑像和牌位，有的甚至只是一龛。村神庙则与宗祠体量相似，由于琼北地区民间信仰的泛化，村神庙供奉的有冼夫人、妈祖、关帝庙、城隍土地、前代先贤、风雷雨电的自然神等多种类型的神灵。其中，冼夫人为海南民族融合作出了巨大贡献①，深受海南汉族和黎族人民敬重，逐步发展为信仰冼夫人的人神崇拜，琼北乡村有大量冼庙②存在。

由于村庙的建设需要大量费用，因此，与宗祠在琼北乡村的建设情况类似，形制简单的村庙常常仅为三开间的一座正屋，而复杂的村庙则往往为多进院落。村庙建筑以抬梁式为主、体量较大，建筑色彩往往与普通民居亦有较大差异。与宗祠类似，琼北的村庙也常常与戏台结合，庙门一般与戏台隔广场相对，场地两侧种植榕树、雨树、榄仁树等遮荫乔木。海口桂林洋迈德村的村庙设置于村落入口附近，并与村内曾氏宗祠和开放场地结合，成为村落的精神核心和公共活动中心。海口三卿村的村庙建设于清代，与戏台和村内公共空间结合，设置于村门附近，成为村落公共活动的中心。

5.2.4.3 村门

村落的入口主要分为有形和无形两类，村门是村落入口空间中核心的公共建筑，有界定及标识领域的重要作用。由于琼北地区各村落在经济条件、文化需求、材料技术等方面的差异，村门的形式也较为多元（图5-31）。

阁楼式村门类似于民居的入口门楼，门上设小阁楼，底木顶瓦。面积3~5米^2，可容纳2人左右，可供行人遮风避雨，也便于过去的放哨和打更使用。此类村门往往在阁楼上镶刻石碑、书写文字，起到宣教思想或抒发祝福之类的作用。有的村门周边还会设置神龛，供奉土地神像。较为典型的如海口永兴镇的美梅村、博学村，石山镇的荣堂村等。城楼式村门，此类村门风格类似传统城楼的城门，根据门洞数量的不同，有单门和三门之分。单门如海口新坡镇博泰村村门、定安县春内村的“进士第”门；三孔门一般是一正二副的格局，如永兴镇黄理村“文魁门”，遵谭镇儒钟村的“勤俭孝友”门

① 冼夫人即冼珍（518—601年），历经梁、陈、隋三朝，统治广西、广东、海南及部分东南亚地区。据明正德《琼台志》记载，冯冼氏族运用力量和影响，降服诸越，统一岭南，并在汉代废除的儋耳郡基础上，“请命于朝”，在海南岛设置崖州。冼夫人一生致力于促进民族团结、维护国家统一，先后被七朝君王敕封，尊为岭南“圣母”，在海南岛享有极高的声望。

② 根据周伟民先生在《海南通史》中的论述，海南岛有262座冼夫人庙，覆盖村庄2 000多个，人口占全岛居民半数以上，以汉族居绝大多数，涉及黎、苗族。每座冼庙覆盖的村庄，少则两三个村，大多是二三十个村，甚至有八九十个村，有的跨越两三个乡镇，有的还跨越县、市，统辖上千或上万人口。

图 5-31 琼北传统村落村门形式

（图片来源：作者拍摄）

等。坊式村门，把村门与牌坊融合一体，既有入口的功能又有牌坊的作用。较为典型的如永兴镇儒本村的“良贵坊门”、黄理村的“文魁坊门”和石山镇美玉村的“文富坊门”等。海口的道贡村，村门在光绪年间修筑，由大的火山石砌块垒砌而成，形态古朴庄严，正面门匾刻“美材毓秀”，大门反面门匾刻“青云得路”四个大字，既赞美了村落的秀丽景观又寄托了村人一切顺遂的美好愿望。

5.2.4.4 牌坊

作为古代宣扬礼制的建筑之一，牌坊在琼北乡村有大量遗存。琼北的牌坊以明清时期石制牌坊居多，主要用以旌表廉吏、取仕、孝义等，分为墓坊、功名坊、贞洁坊等。牌坊形制简洁，往往以简化的斗拱装配式建造，以两柱单门、四柱三门较为普遍，两边配置斜柱或抱鼓石加强稳定性，以抵御台风和地震的威胁。较有代表性的如海口文山村先后竖立的毓秀坊、折桂坊、拔尤坊、登俊坊、登科坊、光裕坊、文魁坊、礼魁坊等14座牌坊，罗驿村的步蟾坊、文奎坊和节孝坊等，反映出传统文化对村落公共建筑的影响（图5-32）。

多文岭节孝坊

定安太史坊

演青村发祥坊

文山村礼魁坊

图5-32 琼北村落中的牌坊

（图片来源：作者自绘）

5.2.4.5 路亭

海南岛气候炎热多雨，琼北乡村的道路及村口常设路亭供人遮阳避雨。路亭一般较为简单朴实，从形式上看主要有正方形、长方形、圆形，多以开敞式的平顶、硬山顶为主，亭中设石质桌椅供人使用，亭周围种植乔木遮荫。路亭也叫约亭，它的另一个功能是乡村讲劝礼让的地方。较为典型的如琼山的丁村约亭，村里如有人发生矛盾，就由村里的老者召集双方至此商议解决。约亭里往往还设置有约法三章，告诫村民和睦相处，不要违规违法，体现了琼北乡村的自治传统。

5.2.4.6 其他

琼北乡村地区的塔主要有灯塔、佛塔、风水塔①、敬字塔以及墓塔五类。塔的造型

① 明代中期，伴随着风水学说的盛行，以文峰塔为名的风水塔在全国盛行。文峰塔寓意地方“兴文运、昌科举”。在琼北乡村也多有建设，较有代表的如海口明昌塔和府城的文峰塔。

主要是对传统建筑的模仿，同时也吸收了佛教文化（塔刹主要呈现宝珠型）和道教文化（八角形的造型可能来自八卦）等元素，大致有阁楼式、密檐式、金刚宝座式几类，材料以石材和砖材为主。

出于对外防御的需要，琼北村落中往往还设置有碉楼、村墙（图 5-33 和图 5-34）等公共建筑。较有代表性的如海口美社村的福兴碉楼，楼高 18.6 米，共 6 层，由玄武岩筑造，在村落防御中起到了重要作用。海口三卿村的安华楼，共 3 层，均用火山岩垒筑，与村门和村墙结合，是村落重要的防御要素。定安翰林镇的旧市城村，村庄历史 300 余年，清朝末年修筑的环村村墙高约 2 米、长 200 多米，村墙上设置有防御功能的枪眼。海口美孝村的村墙，由大大小小的火山石干垒而成，全长 1 780 米，最高处达 6 米，宽 2 米左右，在历史上起到了很好的防御作用。

图 5-33　海口三卿村村墙
（图片来源：作者拍摄）

图 5-34　海口儒宗村村墙
（图片来源：作者拍摄）

5.2.5　开放空间

琼北村落中的开放空间主要分为有意识设计和无意识设计两种形态。与城市中较多由规划设计控制引导的开放空间相比，村落中的空间场所生成较为随机，形态也更为自由。村落中的开放空间是村民公共活动和信息交流的场所，主要由民居院落、公共场地、道路空间和滨水空间构成。由于位置上距离民居较近，便于到达和利用，加之乡村社会紧密的人际交流，使得村落开放空间的使用率相对较高。此外，村落开放空间往往有复合的功能性，这些空间一方面作为村落中日常使用的场地，另一方面它往往又是众多仪式活动的空间载体，成为村落成员信仰和情感的寓所，从而具有了持久的景观魅力。

5.2.5.1　院落空间

院落是居住空间与公共空间的过渡空间，居民许多室外活动都在院落中进行。琼北民居的院落空间大致分为开放、半开放和闭合式三种形式。

开放式的院落指在一定范围内院落与外部空间基本上是开放的。它的主要特征是通过建筑周围的开放空间来弥补建筑内部空间的不足。这是在生产水平较低、防卫能力有限情况下的一种最简便可行的措施。对于主要依赖血缘关系聚居在一起的人们来说，这种空间形态更便于村民的交往。开放式的院落形式多见于琼西北地区的儋州排屋。

琼北乡村半开放式院落主要常见于丘陵低山地区的村落，如海口石山镇众多的火山石村就有大量采用火山石砌筑矮墙的方式形成的院落。在这部分民居中，正屋分隔出前庭和后院，前院用于活动、绿化或储水，后院设厨、卫、牲畜棚等。院落功能复合，农忙时可用来晾晒粮食，平时则可供家庭室外休闲使用。与开放式院落相比，半开放式的院落意味着空间的私密性得到了加强。

闭合式院落在琼北平原地区的传统村落较为常见。闭合式院落主要由正屋、横屋和高大的院墙围合而成，成为民居院落内部的开放空间。多进式的琼北梳式格局民居，往往由多个前后贯通的闭合式院落构成，居民的各项活动不限于一栋房屋中，而是在几栋房屋中展开，而院落更是各项活动的中枢，成为整个领域的核心。

5.2.5.2 公共场地

村落公共场地主要指村落空间体系中民居院落和道路之外的空间。这部分公共场地主要分为无意识生成和有意识营造两类。在无意识生成的部分，民居院落间的剩余空间、过渡空间、缝隙空间等都可能成为公共交往的场地，例如，一块民居间的空地、几块适合休息的石头甚至一片林荫。由于这部分场地的空间形态较为自由，空间的生成也有一定的随机性，在此不做深入分析，只针对有意识设计的公共场地进行研究。

琼北村落中有意识设计的公共场地主要包括宗祠、村庙的附属场地、禾坪（晒坝）等空间，随着乡村社会的发展，又逐步加入了村委会附属场地、村民休闲广场、健身场地、商业场地等。由于乡村建设往往较为讲求实际，因此其村落公共场地的空间形态往往较为自由。琼北村落中的宗祠、村庙前常会有意识地设置一块空地，并结合院墙、影壁等元素限定其空间边界（图 5-35）。这类场地在平面形制上往往较为规整，

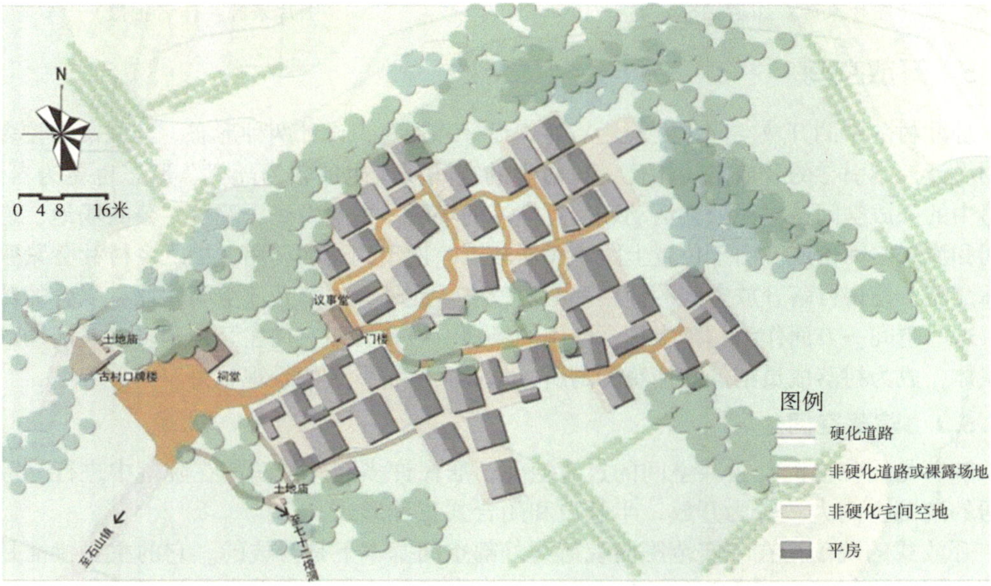

图 5-35 以村落入口和宗祠为核心的美社村公共休闲场地

（图片来源：作者自绘）

在功能上带有一定的复合性特征。一方面可以强化公共建筑的入口空间，另一方面也便于祭祀、节庆等较大型的公共活动时人群的集散，有一些还能在平时充当收集、晾晒、休闲等场所。较为典型的如澄迈的罗驿村，村内的李氏宗祠外墙内收，与影壁、院墙围合形成内八字形开放场地，石狮、石鼓强化入口的中轴，草坪和狐尾椰结合的绿化简洁大气。每年李氏家族的祭祀庆典均在此进行，平时也可兼做村落中的集会、休闲场地。在祭祀建筑的附属场地之外，禾坪（晒坝）往往也是琼北村落中重要的开放空间，具有晾晒谷物、休闲活动等功能。

总体来看，由于乡村生产、生活空间往往是叠加的，因此村落中的开放场地在功能上往往也具有复合特征。不同季节、不同时间的同一块场地往往承担着不同的功能，比如村落中的广场、禾坪（晒场）等，不仅可以满足公共活动的需求，同时也为生产所用，宗祠庙宇前的场地常常既是仪式性的空间又是节庆里的村落公共活动的场所。

5.2.5.3 道路空间

道路是乡村的脉络，其功能主要是串联空间要素，使其成为联系紧密的体系。除了交通功能，村落中的道路往往还是重要的人际交往空间和日常生活空间，道路转折处、交汇处或局部膨大的区域容易形成充满活力的公共活动场地。此外，在一些以商业为主的村落，道路往往还是重要的商贸空间。琼北村落中的道路形态主要受村落空间格局影响，可分为两种类型：一种是相对灵活的自由形态，另一种是较为规整、结构清晰的网状形态。

自由型村道在散点型、线型村落和树型村落中居多。如澄迈的龙吉村，道路沿火山岩向坡地发展，各条支路则由主路两侧衍生而出联系里巷，进而形成整个村落自由有序的"树状"空间格局（图 5-36，图 5-37）。村内街巷灵活自由，道路空间曲折变化，人在其中穿行往往并不是一览无余的，而是包含了对景、借景、障景和框景等手段形成的多重空间转换。《园冶》中有"不妨偏径，顿置婉转""随形而弯，依势而曲"的论述，自由型的村道既适应了丘陵地区的地理环境，又带来了空间和景观的变化。发源于宋代的海口荣堂村，村中道路均为火山熔岩流自然冷却形成，顺应地形地势，自然起伏、弯曲辗转，形成的巷道四通八达，外来者很容易迷失方向，从而达到内部防御目的。

图 5-36 龙吉村路网结构图

（图片来源：引自《海南火山石传统村落》）

图 5-37 龙吉村道路空间

（图片来源：作者拍摄）

较为规则的村道在梳式村落为代表的整饬型村落中居多，突出表现为清晰的路网结构。规则式道路格局主要以分隔每“行”的纵向巷道为主，每隔一定距离设置横向巷道，每户院门可直接通往村道，也可以通过某些过渡空间与巷道连接，形成“井字形”网格状的村巷格局。此类村落中巷道主要由院墙和民居山墙间的留白自然形成。由于建设用地的限制、安全防御的需要以及人居环境中小气候的调节等诸多原因，巷道的宽度往往较窄，一般宽约 1.5 米，由于建筑山墙高在 3 米，宽高比 D/H 在 0.3~0.8。狭窄的宽高比十分有利于山墙间的相互遮阳，再加上横平竖直、前后贯通的网格状道路体系通风良好，因此形成了非常适应炎热气候的梳式“冷巷”（图 5-38，图 5-39）。在对空间的感知上，巷道两侧的建筑虽然贴近，但 3 米左右的高度并不高耸，因而形成的空间也不显得压迫。村道与院门交汇处形成空间的缓冲，使得紧凑的空间得到了舒缓。

图 5-38　石矍村路网结构

（图片来源：引自《海南火山石传统村落》）

图 5-39　石矍村道路空间

（图片来源：作者拍摄）

在材料上，由于经济水平的限制，琼北传统乡村道路的铺装材料一般就地取材，工艺简单。石材铺装以青石、火山石、麻石、卵石为主，砌法有乱石砌、工字砌和平砌等。石材铺地之外也有素土夯实，长年累月踩踏而成，极富乡土景观特色。

5.2.5.4　滨水空间

水是乡村生产生活的命脉，关系到村落的发展。基于农业灌溉、生活、消防及排污等需要而产生的村落理水设施（塘池、井台或水渠等）是乡村人居空间营造中重要的一环（图 5-40）。受热带气候环境的影响，开放水体因可以改善村落的微气候而广受欢迎，水体的周边则成为村落中滨水活动场地。

村落中塘池的设置往往有益于在紧凑的空间中形成局部开阔的区域，对生产生活用水、娱乐休憩、精神寄托、气候调节和空间美学的营造等都有很大的益处。塘池一般位于村落最低处，常常与亲水场地、滨水绿化和公共建筑结合形成功能复合的滨水空间。在过去，基础设施的营造往往需要乡村居民进行群体合作才能完成，落后的技术水平和薄弱的经济基础使得琼北村落中水体的经营往往以功能实用为主，因塘池的建设需要耗费大量人力财力，因而琼北村落中的塘池在形态上往往不刻意追求造型的规制，多为因势利导进行建设，总体上不似广府传统村落中的“半月塘”那么规制，但仍然具有较

图 5-40　琼北村落中典型的水体形态
（图片来源：作者拍摄）

强的实用功能和较高的空间美学特质。塘池营造上运用象征手法较为常见①。例如，大美村村前的塘池被营造为新月形状，象征村落如新月升起，未来还有更大的发展。罗驿村内的风水塘被修建为近似圆形和弯月的形态，取名为“日池”和“月池”，象征着村落与“日月同辉”，发展长久。此外，定安九锡山村的月湾塘和日井、道吉村的龙池，等等，也都反映了这种以象达意的景观现象。水塘边上的滨水场地沿水体展开，场地上培植椰树、榕树、柳树等构成绿植遮荫体系，林下设置景亭、桌凳、石床等休息设施，很多都成为村落中的八景之一。

“九夫为井，四井为邑”，在水井出现之前，人类逐水而居，只能生活于有地表水的地方（如塘池）。水井的出现使得地下水的利用成为可能，特别是在琼北火山岩分布广泛的丘陵地区，水井的开凿使得琼北先民的垦拓范围得以扩大。由于过去的乡村生活用水必须到井池提水，且井台周边温度凉爽，因此井台往往成为传统村落中使用频率最高，也是最受欢迎的活动和交往空间之一。琼北乡村的古井多是公井，往往为村民共建公用，投入的人力物力较大，井的尺度形制往往较大，对凿井技术要求也较高。从台地平原到丘陵低山，由于地形地貌的不同和地下水位的差异等原因，琼北乡村的井台尺度逐渐变小，井区下沉的深度则越来越大。平原地区的地下水位较高，分布也较为平均，因此平原村落中的古井常被设置于交通便捷的地方，且多为单眼井。井眼较大，周边井台较宽，便于多人同时进行取水、浣洗等活动，有些还会在井台周边砌石墙、并设置供奉水神的神龛。较有代表性的如海口桂林洋博抚村的博井，井圈呈圆形，由整块火山石

① 中华传统文化中存在着广泛的符号象征现象。琼北乡村景观中，也有大量基于象征手法的文化与空间同构现象，用以传达某些文化信息。

凿出；井底泥沙松软，井口较大，为防止塌陷，设置数根井梁支撑在井的下部；井庭呈八卦形，下沉式的井区围栏不高，围栏壁上设置井龛一座，供奉井神；距古井几米处，设置石盆，供村民洗衣洗菜。有条件的琼北平原村落会在村内不同区域凿多口井，如海口文山八景中的“五井饮和”就是指文山村内的甘泉井、玉露清凉井等五口井。琼北丘陵低山地区地下水位较低，因此这些地区村落中的古井较深、水位较低，井口、井台空间也往往较小，往往需要采用吊桶取水的方式，从使用安全的角度考虑则普遍为多眼井的形式。井眼小而多，既方便多人同时使用，又能防止人不慎滑入。这一地区有条件的村落会在村落中低处和高处分别建造水井。较为典型的如定安高林村的“日”“月”二井，分别为圆形和半圆形的两口取水井，位于村落不同高程，分别用于日常饮用和浣洗灌溉，日、月二井传达了“日月同辉、文脉绵长”的寓意，反映出人工营造中的祈福纳吉思想。

5.2.6 植被绿化

德国人类学家史图博在1931年和1932年两次深入海南岛，进行了大量实地田野调查和采访。琼北村落给他的印象是“村落往往被密林遮蔽，以致于从外面几乎看不见。人们大可以从有树林、椰林、槟榔林或是竹林等林盘的地方推测村落的存在”（张学玲等，2017），从史图博的描述中可以看出，植物元素在琼北村落景感体系的构成中起到了重要作用。植物有遮阳防风、食用药用和安全防卫等功能，也有柔化空间形态、丰富空间色彩的作用，亦有调化风水、避灾祈福等附加的文化寓意①，多重因素影响之下，亲近自然、重视绿化的意识在琼北乡村深入人心。

琼北村落周边的绿化在平面结构上主要有环形林带和半环林带两类，这种林带也常被视为村落的风水林。村落周边林带在琼北台地平原地区的村落中大量存在，可能是因为平原地势平坦，村落周围无高山环抱，因此无法形成理想风水概念中的祖山、砂山环抱态势，转而以密闭的风水林作为围合空间的要素以弥补视觉和心理的缺陷。此外，密闭的林带也有防风固土的功能，适合于琼北平原多台风侵扰的自然环境。半环林带空间构成原理与环形林带类似，不完全围合主要因为有更重要的因素对林带产生影响，比如村落需要面水、面田、面路等。海口的雅林村等南渡江沿岸一些村落就表现为典型的“面田靠林”，林地半围合的空间模式。在垂直结构上，琼北村落周边的风水林植物群落分层现象明显，乔木、灌木和草本层种群组成复杂，各层次之间相互渗透、镶嵌分布。高大的阔叶林和灌木林形成密闭的植物群落，中间还夹杂着椰子、槟榔等植物，林地之内板根、茎花、附生等植物现象热带特色鲜明。远望村落如同田洋中的“绿岛”，近观则见林荫连绵之下屋檐隐现，体现出一种隐逸内敛的形态特征。总之，琼北村落周边的林地既是村落的空间边界，起到抵御风雨、防风固土、调节湿度、营造舒适微气候的功能，同时，也形成了村落绿林阴翳、鸟语花香的生态环境，在村落景感体系的构成

---

① 海南岛流行“万物有灵”的自然观：比如黎族认为各种树木，甚至种植的果树，都有灵魂攀附，因此对其必须抱以敬畏之心；汉族信奉“树盛则人盛，树衰则人衰”的理念，把树木的繁盛与村落的命脉联系在一起。

上发挥了重要的作用。

琼北乡村的村内绿化主要有遮荫、防风、观赏、生产和分隔空间等作用。由于村落中的建设用地一般都相对紧凑，因此，能在村落中长期保留下来的植物除了植物本身耐活易种之外，往往还有经济生产、绿化观赏、食用药用、安全防卫或文化含义等多种功能价值。村内主要绿化区域一般位于村落公共空间、道路两侧以及民居外围和庭院。受建设用地限制及对台风影响的规避，村内绿化以三两散植为主（防止树木倾倒破坏建筑），空间较为清爽利落。村口是村落边界重要的景观节点，兼具休憩、标识和展示的作用。琼北村落在村口绿化上特别重视乔木的设置，树形挺拔、遮荫良好的榕树类常作为风水树出现在村落入口空间（也可以理解为承载信仰、祈求佑护的“古树崇拜”）。粉单竹、刺竹、风尾竹、薜荔、露兜等可形成浓密的植物藩篱环绕，往往用于界定边界、安全防卫以及圈禁牲畜等功能。在村落内部，大叶榄仁、印度紫檀、盆架子、花梨、木姜子、木棉等高大乔木因其良好的遮荫效果或珍贵的木材价值被广泛栽植；椰子、槟榔、酸豆、木瓜、荔枝、黄皮、橄榄之类的植物既能遮荫又能产果，因而常被有意引种；九里香、栀子、桂花、鸡蛋花有香味，长春花、炮仗花、朱蕉等有较好的观赏价值，因而也都较为常见；为了治疗简单的疾病而引种的药用植物也在村落绿植中有所体现，如巴戟、益智、鸡血藤等。除绿化植被外，豇豆、生姜、南瓜、木薯等瓜果蔬菜在房前屋后、宅间园地、庭院菜圃中也普遍种植，这不仅方便了平时生活的取食，又形成了富有乡村特色的作物景观。

5.3 琼北乡村景观微观单元的空间模式

琼北地区的汉族主要来自闽、粤两地，受岭南文化影响较深，反映到乡村景观上亦表现出某些相似的形态特征。首先，琼北传统村落在空间布局上体现出类“梳式”的较为明显的秩序性，总体上呈现出“平地置田、坡地建村、前塘后山、林地团绕”的空间模式；其次，民居单元以规整、围合为特点，往往采用多进院落组合，以行列方式形成“梳式布局”，注重宗祠、村庙在村落空间中的核心地位，但具体选址较为自由；最后，由于台风肆虐，雨水较多，所以也非常重视防风林和水塘的设置（民间常常视为风水林和风水塘）。其中，宗祠、庙宇、村（寨）门、戏台等与周边场地结合，成为村落中重要的仪式性空间，起到寄托信仰、凝聚族群、统领空间等作用；塘池、井台、公共活动场地及村落周边林地则是村落中重要的功能性空间，在水源供给、作物晾晒和安全防御等方面起到作用。总体来说，琼北乡村景观微观单元的空间表象之下，体现出对本区域独特的自然环境和人文环境的适应性。

5.4 琼北乡村景观微观单元的对比研究

5.4.1 与移民祖居地区比较

生物区别于非生物的重要标志在于是否具有遗传性，即能否把上一代的信息传递到下一代。移民而来的琼北先民带着原乡的生产经验、生活技能和文化观念，首先选择的往往就是与原乡类似的环境生产生活，所营造的也是其文化观念中既有的空间形态，这种形态就是其人居文化的原型。对于乡村人居环境的营造而言，族群的人居营建经验、空间使用习惯以及空间审美偏好，通过潜移默化的观念意识代代传续，最终形成稳定的地域风格。从整体范围来看，琼北与广府地区和闽东南地区文化关联紧密，因而人居环境经营上也多有承袭。

琼北地区自古多福建和广东移民。琼北通行最广的汉语方言是“琼文话”（又称海南话），“琼文话”在语言学上属于“闽方言”，足见其影响之深。历史上，“八山一水一分田”的福建较早感受到了人口的压力，所谓“闽地褊，不足以衣食之也，于是散而四方”。福建东南沿海地区的漳州、莆田和泉州等地自古人口稠密，耕地较少，善用舟楫从事海路和产业的开拓。自宋代起，该地区人口不断外迁，起初主要迁徙至广东的潮汕地区。随着潮汕人口的增多，闽人后裔又再次迁徙至与潮汕有着相似滨海环境的雷琼地区（即今天的雷州半岛和海南岛沿海地区）。广东的广府地区主要位于珠江流域，历史上开发较晚。宋代早期，珠江流域开垦的土地只占全国的 0.68%，人口只有全国人口总数的 4.8%，地广人稀的现象非常突出。因此，与自古“土地迫狭，生籍繁夥”的福建相比，其人口密度小，移民意愿也小。待到珠江流域开发完成的明清时代，福建移民在海南东部和北部已经落地生根，这部分来自广州府的移民大部分只能进入海南西部及西南部（今儋州）。此外，还有部分在乾隆十八年（1753 年）清政府颁发《敕开垦琼州荒地》令之后，由广东逐渐迁入的客家系移民，也主要分布在今天儋州西部的山地地区。

迁入琼北的闽、粤移民承袭了原居地的生产生活方式，往往偏向于选择与原居地类似的自然环境并营造类似的人居空间。因此，受文化环境的影响，琼北乡村景观微观单元也与闽东南及广府地区有一定的相似性。但是，在自然环境和基础资源方面三地又有一定的差异，进而使得其乡村景观微观单元的不同。从纬度和气候来看，闽东南地区和广府地区主要处于南亚热带，而琼北则属于边缘热带，平均年气温远高于两者，平均年降水量也更大，地域气候总体上较前两者更为炎热潮湿。此外，琼北多台风，因此琼北乡村的人居环境建设除了考虑对炎热气候的适应之外，还需要更多地注意防风的措施。从土地资源来看。闽东南丘陵低山多、平地略少，农业作物主要以龙眼、荔枝、柑橘等果树，蔬菜，茶叶和烟草为主，水稻种植比较分散且面积也较小。广府地区主要作物为水稻、甘蔗和花生；经济作物以蔬菜、蚕桑、荔枝、柑橘等为主，桑基鱼塘自明末清初就已兴盛。琼北地区则以水稻田洋为主要的作物景观，荔枝、龙眼、蔬菜以及椰子和槟榔为地域特色。从地形地貌来看，闽东南地区地势从西北向东南逐渐倾斜，本区域以丘陵山地居多，乡村聚落主要分布于地狭人稠的平原和台地之中；广府传统村落主要聚集在台地平原与河流冲积平原之上；琼北地貌则呈现出南高北低，由低山丘陵自南至北发展为台地平原的特征，琼北传统村落也以台地平原地区最为密集。综合三个地区的地形地貌特征，低海拔的平原地区宜耕宜居，在这一区域集中了大量的传统村落。

在村落形态上，琼北传统村落也有其独特的地域特点。闽东南传统村落一般以“网”状结构为主，民居院落由三合院（爬狮）及四合院（四点金）为基本单元灵活组合而成，村落往往规模较大，总体格局规制，注重宗祠的核心地位，偏好风水上的选址及空间营建。此外，由于闽东南地区自古“地狭人稠”，由土地争端引起的宗族斗争较为激烈，且临海地区也常有海盗等匪患威胁，因此本区域的传统村落往往布局紧凑，注重防御。广府传统村落则以“梳式”结构为主，表现为重视村前风水塘和村后风水林的设置，同样重视以宗祠为核心要素控制村落空间格局。民居布局以“三间两廊”为基本单元组合成合院，且朝向统一，表现出明显的人为规划和空间秩序。由于受移民族群祖居地文化的影响，琼北传统村落多少都带有闽海系和广府系两地传统村落和民居的影子，又由于其地域环境的特点，而略有差异。一方面，在空间格局上，琼北传统村落表现为重视宗祠、村庙、水塘和公共场地的设置；在院落组合上由宗族内部“均平共生”关系所影响而形成“行列合院”；基于热带气候适应的需要而注重“梳式冷巷”的设置，院落朝冷巷一侧开门；基于气候因素改天井为庭院，并形成多进式合院。即使发展到近现代的“南洋风”民居和现代楼居时代，虽然建筑形态发生了变化，但琼北传统村落的梳式格局仍然得到了保留和延续，足见传统文化和空间模式对琼北乡村的影响之深远。此外，琼北乡村常常采用的石墙围合全村的做法与福建等地的围屋也有着相通的原理，利用地方石材打造而成的人工屏障，将潜在的自然和人为威胁隔离在外，这使得琼北村落得以保持相对独立完整的形态。另一方面，在空间的传承之外，相比闽东南和广府传统村落而言，琼北传统村落也体现出更多的地域特性：首先表现为村落空间规模略小，布局相对自由松散，重视村落中的自然要素，空间的防御性较前二者略弱。祠堂、村庙等人文要素并不一定要作为村落空间组织的布局核心，取而代之的常常是以水塘、田地等自然要素，水塘的形态也不似前两者村落中那样讲究规制。村落周边的林地被作为风水林，特别强调村落周边林带的围合。

琼北民居在空间组合上，强调建筑单元空间布局的规整、对称以及围合，往往由“一明二暗”的基本单元组合形成小院，若干个小院再组织成排列规整的建筑群落，讲究轴向对称。从其基本的平面布局中可以看到，琼北民居带有广东潮汕民居“四点金”和广府民居“三间两廊”“三座落”等正屋中轴对称、厅堂居中、辅助型房间左右围合或依附于主体建筑的特征。此外，琼北民居在横屋的形制上，一方面分别受闽东南民居中“从厝”的影响而形成正屋一侧的“长横屋”，以及借鉴了广府民居“三间两廊”形式，发展而来的正屋两侧设置短横屋这两种形式，反映了琼北汉族移民对其祖居地建筑文化的承袭和发展。另一方面，受琼北地区独特的自然地理、经济社会和人文环境的影响，在祖居地的空间原型的基础上进行了相应的调整，这也使得琼北民居表现出与祖居地民居和而不同的特征。由于长期以来受琼北地区乡村经济和技术水平的限制，琼北民居单元建筑尺度普遍较小，插梁式和硬山承檩等建构方式相比于移民祖居地的民居构建也是一种简化；主体建筑面阔较广府和闽东南等地民居略窄，开间数也较少。在以小家庭为主的琼北民居构成中，广府和闽东南传统民居中的天井被舍弃，转而形成了尺度更大、更适应家庭经济和热带气候的多功能庭院。不同于闽、粤两地较多砖木建筑，琼北地区多火山岩，石木民居的营建体现了就地取材、因地制宜的特点。在建筑的装饰性上，琼北民居较为简洁，山墙面的装饰和正脊形态都大为简化，凸显出简洁质朴的特点。岭南地区常见的“三灰三塑”被简化使用，木雕更多地体现出本地素材，如龙眼、杨桃、荔枝等题材，琼北火山地区还出现了非常具有地域特色的火山纹图样。此外，琼北乡土民居脊饰中常用的水草纹、海浪纹、草龙纹等也反映了海洋文化的影响。

总体来看，琼北传统村落表现出对移民祖居地住居文化的继承，但是由于本地区在地形地貌、气候环境、资源基础和经济文化等方面差异的影响，又衍生为对其空间原型因地制宜的调整。

5.4.2 与琼南地区比较

琼南地区主要指海南岛南部的三亚市、万宁市、五指山市、东方市、白沙黎族自治县、昌江黎族自治县、陵水黎族自治县、乐东黎族自治县、保亭黎族苗族自治县和琼中县 10 个市（县）。与琼北地区靠近边缘热带不同，琼南地区更接近于中热带，在气候上也更为炎热。在地形地貌上，琼南地区以海南岛中部的五指山、吊罗山、黎母山等山地与琼北分隔，总体上以山地丘陵为主，平原面积较少。天然林和人工林成为本区域乡村景观的主要背景，这一区域人类对自然的扰动较轻，耕地和村落以斑块的形式镶嵌于大的自然基底之中，尺度也较琼北地区大有缩减，区域整体景观风貌较为自然。在作物景观上，琼北地区以稻作景观为主，兼有瓜菜、水果以及油料作物景观，其他经济作物次之。琼南地区农业景观主要是山地丘陵中橡胶热作、薯类和瓜果、水产，本区域海拔 400~700 米为热带雨林和热带常绿季雨林，农作物以茶为主，700 米以上则基本无作物种植。本区域稻作景观主要分布在琼南狭长的滨海平原地带，山地中的稻作主要以斑块状态散布在河流沿岸，总面积较小。由于适宜耕种的平整土地较少，粮食作物产量较少，使得本区域土地的承载力较小。此外，相对封闭的地理环境既限制了农产品的交换也抑制了副业的发展，自古以来琼南地区的经济、社会和文化发展较琼北地区都略为落后，使得这一区域的村落整体规模普遍较小、数量较少，密度也较低。从民族构成来看，琼南地区主要由分布在山地的黎族和分布在平原的汉族构成。

琼南属于汉族后迁入地区，主要是祖籍闽东南和广府地区的汉族移民，其中部分为琼北汉族二次迁徙。琼南汉族村落主要分布在陵水、三亚、乐东一线狭长的滨海平原地带。村落延续了琼北村落的主要形态，与琼北不同的是，其民居的基本单元主要是以三合院独院式民居为主，独院民居布局顺应地形地貌，围绕宗祠等公共建筑形成有机的簇群，总体格局较琼北常见的整饬型村落更为自由。琼南民居的院落单元一般以正房、两侧短横屋、照壁、门楼和院墙组成。各合院之间间距较窄，巷道则从合院间隔中穿过。正房一般为“一明二暗”形式，东西各一短横屋，以正房为中轴，前为照壁，照壁左（或右）设置门楼，庭院设置围墙。由于琼南地区气候较琼北更为炎热，故而琼南民居挑檐深度较琼北民居有扩大，并由此发展出前坡厅房屋面下再衔接一段屋檐的“接檐”做法，形成“剪坡三接檐”的风格。受台风影响，琼南传统民居普遍较为低矮，屋檐高度为 2 米左右，屋脊高度在 5 米左右。本地区不似琼北有大量火山石材，传统民居建筑均为砖木结构，墙体以青砖横扑叠压，灰浆批荡而成，室内为青石铺装，十分有利于防雨防潮。总体而言，琼南乡村地区自古以来经济和社会发展环境较为宽松，文化意识相对自由，琼南汉族传统村落的空间形态相较于琼北传统村落也往往更为自由。

琼南地区的黎族村落主要分布于滨海平原之后的丘陵和山地区域，村落规模较汉族村落略小。黎族文化主要受岭南地区百越文化的影响，表现为对山地聚落和干栏民居的继承。在琼南山地地区，台风影响较小，山地环境中的黎族村落选址偏好于山麓、盆地或河谷的二级台地上，山顶、山脊和隘口等因为气流集中，容易形成风口，村落选址上一般会避开。黎族村在空间模式上表现为“靠山、环林、居台、面河、间梯田”的特点。这其中，山体有利于防风避灾，适宜的坡度保证了通风与日照，台地避免了水患，林地提供了充足的燃料，梯田保障了食物的充足，河流则带来了灌溉和饮用水源。这样的空间模式在山地环境中营造了舒适的人居空间，保证了物质和能量的供给，构建了稳定的乡村人居生态系统。在社会组织上，黎族主要实行以血缘关系为基础，兼顾地缘关系的峒组织制度。传统的黎村主要以血缘型村落为主，一般以 50 户左右为多①，村落规模较小。受山地环境下的用地限制以及防御的需要，黎村民居之间的间距很小，侧面间距一般 1~2 米，正面间距也只有 4~5 米，布局紧凑、门户相邻，方便彼此照应。黎族村落中的建筑主要有民居、隆闺、谷仓、牲畜棚等，建筑布局灵活，常由三五民居围合成小的组团，隆闺、谷仓、牲畜棚等则分布在民居外围，土地庙往往位于村口，道路系统也更为随机。村落中较平坦的地方一般作为晒坝，晒坝设置谷物晾晒架和竹楼（悬挂皮鼓鸣信报时）等，平时也作为黎村的公共活动空间。此外，相较于汉族传统村落，黎族传统村落同样注重环村林带的保护，但对村内环境的绿化美化并不重视，表现出黎族村落在历史上长期处于满足人居物质需求的较低层次，其乡村景观受其整体文化发展水平的影响和制约。

与汉族传统的大家庭聚居不同，黎族子女成婚后自立门户，分居建设自己的住处②，这种小规模的家庭制度对建筑空间需求相对较小，因此，黎族民居以独立式建筑为主，空间体量也较小。黎族船型屋，屋脊凸起，两端高翘，建筑外形源自船体的造型，传递出黎族先民对远古海洋生活的记忆③。船型屋以木、竹、藤、草等乡土材料，通过绑扎修建的，船型屋就地取材、搭建方便，更适应黎族在山林游耕迁居的生产生活，但是，建造材料和建造技术的简单也在一定程度上限制了建筑的空间尺度。黎村民居营造主要考虑通风隔热和防雨防潮，在建筑材料上，木材、竹材、茅草等乡土材料导热系数小，由茅草或棕榈叶铺设的轻质屋面也有极佳的隔热效果；由竹排、木条拼接的外墙和地板缝隙能够很好地通风透气，起到室内外空气流通和散热的作用；干栏式船型屋底层架空，有利于防水防潮；船型屋面的曲线形或陡坡形制坡度在 55°~65°，在瞬时

---

① 较山地中的黎村，丘陵和台地地区的黎村规模往往略大，一般为 70~80 户，东方市昌化江下游的美孚黎村落定居时间较长，规模达百户以上。

② 黎族实行小家庭制，子女婚后自立门户，并没有汉族几代同堂的居住习惯，但父子、兄弟等往往毗邻而居，形成简单的围合形态，体现出血缘关系对民居布局的影响。

③ 关于黎族的起源目前学界尚未定论，20 世纪 30 年代德国人类学家史图博在考察海南岛之后，提出黎族的“南来说”，认为其来自南岛语系渡海而来的东南亚先民。史图博认为，黎族的船型屋带有印尼苏拉威西岛船型屋和马来西亚木结构高脚屋的影子，说其“令人想起印度支那和南洋等地的木椿建筑”。当然，苏拉威西的“船型屋”有可能是受当地牛角崇拜的影响，而非船的形象。因此，史图博的观点亦只是一种推论。

排雨和抗风能力上有很好的效果；出挑深远的船形屋顶可以为山墙及下面的平台提供大面积遮阳避雨的空间，有利于适应山地圈层炎热多雨的气候。在随后的历史发展中，受汉族住居文化影响，海南岛黎族又逐渐出现仿汉式建筑的金字塔形船型屋以及现代民居，显现出黎汉文化交融的影响。

总体来看，相比于琼北乡村，由于地理环境、社会文化和民族构成等差异，在乡村景观微观单元上，琼南地区与琼北地区表现出一定的差异性。首先是村落空间格局更为自由，但空间的文化属性有所减弱；其次是民族文化的不同带来了较为显见的民居建筑风貌差异；最后是气候的差异使得本地区无论汉族还是黎族的民居建筑都更为注重对湿热气候的适应，体现出海南传统乡村人居建设中致用为先、因地制宜的建设理念。

5.5 本章小结

本章首先对琼北乡村景观微观单元的典型样本进行了分析，紧接着对其主要构成元素及其空间形态进行了深入研究，接下来对琼北乡村景观微观单元的空间结构进行了总结概括，最后则进行了琼北乡村景观微观单元与广府地区和闽东南地区乡村景观，以及与琼南地区的对比研究。从文化重构的角度看，在琼北乡村的生产生活中，移民群体承袭了原乡的人居环境意识，在琼北地区特有的自然和人文环境下又对其进行了因地制宜的调整，进而在传承祖居地住居文化的基础上发展出适应本地域环境的乡村人居模式，并最终形成了极富地域特色的琼北乡村景观。从当前的分析可以看出，自然环境和人文环境的差异在琼北乡村景观形成过程中发挥了重要的作用，而本研究也将在下一章对这种影响的方式及其在乡村景观的映射进行详细分析。

6 琼北乡村景观的影响因素

从琼北乡村景观的历史演进和空间形态分析来看，不同的历史时期，受不同的自然和人文环境要素影响，基于对“理想空间”追求，人类总在潜移默化中将其对环境的认知、空间的需求、文化的偏好等通过对空间和物质元素的组织转化至人居环境的营造中，即世界观的图景化。如果我们仅仅停留在空间形态上来理解琼北乡村景观，不厘清影响表层现象的深层因素，就无法为其未来发展提供正确的指导。因此，探讨作用于琼北乡村景观的自然环境、社会经济、文化观念和材料工艺等深层影响因素，研究这些影响因素背后的人类环境行为，将有利于我们对于琼北乡村景观内在影响规律的深入认知。

6.1 自然与人文环境的外在影响

从琼北乡村景观历史演进的维度来看，在生产力尚不发达的时代，自然环境对其产生了最初的限定，这种限定主要来自自然环境对人居活动的种种影响。随着生产力的发展和生活水平的提高，制度法则的引导、文化观念的提升、材料技术的拓延等人文环境因素则越来越多地影响到琼北乡村居民的生产生活状态，进而也对琼北乡村景观的空间形态产生了影响。

6.1.1 基本因素：自然环境的智慧适应

自然环境是乡村景观的基底和背景。传统乡村社会以家庭为主的生产模式使得乡村居民在资金、工具和技术等诸多方面受到限制，改造环境的能力也有限。人类只能尽量适应水文、气候和地形等自然因素，并在当时的技术条件之下合理利用、适应及改造环境。

6.1.1.1 因水成形

根据农地灌溉条件的差异，琼北乡村的农地主要可以分为旱地、水浇地、水田三类。旱地灌溉条件较差，作物种植主要靠天然降水，作物种植一般以薯蓣类、油料作物和热带作物为主；水浇地指具备灌溉条件的农地，作物种类主要以甘蔗、玉米和豆类等旱生作物为主；水田（包括水旱轮种的农地）在琼北地区则主要以水稻种植为主。水源供给的差异，直接影响了土地的类型①和作物种类的选择，孕育出不同的植物景观形态。例如，水稻等产品价格较高，需要精耕细作的作物往往分布于有水源供给且离村落距离较近的区域；薯蓣类价格略低，管理粗放的旱生作物则一般分布于离村落略远的区域。所以，琼北乡村在景观意向上往往表现为稻作田洋所包围的人居村落。

琼北村落的选址，也反映出与水的紧密联系。在路桥技术尚不发达的古代，临近河流既有捕捞渔猎和舟楫运输之便，也能引水灌溉农田，因而往往是传统村落选址的首选。为了防洪避灾，琼北临河村落一般选择位于河流附近的二级台地上建村。“台地建村”有诸多优势：高地首先是避免了河水暴涨带来洪水的威胁，同时又不占用平原耕地；地势高还避免了水岸的湿气对建筑和人类的影响；此外，雨水还能将村落中污秽之物冲到低处田地或洼地里，有利于村内环境的保持，可谓一举多得。此外，琼北传统村落选址往往也首选河流的沉积岸而避开河流冲刷岸，也就是风水堪舆中所说的选择“腰带水”而尽量避免“反弓水”。随着村落人口的增加，由于亲水的诸多好处，“反弓水”一侧往往也不可避免会有村落建设，但一般都会退后一定距离以缓冲洪水的威胁。因此，沉积岸一侧的村落往往更为亲水，冲击岸一侧则离水稍远。南渡江畔的海口博抚村始建于南宋末年，村落临江且面狭水深处有潭口渡。在陆路交通还不发达的古代，这是琼北地区货物运输最重要的一个渡口。博抚村因渡口运输而兴盛，在经济、文化上都处于枢纽地位，是琼北地区许多因水而生、因水而盛的村落缩影。

在临河沿岸之外，琼北传统村落一般多分布在靠近地表水源的地方。琼北地区潮湿多雨，一些不渗水的低处往往形成水塘。此外，在村落建设中，为了取土取石的方便，常常就近挖坑取土，时间一长自然就形成了塘池。村落中的水塘有蓄洪、灌溉、供水、洗涤、防火和安全防御等多种功能，在调节村落小气候、降低村落地下水位以利于地面干燥和建筑防潮方面也有重要作用。此外，在空间逼仄处营造塘池还可以形成局部开阔空间。因此，琼北很多村落往往围绕塘池进行营造，形成向心型的聚合形态，宗祠等重要的公共建筑也往往设置在塘池附近。虽然未必每一个塘池都类似于广府梳式聚落那样多经过刻意营造，但其村落空间布局以水为核心，显然是有意识的规划引导所形成。很多村落规模不大，景观也较为寻常，但却常因村落中的塘池营造增添了不少空间生气和人文氛围。从“碧池秋月”“赵水凝香”“颜塘漾月”等诸多琼北乡村传统“八景”的景观描述可以看到塘池水景饱含的文化意境。

在开塘蓄水或以槽、渠的形式从外界引水之外，凿井取水是琼北传统村落中最主要的取水方式。在琼北的火山地貌区，岩石裸露，土层稀薄，地表蒸发量大，水资源往往难以涵养，水井就成为影响民居分布格局的重要元素。靠近水源则用水便利，民居往往围绕古井分布，簇团状聚集。较为典型的如海口的文山村，至今仍保留有厚道、村头、自来、玉露、甘泉五口古井，周姓各支系民居簇群则围绕古井分布发展，“五井饮和”

① 明朝儋州同知顾玠曾在他的《海槎余录》中将海南田分三等：“上等沿山而更得泉水，曰泉源田；有靠江而以竹桶装成天车，不用人力，日夜自车水灌之者，曰近江田，此二等为上，栽稻二熟；又一等不得泉不靠江，旱涝随时，曰远江田，止种一熟，为下等”。灌溉用水直接影响农业生产，并进而影响到乡村景观。

也成为清代文山八景之一。此外，在地表水获取较难的地区，雨水也是重要的水源。雨水的收集主要采取在建筑檐口下用水缸收集雨水的方式，这也可以看作是一种适应环境的生存方式。由此，琼北乡村形成了家家屋檐下排缸的生活景观①，水缸以及就地取材制作的火山石水瓮等储水设施成了人类适应当地自然环境的景观元素。

总体来看，河流、塘池和水井是支撑热带地区乡村人居系统的重要元素，琼北村落因水而兴，乡村景观因水成形，体现出热带地域环境对人居空间的影响（图 6-1）。

文山村

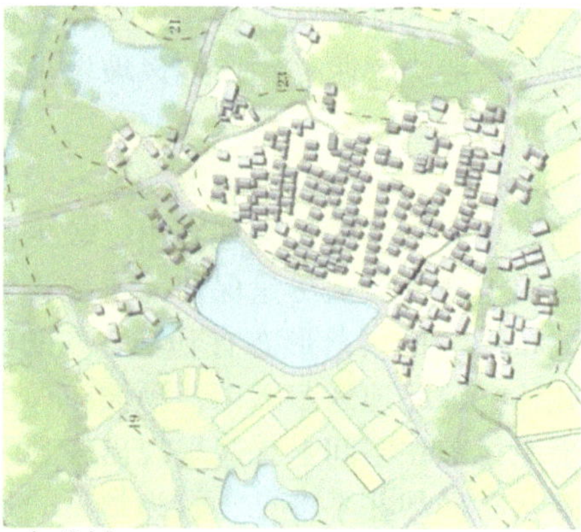

大美村

罗驿村

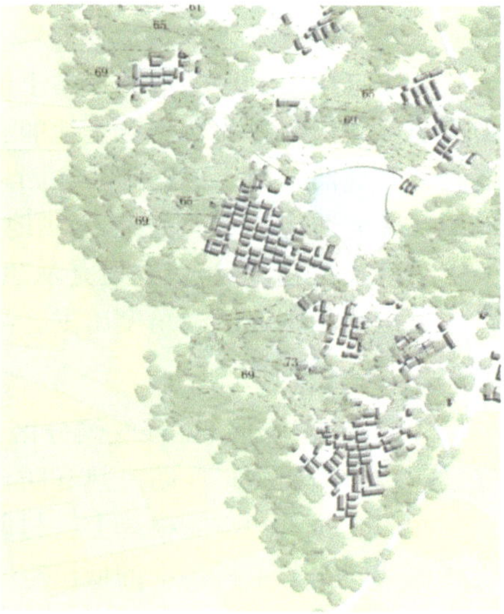

长袋村

图 6-1　围绕水体发展的琼北村落平面格局

（图片来源：作者自绘）

① 由于水缸在琼北乡村生活中的重要性，这一地区甚至有“数缸订婚”的奇特风俗。民间俗称“嫁女不嫁金，不嫁银，谁家缸多就成亲”，由于这里水源缺乏，需水缸存储雨水用于生活，水缸的数量就成了家庭财富的象征。

6.1.1.2 因地成景

对农业景观来说，地形影响土地开发和作物管理的难易，进而影响人类对作物种类的选择和由此生成的作物景观形态。在琼北乡村，土地平坦、土壤肥沃之地一般开垦为耕地，水源充足的地方以水稻种植居多，而滨水地或低洼地则往往被发展为养殖水塘，并由此产生塘池景观。在低山丘陵地区，耕地多位于相对平缓宜耕的台地、谷地以及河流周边区域。坡地较缓的地方往往被开辟为用于旱稻、薯蓣、油茶等作物种植的园地；坡度过大的区域则主要是以橡胶、槟榔、果木等为主的林地。向阳坡多种植喜阳作物，阴坡一般为喜阴作物；迎风坡植被抗风性一般较好，背风地则是抗风性较差植物的理想分布区域。

在乡村营建中的地形处理方式上，受劳动力和技术水平影响，传统的琼北乡村建设面对地形更多的是合理利用，较少借由人工改造。由于节约耕地的需要，村域范围内平坦的土地一般被尽量保留为耕地，民居建设则主要位于不宜耕作的台地微丘区域。“顺坡布局”的村落形态有利于空气的引入和传导，从而形成一个相对舒适的局部微气候。此外，琼北地区多骤雨，顺坡布局也便于村落的排水防潮和防洪避灾。依前所述，琼北平原村落在空间上普遍呈现出较为明显的空间秩序，但是，受地形的影响，绝对的方格网状布局却并不多见，较为常见的是顺应地形地势而形成的多向式布局。如海口的文山村，村落位于中高周低的“龟背状”地形上，村落民居顺地势多向分布，状如莲花，形成清代文山八景之“村成莲花”。在琼北的丘陵低山地区，村落格局受地形影响也较大。由于可用于人居营造的平整土地较少，这一地区的传统村落往往以小体量、局部高密度的民居组合方式达到对土地的有效利用。村落民居主要沿等高线排布，总体布局因地制宜、灵活自由。道路则往往因地就势、顺应地形，穿插于建筑之间。总体来看，对地形环境的适应与利用使得琼北地区的传统村落普遍呈现出“平地置田、坡地建村”的空间模式（图 6-2）。这既是从生产生活的需求出发，节约耕地和适应环境的自然选择，也是从利用地形的角度出发，巧妙利用自然要素的表现。

6.1.1.3 气候适应

1960 年全国建筑工程气候分区会议上，琼北被划入岭南气候区，琼北地区建筑的气候适应性主要体现在防炎热和防台风上。

在琼北村落的空间格局上，村前低处的水田、水塘、井台等各类开敞空间和村落周边林地共同构成了村落中的低温空间，村内的民居、庭院、道路等则构成了高温空间。由于吸收太阳辐射后升温不同，造成了这两部分之间的热力差，在热压拔风作用的影响下，白天风由山林吹入村落中，夜间则有来自塘池的水塘风，非常有利于村落微气候的调节，体现出琼北村落人居环境营造上的气候适应性。热带气候之下，低温空间中一些遮阳充分、通风良好的场地，比如依托水塘、井台、林荫等设置的公共空间，由于其局部温度相对较低，成了村落中人居休闲和公共活动的主要场所。

在村落建筑布局上，民居组团的布局往往与夏季主要风向相迎，紧凑的合院与连片的山墙形成“高墙窄巷”的空间形态，院落之间的狭窄巷道一般宽度仅为 1.2~2 米，民居的东西墙靠纵巷两侧的建筑互相遮阳，南北墙则靠横巷两侧建筑互相遮阳，这使得

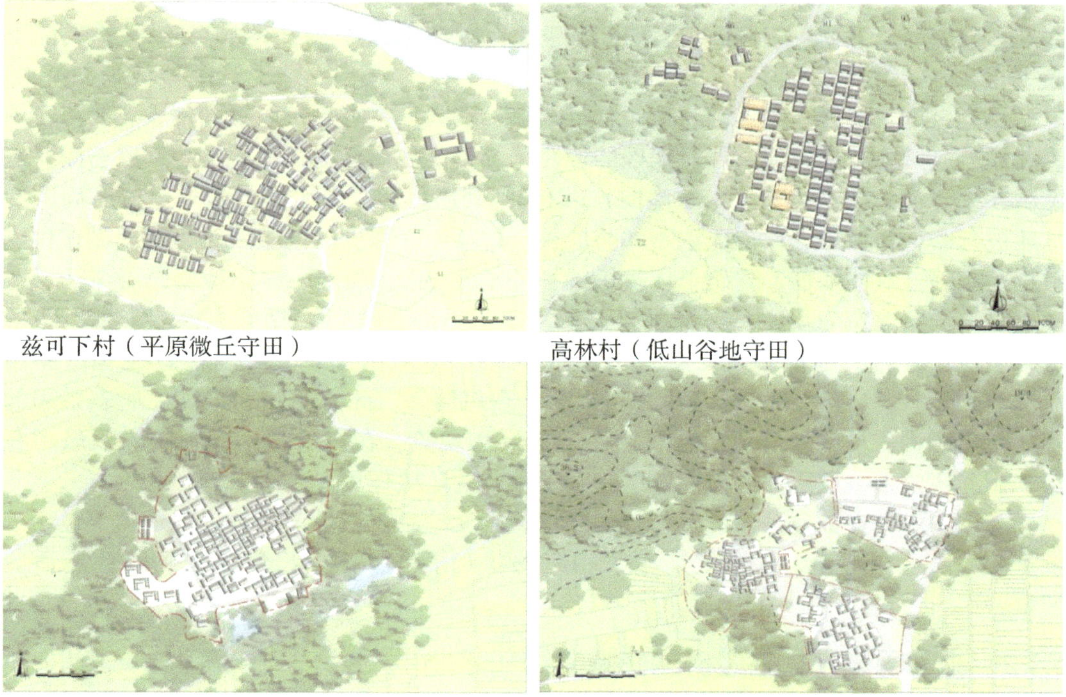

兹可下村（平原微丘守田）　高林村（低山谷地守田）

岭头村（平原微丘守田）　翁坎村（丘陵坡脚守田）

图 6-2　依托地形发展的琼北村落格局

（图片来源：作者自绘）

琼北村落中的大部分巷道空间处于建筑阴影之中，形成良好的遮阳防晒效果。前后贯通的巷道非常利于风的引入和顺畅流通，巷道因此也被称为“冷巷”。常风时，巷道通过纵向和横向的出口，带走村落的热空气，达到通风降温的效果。无风时，巷道内冷环境与院落空间形成热力差，受热压拔风作用的影响，冷空气从冷巷进入院落，有利于各民居单元的通风降温。各居住单元的院落大门开在巷道一侧，便于各家各户引入冷巷的凉风。多进院落中轴对称、纵向连接，也十分有利于连续院落内风的加速以形成穿堂风。此外，琼北院落中的横屋与正屋之间的巷道或横屋的廊檐，长期处于阴影下，温度较低，它与院落的热空气相交接，也起到了促进院落中空气流动作用，也有利于人居空间的温度调节。

在建筑单体的处理上，为了室内通风，琼北民居一是做大面宽，减少进深，以利于通风散热；二是加大建筑开口，为了室内降温，琼北民居入口开得很大，往往正厅开四六门，有些甚至整个开间全敞，书院、祠堂、村庙等公共建筑常常是公共活动空间，前廊全敞口；三是通透，琼北传统民居常用趟栊门、透雕隔断、镂空气窗等处理手法，保证室内空气流通以利于散热。为了隔热，琼北传统民居在屋面处理上常采用双层瓦屋面。这种处理手法，既能有效隔热，又可防止雨水倒灌。某些琼北民居还有接檐的做法，既形成更深的遮阳面积又能更好地挡雨。此外，为了防湿防潮，琼北传统民居除了保持通透，利用通风除湿外，还注意一些关键部位的处理，如外廊柱一般采用石柱或石柱础，山墙的桁头垫采用石质垫板以防潮蛀，铺地则采用多孔的青砖以利于吸湿干燥等。

受热带季风气候影响，琼北地区常年湿热、多雨，常有热带风暴和台风。在防台风的气候适应措施方面，风害严重地区的琼北传统村落往往会选择地形中的背风一侧营造民居（来自海上的台风一般为东南向），以起到利用地形减弱风害的效果。村庄周围的林地被有意识地保护，以形成浓密的防风林。村落中高密度的民居建筑布局可以在台风中相互遮挡，从而降低了建筑单体抗风的“不稳定性”。此外，琼北传统民居往往以石木或砖木低层建筑为主，并且规定“公私宫室，不得高敞”①，这就大大减少了建筑的受风面积，有利于建筑防风。建筑出檐较少甚至不出檐；围墙高度接近屋檐，屋顶“瓦脚压带”等措施都在一定程度上可以减少台风侵害。此外，琼北传统民居多采用的直坡屋顶形式，也有效避免了台风雨引起的反水现象。在有些地区，不仅屋顶采用叠瓦，瓦上还要批一层水泥砂浆固定，起到了很好的防风作用。

总体来看，在琼北独特的热带气候环境下，无论是乡村生产还是人居建设都包含了较多的气候适应考量，并由之产生了相应的景观形态，体现出琼北先民的环境适应智慧。

6.1.2 驱动因素：社会经济的影响制约

不同于自然条件的稳定作用，历史上琼北乡村地区的生产方式、经济水平和社会结构一直处于发展变化的状态，三者互为影响、共同作用，驱动着本区域乡村的历史发展，也对琼北乡村景观的演进发展产生了很大影响。

6.1.2.1 生产方式

琼北平原地区河流纵横，土地宽广平坦，耕作条件较好，这样的地理条件有利于村落的扩展和分化，因此产生了大量传统村落。在以农业生产为主的琼北乡村，村落与其周边的农田保持着一种相互依存的密切联系，农业生产方式也因此影响了琼北乡村的人居图景。

琼北平原地区以冲积土和海积土为主，河流提供了充足的灌溉用水，本区域地下水位也较高，适宜于水稻之类的精耕农业的开展。水稻单位面积的产量较高，相同情况下，稻作种植的地区能够承载更多的人口，村落的分布也因此更为密集。这一时期的琼北传统村落的农业生产主要采用人力为主、畜力为辅的劳作方式，村落所能辐射的耕作范围有限②，耕作半径一般都不超过一天所能达到的出行距离，即具有一定的“耕聚比”。当村落发展到一定规模之后，土地效益和人口承载力达到上限时，族群会在临近

---

① 清乾隆《琼州府志》记述：“琼郡枕山籍海，多海溢飓风之虞，故公私宫室，不得为高敞，远僻州县，多用茅茨，即公署间有茅屋”，说明了此时海南民居建筑高度较低有受台风影响的因素。

② 例如，琼北地区传统的水稻种植就需要依靠许多笨重的农具，如牛犁、水车等。由于交通和运输的不便，耕地不能距离村落太远。此外，由于全靠人力和畜力耕作，每个劳动力的耕作面积有限，因此每个村落的耕作半径也是有限的。

区位另择地点、分建它村，村落自然分化并在其他地方发展出新的平衡，这种分村的机制也在一定程度上控制了琼北地区的村落规模。以水稻种植为基础的精耕细作①不仅劳动量大，还需要较长的时间，这就使得农民更愿意尽可能地依田而居，以减少在住所和农田间的往返所带来的诸多不便，进而方便田间管理和提高劳动效率，这在一定程度上促成了本圈层村落“田包围村”的团状空间形态。“地尽其用”的劳动习惯使得琼北乡村地区的农地肌理不断丰富，水田、旱田、梯田等在不同区域都得到了因地制宜的发展。随着技术的进步，拖拉机、收割机等现代农业机械的出现，促进了单个劳力的耕作面积扩大，在一定程度上带动了村庄规模的变大。这也在一定程度上解释了琼北西部后开发地区村落规模较大、空间分布较稀而琼北东部传统村落往往规模较小、空间分布较密的原因。

琼北的低山丘陵地区主要为火山岩地貌，这里可供耕作的土地较为零碎且不成规模，因此其村落在数量和规模上较平原地区都略小。本区域以热带季雨林和热带经济林为主，丘陵中的台地、河谷盆地及河流周边区域宜耕的土地则被开垦为石埂旱园种植果蔬，二者共同构成本区域“雨林”“果园”“农地”参差分布的乡村景观空间基底（图6-3，图6-4）。火山岩地区地表水难以存储（火山玄武岩的多孔结构使地表水下渗很快，导致工程性缺水而并非缺乏水资源），凿井取水、挖塘蓄水、水缸接水②成为本地人居营造中最重要的措施，由此也使得塘池、井台和水缸在村落景观体系中广泛存在。

地区	生产方式	自然景观	作物景观	村落形态
台地平原地区	水稻种植为主 果蔬种植为辅	平原景观 河网纵横	田洋稻作景观 果蔬景观	整饬型村落为主 树状村落为辅
低山丘陵地区	果木类、薯蓣类、豆类等耐旱作物种植为主水稻种植为辅	低山丘陵景观河流较少	梯田稻作景观 园地景观 果林景观	树状村落为主兼带整饬型村落布局

琼北火山口细碎的石梗旱园景观

火山地区果林

火山石羊圈与石山壅羊养殖

图 6-3 琼北地区的生产方式及景观

（图片来源：作者拍摄并自绘）

① “精耕细作”的劳作习俗，形成了琼北村落相对细碎和丰富的作物景观肌理，水稻种植普遍为双季稻（早稻、晚稻），局部地区还发展出三熟（早稻、晚稻和冬薯或早稻、晚稻和花生）等多种形式，四季都有蔬菜种植的传统。

② 琼北火山地区向来水源奇缺，人们养成了以水缸蓄存雨水的生活习惯，水缸成了人们心目中的宝物，甚至取代金银而成为财富的象征，形成了本地区“数缸订婚”的习俗。

平原稻作景观

低山丘陵果林景观

图 6-4　琼北平原稻作景观与低山丘陵果林景观

（图片来源：作者拍摄）

由于本区域不适宜开展大规模的耕种，火山地区的琼北先民在林地和农地交织的状态中逐渐发展出本区域独特的生产方式，其主要形式：一是适应本区域山地环境的种植和养殖①，主要是耐旱的薯蓣、豆类和甘蔗种植（土壤肥沃、阳光充足适宜甘蔗种植）和家禽饲养（火山地区盛产石山雍羊）；二是充分利用乡土材料发展的家庭手工业，以藤编、制糖、石作（火山石）为主。副业生产的发达所带来的庭院经济也对本区域乡村景观产生影响：首先，除面积较少的稻作种植之外，大量劳力与时间被用于林木种植的副业中，村庄选址偏向于山麓，以兼顾农林生产；其次，丘陵台地对台风的遮蔽形成了相对静风湿润的气候条件，有利于减少风害对作物的影响，因此本区域较为适宜热带作物种植，特别是怕风的橡胶、香蕉和甘蔗等；最后，副业发达，庭院经济和禽类饲养兴旺，使得民居单元中的生产空间受到重视，村落中独院民居增多，院落面积较琼北平原地区民居院落有所扩大。

6.1.2.2　经济基础

乡村经济是乡村社会和文化发展的重要基础，经济基础直接或间接影响乡村景观的营造。从自然经济到商品经济，再发展到计划经济和现在的市场经济，琼北乡村的经济水平随着历史的演进不断发展，这个过程在很大程度上也带动了琼北乡村与外界的交流，刺激了乡村产业发展，起到了支撑人居空间优化，促进琼北乡村景观风貌更新的作用。

农耕经济时代，琼北乡村主要是以家庭农业结合家庭手工业为主的生产方式，男耕女织、自给自足的小农经济难以形成强大的生产力，耕地的拓展受地理环境的制约较

---

① 本地区较有代表性的是海口马鞍岭火山周边面积约 1 000 千米^2 的玄武岩火山地貌区，由于适宜农业耕种的土地较少，人们在此放养石山雍羊，遂得名羊山地区（石山地区）。

大。同时，由于这种经济模式不需要与外界频繁交往，因此在一定程度上促使琼北传统村落形成了一种“内向封闭”的空间形态模式。这一时期，薄弱的经济较难支撑大规模和高水平的人居空间建设，琼北乡村的农地面积和村落规模都相对较小，人类对自然环境的扰动也相对较小。随着商品经济的发展，琼北乡村与外界的交往逐渐密切，作物类型和生产规模不再只从家庭需求出发，以交换为目的的农业生产开始随市场需求产生变化①。贸易的发展带动了琼北乡村经济水平的发展，土地垦拓范围不断扩大，乡村范域不断拓展，乡村水利和交通等基础设施也得到了更好的建设。近现代时期，琼北乡村经历了由商品经济向计划经济再到市场经济的转变，乡村经济基础不断增强，土地垦拓范围进一步拓展，产业形态更为多元。这一时期，琼北乡村作物景观更加多元化、规模化和精细化。经济基础的提升也使得村落中的水利、道路和场地等公共基础设施，宗祠、村庙和村门等公共建设进一步加强。在民居院落单元，农耕文明之下以家庭为基本生产单元的小农经济格局使得乡村生产生活的空间场所往往是同构的，强调空间的生产性，乡村居民对住宅在居住功能之外的经济属性（如庭院养殖）也相当重视。房前屋后可能既是生活的场所，又是从事手工业生产、晾晒粮食或整理农具的场所。随着乡村经济水平的提升，住居空间的生产功能逐渐弱化，空间场所的生活属性得到了更多的重视，休闲空间的需求提升。需要注意的是，人类为适应环境采用的一些低成本措施，如风水林（环村林带）和风水塘（低地塘池），受经济因素的影响较小（表6-1）。

表6-1 琼北乡村聚落各缀块与经济基础的关系

经济形态	要素类型	与经济的相关性	受经济基础影响的形态变迁
农耕经济	村落格局 民居建筑	密切相关	由封闭到开放 由共性到个性
商品经济	农业斑块 庭院经济	部分相关	耕聚比扩大、作物类型变化 庭院种养的消退
市场经济	风水林 风水塘	弱相关	变化较小

经济基础的提升刺激了琼北乡村与外界的交流，村落形态由封闭逐渐开放。村民的视野投向乡村之外的城市，其空间偏好也逐渐发展至寻求与城市文明的趋同。随着琼北城镇化步伐的加速，乡村大量劳动力流向城镇，城乡经济加速发展的同时也带来了乡村传统空间格局的衰微、异化和重构，出现了旧村空心化、土地资源浪费、环境污染等一系列问题。此外，经济至上的价值导向和城市文明的冲击，给乡村社会带来了人情的疏离、传统文化的衰微以及审美观的错位。村落中的空间营造不再趋同，个性化的空间需求逐渐凸显。不同村落之间，同一村落不同家庭之间都会因为经济实力的不同而影响空间营造的差异。随着乡村社会个体意识的兴起，村落中的个体空间行为逐渐趋向多元化

① 琼北历史上，棉花、剑麻、芝麻、槟榔、香茅等农产品都曾因贸易需要而大量种植，间接影响了琼北乡村作物景观的形态。

和复杂化，这给乡村传统的均质空间带来了巨大冲击，出现了新旧杂陈、风格各异的建筑风貌更新，并最终带来了琼北乡村景观的改变。

6.1.2.3 社会结构

社会结构简单理解是指社会中人与人之间关系的总称，它是社会得以聚集的方式。乡村社会关系建立的基础可分为血缘关系、地缘关系和业缘关系，它影响民居组团的发展，与村落空间形态存在一种映射关系，进而也影响乡村景观的风貌。

自原始社会起，迁入琼北地区的各路移民主要以血缘关系为纽带，以家庭为基本单元，建立社会组织，逐步发展出血缘村落。面对原始的自然环境，人们必须合作才能更好地生存，血缘关系成为移民社会中人际联系的重要纽带，聚族而居则为合作提供了基础。琼北血缘村落常常以单姓为主①，它形成传统乡村社会一个结构完整、功能完备的基本社会单元。从村落空间形态上来看，血缘村落一般为典型的“对外防御、对内交流”格局。这种村落往往一方面有明确而稳定的外部边界（密植、壕沟或村墙等形式），使聚落成员可以明确感受到村落的空间领域，并由此产生强烈的安全感和归属感；另一方面其内部空间则比较注重宗祠、村庙、公共休憩场所等便于人际交往和族群联系的空间设置，以增进内部成员之间的凝聚力。受移民文化影响，以节庆为契机举行的族群间的联谊活动有助于促进族间交流，在血缘村落中有很高参与度。例如，以移民文化为主题的军坡节等节庆聚会对空间的需求催生了村落中重要的公共活动空间和仪式性空间的产生②。在日常生活中，海南人日常生活中散漫、休闲的生活习惯也对琼北村落空间产生了影响。三五聚集在林荫下乘凉，聊天闲谈是琼北村民日常休闲的主要方式，亦是村内开放空间最常见的场景之一。因此，民居附近能够纳凉休闲的场地在村落中的日常使用率往往较高。民居单元中的庭院空间，一方面用于室外的劳动和休憩，一方面又是邻里交往的重要空间，每逢节庆、婚丧喜庆、奠基乔迁等大事，村民往往会在自家宅院或民居附近的开阔场地操办宴席，因此传统琼北民居对院落空间往往都有一定需求。尤为重要的是，血缘村落中的家庭结构决定了民居平面形制以及空间组合的方式。琼北乡村传统的家庭结构是典型的多代同堂大家族模式，家庭中的男子在成家后可以在父母的居所后修建自己的住居，由此便催生了多进合院式布局，体现出“尊卑有

---

① 海南乡村家庭一般子女较多，每家基本上都会有二三个男孩，男孩长大成家，当地有分房而居的传统，分家出去的男孩在父母的房屋后建造自己的住房，同时从家里分到一块耕地，如此这样一代代地发展延续下来。很多传统血缘村落就是这样形成的，经历上百年的繁衍，一个村落中往往只有一个姓氏，皆为兄弟姐妹。

② 海南岛汉族的传统节日主要有春节、元宵节、端午节，等等，但也有一些带有浓厚地域历史特色的传统节日，如纪念冼夫人率众移民、开拓海南岛的军坡节。军坡节多在阴历正月初六至二月十二日举行，各村庄以传说中冼夫人出征到本村的日子为准，俗称“发军坡”，节日一般为 4 天，是海南人特有的节庆习俗。军坡集会时，遍及海南各地的冼夫人庙旁常常要搭建神楼和戏台，进行模仿古人出征、过火山、上刀梯、舞狮、武术、戏剧和民间舞蹈表演等。军坡节期间，各地居民前来进香朝拜，冼庙及周边往往人山人海。由于冼夫人的影响，海南黎族也过军坡节，各地黎族过军坡节虽然不一定在同一时间，但都与祭祀祖先有关。黎族军坡节要把神庙内的人偶抬到各村游行。游行队伍每到一村寨，该村的男女老幼必盛装出迎。如遇丰收之年，往往还会请有名的戏班前来表演琼剧。

序”的家庭伦理关系。在这种方式下，以合院为基本单元，通过串联和并联的组合方式形成民居簇群，最终形成了整饬型的村落空间形态。较有代表性的如文昌的十八行村、海口的美孝村、澄迈的大美村等。总体而言，在血缘关系影响下，琼北血缘村落逐渐形成了“对外封闭、内部开放、空间有序”的基本空间形态。

随着琼北乡村社会和经济的发展，由于通婚、商业、共同防卫等多种原因，传统村落的社会关系逐渐突破血缘联系的范畴，最终推动了一部分血缘村落向地缘村落的转化。地缘村落中往往有两个或两个以上的宗族，彼此之间相互独立又互相协作，形成一族主导或多族共生的空间态势。与血缘村落略有不同，琼北地区的地缘村落主要呈现出如下特征：一是村落空间区段分明，虽然在同一个村内，但各宗族民居组团之间仍然会以某些道路街巷作为彼此之间的隐形界限；二是村内形成多中心格局，各族群民居组团围绕各自的宗祠发展，村落中心往往在各民居组团相交的主要道路节点，常常与开放场地结合。以海口的新潭村为例，村内有王、周、张、吴 4 个姓氏，共有 81 户，村落由多朝向并存的民居簇团组成，建筑布局自由，整体上区段分明，呈现典型的多中心态势。

在琼北乡村地区商品贸易发展的刺激下，当土地和传统农业不再是乡村生产生活的必需时，业缘村落逐渐产生了。由于业缘村落在产业上不同于传统的血缘村落和地缘村落，其空间结构主要以满足业态需要为准，这就引起了村落传统空间结构的变化。琼北的业缘村落往往以线型状态布局于道路两侧，往往一部分居民从事商贸，一部分则在村落周边开垦土地进行农业生产，形成复合型村落。因商品交换而形成的商业街巷、水埠码头和货贸集市在业缘村落空间形态中成为最重要的空间要素，村落整体的空间格局向外开放，建筑布局围绕商业空间，形态自由。较为典型的如文昌的铺前村，因港口的渔业贸易而逐渐成为业缘村落，村落核心是渔港码头以及与之相连的两条商业街构成的“丁”字形空间，临街建筑皆垂直于街道布局以便于进行商业活动，村内其他建筑多由此衍生发展，空间紧凑、布局自由，反映出商业活动对业缘村落的影响。

6.1.3 控制因素：制度观念的控制引导

人类针对社会管理中的各种问题设置了制度，制度包括伦理道德、价值观念、行为习俗等由“群体内随经验而演化的规则”，即内在制度，也包括“政治权力机构自上而下地设计出来、强加于社会并付诸实施”的外在制度（柯武刚，2000）。琼北乡村社会由诸多制度的约束保证其运行，这些制度相互联系构成一个稳定的系统，以直接或间接的作用对其乡村景观构成影响。

文化观念是指处于同一文化环境中的人类群体，在长期的生活中逐步形成的一些基本的、较为稳定而统一的观点与信念，它是人类对其活动方式的形式化和理论化，也是其行为的基础。与自然环境因素以一种显性的力量对乡村景观产生稳定的影响不同，文化观念往往以一种隐性的力量对其空间和形态产生影响。文化观念涵盖的内容非常广泛，本节主要侧重于讨论文化观念中对人的空间行为产生引导，并进而对琼北乡村景观产生影响的那部分。

6.1.3.1 制度法则

乡村的内在制度又称为乡村的习惯法，历史上对琼北乡村社会及其空间格局影响时间最长、影响效果最深的主要是以宗族制度为代表的乡村内部维护制度及其衍生文化①。历史上一代代的移民在琼北地区持续定居，逐渐形成以血缘关系为主要结构的村落。多数村落全村为同一宗族，少数有两到三个主要宗族。这类村落的空间结构与宗族房派的结构组织相对应，体现出明显的簇团特征。宗法礼制强调通过建筑单元的组合形态反映社会等级和人伦关系。宗祠作为宗族制度的重要体现，在村落之中起着“心理核心”② 的作用，村落空间格局中最为突出的往往就是宗祠。琼北传统村落多为移民村，由于建村初始的人口和经济状况往往远未达到建祠的水平，宗祠的营建往往略为滞后，其地理位置也常常不在村落地理中心，而一般设置在村外或村前较为开阔的位置③。较为典型的如海口的美儒村、定安的高林村、澄迈的罗驿村和大美村等，村落中的宗祠都位于主要的民居簇群一侧。随着村落人口和民居的增建，民居簇群逐渐包围主祠，使得主祠逐渐位于村内核心区域，村落的物理中心和“心理核心”便在空间上重合了。此外，随着人口的增加，支系房派往往会另辟新地开设支祠。由此，主祠和支祠在空间上联结为多个相互关联的空间节点，统领整个村落空间，村落中混沌的建筑簇群由此产生了物理空间和心理层面上的秩序感。较为典型的如海口的文山村，周氏勃公祠、周氏宗祠位于村落中心，周仙公祠和周氏族祠则位于村外，以宗祠为节点的道路网络连通村内各处，起到了空间控制的作用。此外，很多琼北传统村落还将宗祠与学堂融合，使宗祠不仅成为祭祀先祖的地方，同样也是村中弟子学习的场所，意在弘扬“耕读孝行”的美德，而这种融合无疑使得宗祠的核心地位更为增强，较为典型的如澄迈永发镇的博罗村、海口府城镇的攀丹村、海口桂林洋的迈德村等。

宗族制度影响之下，琼北很多传统村落虽然因人居建设上的因地制宜而产生了万千形态，但本质上又都是在宗法礼制影响下以间、房、院、群四个层次构成的空间网络。琼北传统民居一般以“间”为单位构成“房”，“间”的数量反映建筑等级的高低。“房”围合成“院”，合院之中正屋为尊，横屋次之，反映出清晰可辨的“尊卑有序”“长幼有序”等礼制观念。宗法礼制影响下的传统民居往往按照相对统一的建筑形式和规格尺度营造民居，以表达“均平共生”“平等无欺”“兄弟同心”等观念。“院”聚集成“群”，以合院为基本单元经由串联和并联的组合方式最终形成建筑形态匀质统一的民居簇群。可以说，宗法礼制下的人伦思想，影响了琼北传统村落中民居院落的空间秩序，同时也影响到村落所呈现出的景观风貌。较有代表性的如澄迈的东山村、文昌的

---

① 从宋代起，宗族组织取代门阀制度成为中国社会的基本组织力量。在封建社会，宗族组织实际上扮演了一种基层政权的角色，成为乡村自治的基础。

② 在琼北传统村落中，宗祠是村落中血缘关系的纽带，为同宗同族祭祀先祖、教化族人、共商族事所用。宗祠代表了族系的“面子”，起到了标示族群昌盛的作用。宗祠在琼北移民社会中有很重要的地位，因而得到了广泛重视。

③ 琼北传统村落中的宗祠虽然往往不似广府梳式聚落那样设置在村落中心，但便捷的交通、开阔的场地和较大的建筑规模弥补了其空间位置的偏移，并不影响其作为村落空间核心的地位。

十八行村、海口的月桂村等。当代琼北乡村，历经近代以来若干次社会政治运动对乡村的冲击之后，国家政权已深入乡村内部，宗族礼制影响下的空间法则在琼北乡村的影响力逐渐弱化。乡村社会个体意识突显，匀质的村落空间格局亦逐渐受到影响，呈现出个性多元、风格杂陈的民居空间形态。

外在制度方面。一般来说，不同的时期，基于不同的目标，上层统治对乡村会实施不同的制度或政策。这些制度往往或直接或间接对乡村空间构成影响，进而也影响到乡村景观的空间格局。由于制度专项并非本文研究重点，这里主要阐述田宅（土地和民居）制度①对景观格局的影响。在漫长的历史时期，海南岛土地为私有制，由于不同时期的本岛社会经济水平、土地垦拓面积和人口数量的不同，各朝对本岛土地管理采用了不同的制度②。不同的土地制度赋予了农户不同程度的经营自主权，土地收益的变化对农户的生产产生了不同程度的激励，垦拓范围的不断扩大，在客观上导致了乡村景观变化。以宋代为例，在占田制影响下，外来移民只要肯辛勤开拓，都可以拥有自己的一块耕地，务农营生③。这样的土地制度对移民有很大吸引力，大量移民的涌入，土地垦拓的面积不断扩大，大大有助于琼北农业的发展和人居领域的开拓。在建造制度方面，这一时期《营造法式》的颁布对民居形制有了明确的规定④，这就在经济水平和用地条件的制约之外，一定程度上限制了当时的村落规模。中华人民共和国成立后，琼北乡村实行过“耕者有其田”的农户个体土地所有制，以及改革开放之前的集体所有制，二者都极大地促进了琼北乡村的土地开发。改革开放之后，随着家庭承包经营制度的实

① 在乡村，生产生活的核心是田宅，与田宅相关的制度变革往往是乡村社会变革的关键，有利于乡村社会发展的田宅制度往往会有效地刺激生产力水平，提高劳动生产率，进而促进社会发展。如果说乡村经济基础制约了农户个体的建设能力，从而在一定程度上制约了村落的发展，那么乡村田宅制度则在政策层面深入乡村内部，规定性地协调和引导乡村建设，进而对乡村景观产生影响。

② 海南岛历史上的土地制度主要有政府为鼓励移民开发海南岛而采取的国家授田的均田制，有为了统治出发以军事化的形式屯田戍边的屯田制，也有鼓励拓荒的占田制。均田制见《元史》卷三十八，记载元代为吸引移民采取了“官给田土、牛、种、农器，免其差徭”的政策，大量移民纷至沓来。屯田制见明《正德琼台志》卷十八，记载“国朝（民）而吾边郡卫所之役，则规模之度超前代，此也一验矣。当时军士已万数千人，继而又迁配垛集，生息，数目增倍”的记载。明代在海南实行卫所驻兵制度，全岛共设一卫十一所，常备驻军约16 000人，并规定兵士3/10负责守卫，7/10负责屯田。自汉武帝屯兵海南岛至明代，以驻军为主体的屯田制度对海南土地的垦拓有较大影响。占田制为乾隆初年，清政府颁发《敕开垦琼州荒地》令，鼓励移民垦荒并减免赋税，一时间吸引了大量移民涌入海南岛。大量移民的涌入和垦拓，使得本地区农地面积不断增加、森林范围逐渐收缩，对乡村景观也产生了重要的影响。

③ 宋代的土地分为公田和民田两类。公田为政府所控制，民田则是官僚、贵族、地主、自耕农等私有的土地。政府根据是否占有土地的原则把户籍分为主户和客户。主户是占有土地的民户，客户则是靠租种土地维生的佃户。根据《元丰九域志》中统计的户籍资料，这一时期海南岛93%是主户，只有7%的客户，这说明了当时海南岛大部分家庭都拥有属于自己的土地。形成这样情况的主要原因是历史上海南岛人口数量较少，本岛有充足的土地可供开垦。

④ 北宋崇宁二年（1103年）官方颁布了《营造法式》，对建筑设计和施工起到了重要的指导作用。《宋史·舆服志》记载“凡民庶家，不得施重栱、藻井及五色文采为饰，仍不得四铺飞檐，庶人舍屋，许五架，门一间两厦而已”。

施，农户获得了土地自主经营权，可以根据市场和自身情况自主选择作物种类、安排生产，这就在客观上带来了乡村作物景观的丰富。

在宅基地政策方面。20 世纪 80 年代之前，宅基地归集体所有，海南乡村中的建设行为主要由村集体引导并监管，这种制度间接导致了琼北民居建设的监管较为宽松。只不过由于长期以来琼北乡村家庭经济水平的限制，这一时期新建民居数量仍然是有限的，材料仍然较多沿用传统的使用逻辑，以砖木、石木坡屋顶建筑为主，品质较低，此时琼北乡村的村落格局仍然是较为传统的。20 世纪 80 年代中期，由于乡村经济的发展和人口的增长，琼北地区出现了第一次乡村建设的高峰。虽然这一时期有包括《村镇建房用地管理条例》在内的一系列土地管理规定出台，但由于政策执行的宽松，琼北村落民居的建设在这一时期相对缺乏监管，出现了建设占用耕地、村落无序扩展等问题。本阶段琼北乡村的新建农宅，主要以砖木结构的单层民居为主，坡顶和平顶共存，占地尺度较大，传统村落的空间格局逐渐被突破。20 世纪 90 年代之后，政府对乡村建设用地的管理明显加强。宅基地的获取除必须符合乡镇村规划要求之外，严禁违规占用基本农田，且每户用地不得超过一定面积。宅基地面积的限制在一定程度上刺激了乡村新建住房朝竖向空间的拓展（乡村经济的发展和建造技术的普及也极大推动了民居建筑的发展），琼北乡村楼居化的风潮出现了。虽然本阶段乡村宅基地管理制度逐渐趋严，但在执行中仍然存在问题①。由于规划制约和引导的缺乏，风格各异的多层楼居大行其道，传统村落空间格局逐渐失序。可以说，乡村土地制度、宅基地政策这种外在制度虽然是直接针对农地和宅基地的管理和引导，但由于涉及了乡村景观的构成要素，从景观的视角来看亦成为一种“空间法则”，对琼北乡村景观产生间接的影响。

6.1.3.2 信仰崇拜

信仰崇拜是人类精神生活的重要组成部分，它借由人类观念对村落的空间营造产生影响，进而也影响其乡村景观的空间形态。琼北乡村社会盛行的信仰崇拜主要涉及两种关系：一个是天人关系下的自然崇拜，另一个是人神关系下的祖先崇拜和神仙崇拜。

琼北乡村社会有较为深厚的自然崇拜情节，在古代蛮荒的原始岛屿，感受自然巨力和人力卑微的琼北先民更容易产生对自然的敬畏。在蒙昧的古代，自然崇拜及其所产生的神仙信仰在琼北乡村得到了广泛的传播，这些观念转化到物质空间形式上就表现为村落中“神”的普遍存在。对自然界风雨雷电的敬畏产生了诸如雷神、火神、树神、石神等，常常是村口有土地庙（神龛），井口有井神龛，古树还有树神龛等。在自然崇拜之外，糅合了中国传统的儒、释、道，结合了海南岛历史上的英雄、名人等多神并存的信仰体系在琼北乡村也得到了广泛的传播，反映到空间上就是村庙的广泛存在。村庙中的神灵被认为能够庇护村落的发展，以忠、孝、义、节等为主题修筑的庙宇还加强了乡村社会道德的教化。

在宗族影响力较强的琼北村落（往往以血缘村落居多），宗祠一般是村落空间的核

---

① 这一时期乡村民居建设普遍处于建设加速、规划缺失和管理不严的状态。此外，宅基地退出机制不健全，导致城市化背景下，乡村人口向城镇转移的过程中大量民居闲置，空心村由此出现了。

心，而村庙则往往由于用地限制和风水经营等原因而设置在村口、道路节点等空间“关口”处，以防“内气”逸出①。如海口石山镇美贯村，村庙与村门和古树结合，被设置在村落东部一侧单独的区域以示尊崇，宗祠则处于村落的空间核心。海口的文山村，宗祠和支祠被民居簇群环绕于村落中核心的位置，村中的冼夫人庙设置在村口较为开阔处，福德庙则位于各支系主民居组团道路交叉口的位置。澄迈的罗驿村，李氏宗祠位于村内核心位置，村东一侧设置观音庙（供奉的冼夫人装束的“观音圣娘”），村西设置侯王庙，村庙与公共开放空间相连，为紧凑的村落空间提供了开敞的活动场地，成为村落中重要的祭祀空间与活动空间。

在神仙崇拜较盛的村落（往往以地缘村落居多），村庙和宗祠常常相伴设置，有些甚至取代宗祠成为村落重要的空间核心。不同于宗祠对受众的限定，基于地方性的信仰崇拜，村庙的影响可能更为广泛，不仅可以为本村所用，周边村落也会奉祀②。共同的奉祀圈，形成一种地缘性联系，对一定范围内的乡村社会产生很强的凝聚力。在这些村落，村庙往往与广场、戏台结合，成为布局紧凑的村落中重要的开放空间。典型的如海口西秀镇的拔南村，村内的广德庙、云台守将庙和华光庙分别坐落在村落东西核心的空间位置，成为村落中的精神核心。以村庙为中心的村落空间格局下，民居成为核心空间的外延，并与之形成空间上的众星捧月之势。始建于明朝正统年间的海口迈德村，曾氏宗祠和泰华三仙庙（地方神）并置于村口，前设宽阔场地和水口园林，具有教化宣传、传递信息、承载公共活动等多种功能，是村落中最重要的祭祀空间和公共大型活动空间。建村于南宋末年的澄迈永发镇博罗村是以梁姓为主的地缘村落，有深厚的崇文重教传统，村中的公庙、梁氏宗祠和学堂并置村口，被视为村落中最神圣的地方而成为村落的精神核心。

总体来看，在琼北乡村，自然要素被赋予了神圣的含义，代表了人们所遵循的“天”道，对自然要素的尊崇增强了本岛乡村社会的环境意识。以村庙为代表的神仙崇拜则代表了“人”道，这一要素往往位于村落中较为显著的位置，并且在建筑规模和等级上往往高于其他建筑，往往成为村落格局中的核心。

6.1.3.3 风水理念

在传统中国乡村社会，村落的发展、宗族的平安和子孙的昌盛，都被视作与环境有着某种关联，人们往往遵循风水理念对人居空间进行选择和改造，“风水”主要以“阴阳五行”观念为基础，对气候、水文、地形和植物等影响人居环境的要素进行统筹分

① M. Topley 在 *Chinese Religion and Rural Cohesion in the Nineteenth Century* 中指出，祠堂和村庙是中国传统村落的政治中枢，在各个村落的行政中枢中，二者必择其一，可见宗祠和村庙对传统村落的重要意义。可以说，泛神信仰与宗族礼制，催生出村庙和宗祠等琼北传统村落最重要的人文空间要素，对其空间格局亦形成影响。

② 与宗祠不同，村庙供奉的神基本是地方性的，如冼夫人、班超、天后娘娘等。在海南乡村，村庙是重要的文化中心。临高多文村的冼夫人庙，始建于民国七年（1918 年），由 46 个自然村奉祀，每逢阴历 2 月 12 日举办军坡节，从各地聚集的参与者多达几万人。海口的羊山地区普遍建有定远庙供奉班超，海口苍英村的定远庙，每年庙会，周边 2 区（秀英、龙华）3 镇（永兴、遵谭、龙泉）40 多个村庄的信众汇集于此拜祭班帅公（班超）。

析（又称“堪舆”），反映出朴素的规划意识①。琼北地区临近岭南文化圈，风水理念历来在本区域盛行，自然也影响琼北乡村景观的空间格局。

楼庆西先生曾对传统风水理论在村落选址的利用进行过总结，主要体现在觅龙、察砂、观水和点穴四个方面②。琼北乡村多为移民聚落，在琼北村落最初的选址依据中，风水理念起到了重要作用。海口云龙镇陶公山下的坡仑村，村落选址背坡面河、山水依存、植被丰茂，村落周边思峒、从衡、居碌、光螺、居林等五座小山岭左右拥护，互为扶持，远处的马鞍岭如案桌前置，三十六曲水如玉带一般在村前蜿蜒而过，区域内良田万顷、碧野苍翠，颇有桃源景象，被誉为“陶公福地”，成为清代“琼台八景”之一。海口的荣堂村，开村始祖是南宋从福建到海南的钟氏迁琼始祖钟明显③。荣堂村在选址上受风水理念的影响也较深，根据《钟氏族谱》和田野调查，荣堂村东南面的小火山口平地凸起，呈圆形，被认为类似古代的乌纱帽。村的东面，是一大块缓缓凸起的荣苍坡，类似舒展平缓的官袍。在封建社会，这意味着子孙官运亨通，世代受禄。此外，该村西南面有七十二洞，卧龙洞为首要。从风水的角度来看，此洞主龙运不绝，联系到村东面的山称为虎山，则主文运卓越。选址于定安伏龙岭的高林村，受风水学说的影响更为典型④。伏龙岭往南延伸形似龙头，高林村就在龙头上建设。村前有一小山曰“卧眉案”，案上有“笔架山”，架下坡地形如玉笔，案上坡地为三色土（左面黑似墨，中间白似纸，右边红如印），被风水学说认为是“青龙降世地”，张氏先祖于清乾隆年间自海口灵山镇坡上村迁至此定居。

在村落空间布局上，理想的风水模式则常用“富”字来总结：“富”字头上的一点是村落背后的靠山，宝盖头如同左右围合的护山，宝盖下面的短横代表村落，“口”代表村前的风水塘，“田”则代表村落的耕地。风水学说中认为塘池有“荫地脉，养真气”的作用，“风水塘”在琼北村落普遍存在，出现了大量“前塘后山（坡）”的布局形态。此外，琼北村落还普遍重视村落周围“风水林”的培育，传统风水林主要分

---

① 从某种意义上来看，传统的风水学说作为古代的一种朴素的环境观念，注重将自然地理、工程建设以及环境心理等综合考虑，与气象学、土壤学、建筑学、环境学、心理学等多种学科都有交叉关联。

② 觅龙即寻找山脉的走向，村落的选址是否顺应主脉，主脉的雄健被认为有利于村落的昌盛；察砂则是考察村落周边山峰的分布、体量和形态，上佳的风水位置被归纳为“后有镇山为屏，左右有次山辅弼，明堂临水开阔，对面有案山似朝廷龙案”；水被认为有“荫地脉，养真气，聚财富，出人才”的作用，观水是指观察水的流向、颜色、气味等；点穴则指各项综合考虑之后的村落选址。

③ 钟明显生于宋宣和四年（1122 年），为海南岛钟氏迁琼始祖。据《钟氏族谱》记载：宋高宗时，钟明显高中进士，官封知县。为平南方之乱，被封统领武官，领兵渡琼平乱，后解甲归田择居石山镇图头山村，即今天的石山镇荣堂村。

④ 高林村的张氏族人至今流行一个风水传说。清代江西著名地师洪丽芳，在琼海白石岭寻到状元宝地风水，张氏先祖宏范公得其相助，寻找到了现在高林村的地址并携族人迁徙至此定居。60 年后其孙张岳崧考取探花，成为道光皇帝的老师。

为“挡煞林”“龙座林”“下垫林”[①] 三种，琼北地区乡村普遍盛行“林木兴则宅必旺，林木败则宅必衰”的观念，把植物的繁盛与家族的兴衰联系在一起。琼北村落周围的林地倒往往不求细分，坡上、村边皆林带团绕，也会普遍设置风水树[②]，客观上保护了村落自然环境。传统风水理论虽然有很多迷信的成分，但用科学理论来分析这样一个相对典型的微地理单元，仍然有其科学的道理。背山可阻挡冬季的冷风；开阔的前方利于接纳来自村前水塘的凉风；周边的山林可以保持水土，提供生活必需的木材、食物和燃料，也能形成适宜的小气候；缓坡利于村落排水，也可避免洪涝威胁；近水则既能保证生活与生产用水，又能调节局部气候，从而形成良好的人居环境。

在琼北先民按照风水观念营造其人居环境的过程中，理想模式的风水环境毕竟难求，当村落环境中的山形水势有风水上的缺陷时，就需要对村落空间进行改善，通过修补、添造、避让等办法对地形、水体、植被、场地、建筑等景观要素进行人工的干预。锄砂裁气、培土补基、筑塔建桥、增植林木、开沟挖渠、筑塘挖井等一系列手法被用于村落风水的补救和改善，从某种意义上看，这也是乡村景观再造的过程。具体如地形整理方面，风水理念认为“山管人丁水管财”，强调以锄砂裁气的方式进行地形整理。锄砂即是对视野中形态不佳、倾斜不稳之类“有碍生气”的地形进行修整；裁气则是裁去某些山脉地形的脉气，并加以规制。此举在主观上是对地形脉气的梳理，客观上则有消除地形隐患、开阔视野、疏导风向等作用。按照风水的认知“若下砂低旷”则需要“培土补基”，意即如果村落中水口位置地势低旷，则有水患的威胁，应该垫高地形进行阻挡；如果屋宅前后有基础下沉凹陷的情况，则需“以土填之或堆土增高”以填补基础。在土木营造方面，增建风水桥、风水塔等弥补风水缺陷也是古人常用的手法（往往在客观上也满足了人们在空间视觉和心理上的某些需要）。澄迈美榔村的姐妹塔位于村落水口园林，风水上认为有防止村落“内气外逸”的作用，景观上则在村落水口园林起到了点睛的作用。澄迈的罗驿村平面上东西舒展似要飞升的凤凰，村内在元代建设了“用倒塔”与“道乐塔”，一东一西布局于村内，寓意双塔压住凤凰双翅，护佑村落人才辈出。虽然在观念上较为迷信，但在客观上成为了村落空间的核心，有益于村落空间识别度的增强和村落景观的丰富。

总体而言，虽然琼北传统村落营建中的风水理念有迷信的成分，但确实也有其科学的部分，琼北先民在风水理念的影响下有意识地改造并优化其居住环境，折射出传统文化观念对琼北乡村景观的影响。

6.1.3.4 空间偏好

空间偏好来自族群对空间的认知和理解，往往由乡村社会某一时期的生产力水平决

---

① “挡煞林”又叫“挡风林”，主要因为树林对风害有减弱或阻挡的作用，所以林地被认为有挡煞的作用。“龙座林”主要是指山顶的林地，主要有防止水土流失侵害村落的作用。“下垫林”主要是村落低处或临水的林带，有防止滑坡及水岸侵蚀等作用。

② 琼北村落中的风水树常常是榕树、酸豆树、木棉树等。这棵树不能随便破坏，更不可以拴牲畜，树下往往还设置“土地庙”或“树神龛”，不能亵渎。时间一久，就成了村落的风水树。

定，它一般以“大众想法”的形式出现并成为族群共识的基础，空间偏好与物质空间同构，也影响了相应时期的乡村景观风貌。

在莽荒的热带岛屿环境下，琼北乡村社会形成了突出的自然崇尚观念，它也深刻地影响了琼北乡村的人居景观。在原始岛屿的莽莽林原和烈日飓风面前，各路移民在此莽荒之境不断垦拓，其进程虽持续不断但仍然是艰辛而缓慢的，人们对自然的力量充满了敬畏和崇拜。无论是“万物有神”，还是“林木崇拜”，都反映出琼北乡村社会对自然环境普遍的尊崇意识。基于自然风景的村落环境选址；超越移民祖居地闽东南和广府村落以宗祠为中心的民居布局模式，改为以水塘或地形等自然要素为核心的村落空间形态模式；环村林带的普遍存在；等等，都是自然崇尚在琼北乡村的空间映射和体现。

在人文环境方面。汉族注重传承，琼北先民主要由闽东南和广府地区迁徙而来，琼北传统村落在很多地方都体现出闽海民系和广府民系文化的影响。琼北乡村社会的传统文化主要以小农经济为基础，以宗族制的大家庭聚居为背景，推崇“尊卑有序”的儒家传统和“天人和谐”的道家思想，讲究“黜奢崇俭”的行为法则以及“趋吉避灾”的审美偏好。儒家文化重视“壮人文、培文风”的环境营造。在琼北传统村落中，大到“文昌阁”“文笔塔”“状元桥”“进士坊”等公共建筑的设置，小到“耕读传家”“书田历世”“孝友家风”之类的匾额楹联，以“兴教化”为目的的空间营造蕴含了深厚的文化韵味。在儒家文化影响之外，由于琼北地区的边陲地理环境及其乡村的自由社会氛围，道家文化中追求天人和谐、崇尚自然的文化观念也在其乡村营造中也有较大的影响，表现为人居建设与水体、地形、林地等自然要素紧密融合，风水塘、公共活动场地等公共空间营造不求其空间造型的规制，往往因地制宜，形式自由，充分利用乡土材料等。总体来看，在长期的历史演进中，琼北乡村社会的基本文化特征形成了崇尚自然、讲究人文的空间偏好，形成了人与自然和谐共生的住居理念。这种理念在人居环境的营造中体现为一种内在的引导力量，反映到景观上则表现为乡村人居环境中鲜明的文化性和自然性。

琼北乡村社会中的自然偏好与文化崇尚观念突出表现在其“八景”现象。所谓“八景”是对一个地方典型的自然和文化景观的一种统称，其实质是出于人们对栖居环境的审美偏好，是一种环境诗化的文化现象。海南岛的“八景”文化兴起自元朝，元文宗时，被贬参知政事的王士熙，首先提出了“崖州八景”。此后，本岛历代志书或各个村落族谱之中都有关于地方乡村景观的“八景”记载。历史上，海南岛官员在上任或编写志书时常常会选出该辖区的代表性景观，并以“八景”的形式列入志书。在官方志书之外，八景文化还传播并渗透到更广的乡野民间，琼北地区很多文人诗歌或者村落族谱中都有很多关于村落“八景”的记载：有些会以八景诗的形式来说明各个景观的内容及意义，或者在其里居图中标出各个景点所在位置。琼北“八景”中较有代表的如明代的“琼台八景”“澄迈八景”“万安八景”“文山八景”，清代的“罗驿八景”“高林八景”“大美八景”“透滩八景”，民国的“文昌八景”等。在琼北乡村“八景”的相关记录中，山水景、天象景、建筑景和植物景是人们欣赏的主要对象，借由“八景”的遴选和相关文字的流传，自然要素附着了人文的内涵，更增添了景观的意境，而这也是琼北乡村社会自然性和文化性结合的空间偏好的重要表现。如海口的文山村

（清以前称“员山”），明代广西参政林士元为其撰写了《员山里记》，明代海南进士、礼部尚书王弘诲则有赞美圆山村优美风景的五言诗《员山八景》，分别为绿水环龙、竹松笼月、横桥渡马、楼阁丛云、岸头娇柳、塘尾甘泉、石岭樵歌、莲塘渔唱。清代文山人根据其村落景观又再取八景，概括为村成莲花、水环玉带、仙洞聚奇、山城拥障、娥案围光、鱼桥钓月、五井饮和、三元镇口。文化营造与自然环境的有机融合，折射出琼北传统村落景观营造中崇尚自然、注重人文环境营造的空间偏好。

6.1.4 限定因素：材料技术的巧妙利用

材料技术是乡村人居环境营造的基础，不同地域在可利用的物质材料和掌握的技术方式上往往存在一定差异，反映到乡村景观上则表现出一定的地域差异。材料技术的发展也往往带来乡村营造中景观要素的空间形态变化，使得乡村景观表现出一定的历时性特征。农耕文明时代，乡村生产生活以当地资源和手工劳动为基础，源自天然的茅草、竹、木和火山岩石等以乡土技术加以组合而构筑，传统乡村营造的空间形态表现出同质化和小规模的特征。随着时代的发展，现代材料和新技术的广泛运用，则给本岛乡村景观带来了新的景象。

6.1.4.1 地方材料

传统乡建由于成本的限制，大都就地取材，并将各种乡土材料结合使用，以各尽其才。琼北地区相对封闭的地域环境，因地制宜、多材并举是其民居营建的主要特点，而地方材料也在一定程度上影响了琼北乡村的景观图景（表 6-2）。

表 6-2 琼北传统村落的主要建筑材料

材料	优缺点	应用位置及作用	示例
木材	就地取材、高强质轻、抗震性强、调节湿度。成本较高	用作建筑主体结构，是建筑的主要承重构件	
石材	就地取材、抗压强度高、耐久性好、资源丰富	用作维护墙体，可承重，起隔热作用	
砖材	质地坚硬，防水防潮性能良好；普遍为青砖灰瓦，也有部分红砖	用作维护墙体，可承重，起隔热作用	
瓦材	泥灰掺拌蚌壳碎屑、沙土等制成海南黑瓦，耐久性好、资源丰富	用作屋顶材料，是建筑的维护结构，遮风挡雨	

琼北地区水热条件优越，非常有利于林木生长，因此其木材资源也非常丰富。琼北地区的木材如菠萝蜜木（俗称“菠萝格”）、荔枝木、花梨木、杉木等抗弯性能好，坚硬耐磨，干后较少出现开裂变形的情况，耐水、耐火、耐虫蛀腐蚀，是本地区建筑营造的主选材料。木材常常与火山石、砖结合使用，琼北地区至今仍有大量石木和砖木结构传统民居。此外，建筑结构以穿斗式、抬梁式或二者结合为主，建筑各构件之间通过榫卯铰接或穿结连接，可以吸收能量、化解外力，具有很强的抗震（琼北地区隶属于雷琼地震带）和抗风能力，非常适应琼北地质活跃和多台风的地域环境特征。

琼北地区多火山石和玄武岩，石材因量大易得、质地坚硬、易于加工、耐风化剥蚀等特点，成为本地区建筑防雨抗风的主要材料。琼北地区乡村营建的石材运用以琼北火山岩地质区域①最有代表性。由于火山岩本身的多孔结构，作为建筑材料时能够很好地满足本地区炎热气候条件下建筑隔热透气的需要。火山岩在琼北乡村营建中被大量使用，出现了石柱、石墙、石阶和石基等运用。在屋脊、戗脊、吻兽等装饰构件上也有运用。在建筑之外，火山岩常常还作为琼北地区田埂、道路、铺装、村墙等构筑材料，制作石碾、石盆、石缸、石凳等生产生活器物，甚至制成土地神兽、玩偶器物等应用于神仙崇拜、艺术表达和生活娱乐之中。可以说，琼北火山岩地区的传统村落将石材的运用发挥到了极致，整个村落仿佛一个火山石的世界，体现出琼北先民因地制宜的生活智慧。

琼北地区传统乡建所用的灰瓦一般为黏土瓦，即以黏土为主要原料烧制，不上釉。由泥灰掺拌蚌壳碎屑、砂土等制成的黑瓦，瓦壁厚、瓦垄宽、坚固耐用且不易被太阳晒透，因而在琼北乡建中的使用也较为普遍。此外，在玻璃未普及之前，琼北传统民居中多有明瓦的使用。明瓦取材于贝类，常以海中的蚌壳、蛎壳等打磨成半透明薄片，嵌于窗间或屋顶用于采光。传统琼北青砖，以黏土烧结，生成红砖后迅速停火闷水制成青砖，质地坚硬，防水防潮性能良好。砖材较石材更便于标准化的施工建设以及建筑的后期维护，在琼北民居中运用广泛。所用砖材以青砖为主，但文昌、琼海等部分地区也存在使用红砖的现象（传统的青砖逐渐减少后的替代材料）。总体来看，琼北地区传统砖瓦材料普遍为青砖灰瓦，加之与原木结合形成砖木结构，这使得琼北传统民居在建筑色彩上表现出淡泊素雅的特点。

竹材在琼北乡村地区运用较少，主要用于一些临时性构建。琼北当地的麻竹、毛竹等高壮强韧、肉厚空小，常被用于承重构件；砂竹（思劳竹）竹节长细，皮薄空多，破开之后，竹篾青时软韧、利于编织，干透后又硬实稳固、不易变形，因此常被用于维护构件。此外，竹材往往与本地的藤条、茅草并用，藤条具有良好的韧性和耐久性，多用于编织和绑扎，茅草或棕榈叶则一般用于建筑的覆盖。但是，由于竹材的粗度有限，竹筒又不能像木材那样开榫做卯而连接成大空间、结构稳定的构架，传统竹结构的承重性和耐久性都比木结构差，在防风、防火、防蛀方面也较差，因此竹材、藤条和茅草在

① 雷琼地区指雷州半岛和海南岛北部，是我国第四纪火山岩分布面积最广的区域。其中琼北的台地和滨海地区火山岩分布面积4 000多千米^2，占海南岛总面积的12%。较有代表的有雷虎岭——马鞍岭区域、峨蔓岭区域和高山岭区域。

琼北民间的使用较少。

当代琼北乡村，随着文明的转型和材料技术的发展，无论是传统材料的供给，还是其在乡村建设中的运用都日渐减少①。由于材料运输日益便捷，现代材料在营建技术和材料成本上的优势等原因，钢筋水泥、空心砌体、各种合金、玻璃等材料在乡村营造中逐渐普及，甚至一些不常用的材料如镀锌铁皮也作为屋顶覆盖材料使用，反映出现代材料对乡村景观的影响。

6.1.4.2 技术工艺

技术工艺是改变现有事物功能、性能的方法。在乡村建设中，琼北先民在充分挖掘乡土建设材料的同时，实施以相应的技术工艺，最终营造出适应地域环境的民居建筑。由于传统的乡村营造主要由匠人实施完成，而匠师的工作往往师承前辈的经验传统，按照社会既定的建造习俗和工艺原则完成，只根据各户的需求略作调整。材料和工艺的相对统一，形成了琼北地区传统乡村营造较为一致的建筑风格和色彩风貌。

墙体构造 根据材料，琼北地区传统建筑的墙体可分为火山石墙、砖墙、花岗岩石墙、夯土墙等，其中以砖墙和火山石墙居多。砖墙主要分为砖砌实墙、空斗墙以及二者结合的形式。实砌墙一般直接由青砖砌筑，表面不抹灰。空斗墙具有用料省和隔音、隔热等优点，主要由砖材平砌（眠砖）、侧砌（斗砖）交替砌筑，砌筑方式分为有眠和无眠两种，无论哪种都上下砖错开以求坚固。由于空斗墙在坚固性上较实砌墙略差，因此琼北传统建筑墙体在纵横墙交接处、勒脚、门洞等比较重要的位置往往砌筑实墙以保证建筑的承重需要，其他地方则可适当采用“空斗墙”以节省材料。

石墙砌筑方式有湿砌和干砌两种。湿砌采用灰土砂浆勾缝。干砌则不用砂浆，完全由石块的自然咬合与平衡完成。在石材的处理方式上主要又有“乱石砌”“顺石砌”“人字砌”和“四面光”四种。“乱石砌”采用火山石块体不加处理，靠石块的凹凸相互咬合形成墙体。“顺石砌”则是将火山岩加工成类似砖材式样的标准砌体，规则垒砌成平整的墙体。“人字砌”以湿砌为多，同样是将火山岩加工为标准砌体，但不同于顺石砌以水平砌筑的方式形成墙体，而是呼应屋顶的坡度砌筑成人字形态，使墙体形成稳定的三角形受力结构。“四面光”则是将火山岩加工成厚度相同的体块，并保留火山岩的不规则形态，再根据体块的凹凸形式拼凑成规整的墙体。由于材料特性与砖不同，火山石民居在跨度上往往略小于砖木民居。

此外，琼北传统民居少数还存在一些使用玄武岩、珊瑚石、砖瓦碎料、卵石等砌筑而成的墙体（大都经过抹灰处理）。由于其施工技艺与火山岩类似且数量不多，在此不再赘述。

大木构造 我国传统木结构建筑主要有抬梁式和穿斗式两类。在琼北传统民居的调查中，发现很多做法沿袭了广府和闽东南沿海地区常用的插梁式构架。插梁式结构指承重梁一端或两端直接插入柱身，不同于承重梁顶在柱头上的抬梁式，与穿斗式以柱头支撑檩条，柱间梁不承重，仅起拉结作用的穿枋形式也不同。琼北地处季风气候区，传统

---

① 近年来，为保护环境和资源，海南岛已经全面禁止开采和使用火山石。由于国家政策对乡村耕地、空气和水源的保护考虑，传统黏土砖目前仅限于乡野小窑或专供古建修复的特定窑厂生产，且由于传统青砖烧制费工费时，其产量和供给越来越少，在琼北乡建中的运用也越来越少。

建筑屋面坡度普遍较为平缓，坡度多为四举左右，较难以抬梁式实现，因此插梁式结构较为盛行。此外，琼北大型民居或公共建筑，如书院、祠堂或村庙等，多为抬梁式明间，在两端山墙则采用穿斗式结构。另一种琼北传统民居常见结构为硬山搁檩式。这种做法是将建筑各开间横向承重墙按屋顶坡度砌筑成为阶梯状，直接在横墙上搭檩条，然后再放椽铺瓦。这种简单的构造省略了屋架，施工方便，适应于小开间的村落民居，因此在琼北乡村也普遍存在。

屋面结构 琼北传统建筑屋面主要有单层瓦面、双层瓦面两种做法。单层瓦面是在望板上以搭七露三的方式铺设平瓦，两路平瓦交接处盖以筒瓦，内用砂浆黏接筒瓦和平瓦。双层瓦面则是在单层瓦面的基础上再重叠铺设一层瓦面，只是上层瓦面不连屋脊，留一至两片瓦的距离不铺，这样就使得两层瓦面间留有通风隔热的间层。这种做法增强了屋面的隔热效果，白天能隔热，晚上能保温，适应了琼北昼夜温差较大的环境特点。此外，琼北多台风，因此传统建筑多在檐口以上一至两片瓦使用压条压瓦，以防台风掀瓦。屋内一般“彻上明造”，通常不做顶棚。

总体来看，琼北传统乡建主要基于对地方材料的充分利用和对地域环境的主动适应，其技术工艺以简洁实用为主。至近代，随着材料和建造技术的发展，以木材、石材和砖为主的传统材料及其营造方式被逐渐舍弃。当代琼北乡建已经基本朝2~3层、大跨度的楼居形态转变，营造水平参差不齐，造型体量各不相同，建筑风格各凭喜好的乡建时期出现了。总体来看，由于技术工艺的提升，乡村建设拥有了比过去更多的可能性，传统琼北村落匀质的建筑空间形态逐渐朝异质和多样化方向发展，琼北乡村景观的地域性也受到了较大冲击。

6.2 人的作用：人类环境心理的内在关联

在琼北乡村景观的历史演进过程中，乡村景观如同其乡村生产生活的一面镜子，受生产力和生产关系的制约，展现出人与环境相互作用的结果。人与环境的关系之中，人是重要的利益主体以及驱动因素，因此，对乡村景观的研究不能忽略人的作用。

6.2.1 内在需求映射与外部环境适应

在琼北乡村景观历史演进的过程中，自然地理环境和社会人文环境不断演变，在既定的自然环境、社会经济和材料技术约束下，琼北乡村所展现出来的景观图景主要取决于人们对理想空间的定义及营建。人类一方面以相应的空间营造不断适应环境的变化，另一方面又出于对理想人居环境的追寻而不断对其生产、生活空间进行完善和优化，乡村景观也由此发展和变化。

6.2.1.1 内在需求映射

“自然性与社会性，这两重性身份迥异甚至有时相互矛盾，却相互作用产生了景观——那些被某个持久存在的人类群体改变的环境。我们看到的景观不过是人们工作、生活的副产品，时而相聚、时而分离，但总是呈现出相互依存的社会性”，乡村景观是人类改造环境的产物，同时受到自然环境与社会环境影响（Jackson，1984）。既然乡村景观是乡村生产生活的副产品，它就必然包含与人类生产生活的内在需求相协同的空间内涵。根据马斯洛的需求层次理论，人类自身需求一般由物质满足逐渐上升到精神需求，这就使得与之相适应的乡村景观往往具备自然和人文的多重内涵。

人类发展之初，逐水草而居，一切以生存为目标。琼北先民此时改造自然的能力尚弱，村落择址尤为重要。天象物候、地形地貌、水系植被等要素是人类择居的重要环境指标，亦是构成琼北乡村的重要基底。人们偏好于背山面水之地定居，即是基于生存所需，对住居环境的选择。这种对人居环境的需求和选择同时也对早期的琼北乡村景观风貌起到了决定性的作用：以河流山川、流瀑飞泉为代表的山水风貌，以晨暮光影、季节变化、昼夜交替为代表的天象物候，以草木鸟兽、雁翔鱼跃为代表的自然生命，构成其生态良好、风景优美的人居环境基底，而这种对自然环境的崇尚和亲密也影响了后期琼北乡村聚落的择址和营造。

相较于捕捞渔猎，农业提供了更为稳定以及更为充足的食物来源。琼北先民改造大地、垦拓土地并发展农业。“靠山吃山、靠水吃水”，为了适应本地区不同的自然地理环境，逐渐发展出地域性的生产方式及相应的生产性景观。从琼北的低山丘陵到台地平原，形成了火山地区的石埂旱园、低山丘陵的果树林业、滨海平原的稻作田洋等独具特色的地域性生产景观。

在琼北乡村聚落的生成过程中，其发展的主要动力还是来自人类的空间需求。首先是满足基本的住居条件，最初的草寮茅屋是琼北先民筚路蓝缕的体现。随着琼北乡村社会经济的发展和营造技术的提升，人类不断优化其生活环境以追求更为舒适的住居品质，民居建筑发展出砖木和石木民居体系，并逐渐发展至当代楼居，住居条件不断提升。同时，人类的营建还涵盖了日常生活所需的水井、桥梁、道路等设施构筑，在满足生产生活的基本功能所需之外，作为人类生活的重要补充，精神追求开始体现在琼北乡村景观之中。为了实现祭祀族表、宣扬伦理以及培育文风等社会文化功能，满足人类寄托信仰与愉悦感官等内在精神需求，村落中人文景观逐渐兴起。附着于信仰的宗祠庙宇，来源于风水的镇山镇水，兴起于文风的八景名胜就是这种需求的集中映射和具体体现。琼北乡村的人居图景也由此不断改变。

6.2.1.2　外部环境适应

乡村景观来自区域内“人地关系”的长期互动。“人”是社会性的，“地”则代表了与人类活动密切相关的自然环境。以系统论的观点来看，人地关系的互动是指乡村人居系统内部与外界环境之间持续的交流、协调与适应，是一个从外部环境中的信号输入（气候、水文、地形、文化、制度、材料、技术等）到系统内部产生相应信息并输出（农地作物类型、村落空间形态、建筑基本形制等）的过程。信号的输入来自于外部环境中的多种影响因素，信号的输出则来自于“人的作用”，即从人对外在影响因素的感知到根据其累积的经验不断调整应对，不断寻求“突破”“平衡”和“最佳”的过程。在琼北乡村历史演进的过程中，乡村自然地理环境和社会人文环境不断变化，琼北先民则以相应的空间行为不断适应这种变化，表现在空间上就是琼北乡村景观所体现出的对自然环境与人文环境的适应性。

从人类的脚步踏上琼北的土地起，就开始了对本地区原生自然环境的适应与改造，相应的乡村景观形态也随之更替和演进。在自然环境的适应方面，相较于南部的山地，琼北地区较容易开垦的滨海平原和靠近河流的二级台地最先被开拓和利用。广袤的原始森林由于人类作物生产的需求而被开辟为耕地，琼北先民采伐林木以用于村落的建设或燃料的供给。人类在顺应地形条件的基础上，将土地整理为适宜耕作的形态，由此也形成了山地梯田、台地旱园和平地田洋等不同的农地形式。作物种类则根据土壤类型和灌溉条件有所差异，形成了稻作、薯蓣、豆类和果林等不同的农作物景观形态。塘池、水井、沟渠等水利设施被营造，水缸在庭院的普及都是应对工程性水缺乏的困难。临水的环境宜耕宜居，最先受到人居的青睐，由此分布了较多的乡村聚落。村落空间形态充分适应琼北独特的热带气候和地形地貌，水塘有调节村落微气候的作用，高墙窄巷的民居格局形成了有降温作用的冷巷，紧凑的院落布局和村落周边团绕的林带则有利于对抗周期性台风的影响。民居有遮阳挑檐、双层屋面、镂空气窗以及绿色庭院等营造策略以利于民居院落的避热降温，适应炎热气候。

自然环境之外，基于对琼北地区人文环境的适应，也产生了相应的景观形态。琼北乡村的血缘、地缘和业缘聚落分别形成了不同的村落空间形态。移民族群将村落和民居建造成模仿祖居地的模样以承载记忆、凝聚族群，在琼北村落中可以看到明显的闽东南和广府传统村落的影子。风水林和风水塘契合了移民群体祖居地的风水观念；宗祠、庙宇及其附属场地适应于移民群体凝聚族群、促进交流的心理需求；村墙、村门和巷门等防御体系适应了移民村落的防御需求，因此在琼北村落中广泛存在。多进合院的形式适应了本地区几代人聚居的移民家庭构成，庭院空间则适应了庭院经济的功能需求。火山石材的运用适应了本地区经济的局限和技术工艺的限定。凡此种种，都是琼北先民对其人文环境的适应。

总体来说，琼北乡村景观反映出居民在当时当地生产生活水平下，以自己特有的方式去适应乡村自然和人文环境的结果。从对自然环境的适应和对自然资源的利用，到不同历史阶段对经济基础和文化环境的适应，琼北乡村景观始终都体现人类与环境之间的依附与顺应关系，这些生产生活中的适应方式经由时空因素叠加和累积，最终形成了琼北乡村景观的地域性特征（图 6-5）。

6.2.2 群体意识与个体意识

琼北自古就是移民地区，移民群体聚族而居的生存状态决定了本地区乡村社会浓厚的群体意识。个体意识来自以个人为本位的思考方式，这是人性的基本构成，对人的行为也产生影响。村落由族群的群体空间行为和村民的个体空间行为叠加累积形成，这就决定了在乡村景观生成和演化过程中，乡村社会的群体意识和个体意识引导之下的空间行为的重要作用。

6.2.2.1 群体意识的总体控制

群体意识指群体成员普遍具有的心理特征，它是群体实践的产物，来自群体成员普遍认同的信仰崇拜、价值观念和规范准则等。在传统的乡村营建过程中，从表面来看，村民个体的空间行为由其个人意愿引导及控制，表现出随机性和多样性，但琼北传统村落却呈现出显著的匀质性和秩序感，这就说明其背后潜藏着控制其秩序的法则，而这种

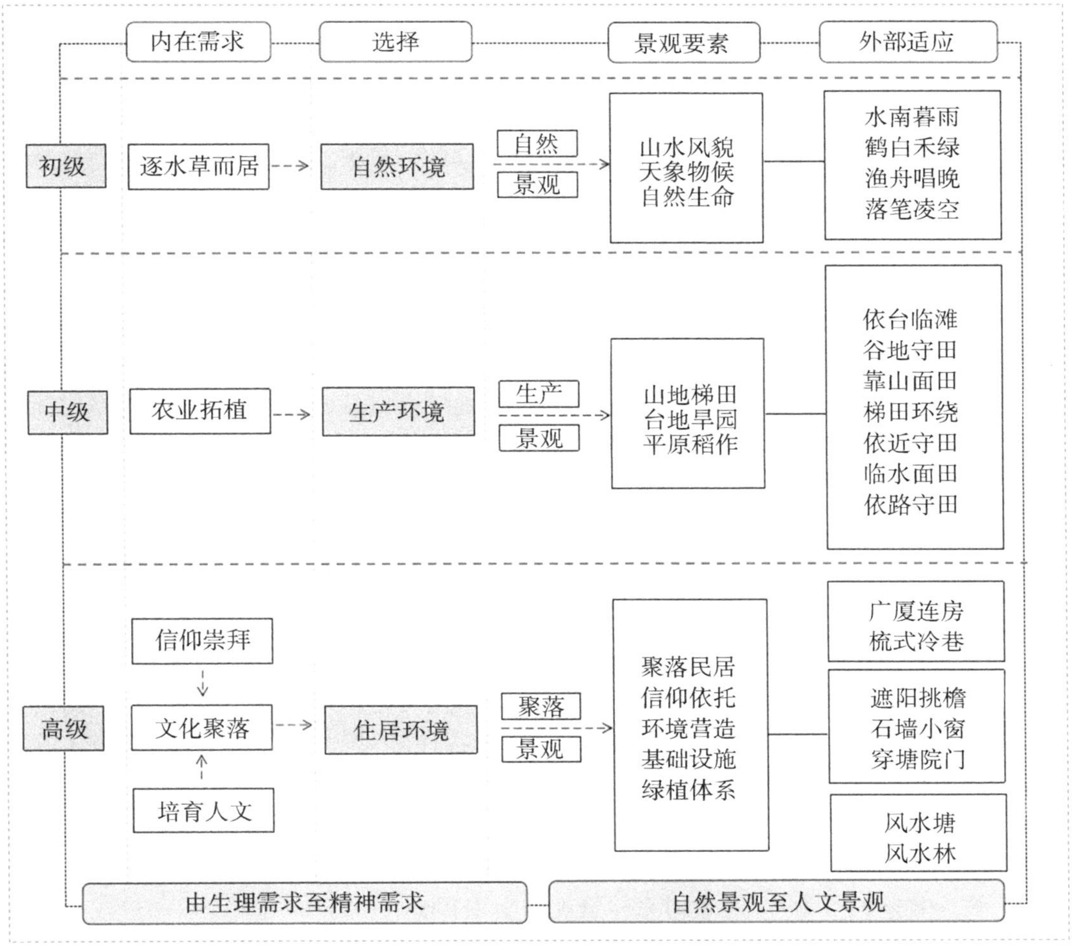

图 6-5　人类内在需求与外部环境适应对琼北乡村景观的影响分析

（图片来源：作者自绘）

总体的控制就来自于群体意识。

从总体上来看，人的本质就是社会性的，人类以一定的生产力水平为基础，过着群居的生活并形成一定的社会组织。在琼北边陲社会的状态下，人们需要在莽荒的岛屿开发处女地，自然环境的改造、农业田地的垦拓、人居空间的建设，常常需要群体的力量以协作的方式才能完成。特别是水利设施、道路交通和公共空间建设，仅仅依靠个体的力量几乎不可能完成，群体的协作因而成了最重要的乡村建设力量。这种情况下，合作性的群体显然更占优势。琼北乡村无论是以血缘关系为纽带的宗族群体，或是以地缘关系结合的邻里群体，还是以业缘关系联系的职业群体，在生存竞争的压力与合作生活的动力之下，其群体内部都比较容易形成相对一致的目标及规矩，遵守共同的价值观念以及信仰崇拜。因此，对于渡海而来，聚族而居的琼北移民群体来说，安分守己、恪守祖训是个体和族群得以安定长久的保障，而这也在某种程度上强化了群体意识的控制力。

人们在群体的庇护下生存发展，个人在群体面前处于绝对弱小的地位。在这样的情况下，个体的空间行为往往受到群体意识的影响，个体在认知和行为上都倾向于与群体中大多数人保持一致，恪守群体中的规则，谁都不愿成为“不合群者”，表现为个体意识对群体意识的遵从和趋同。此外在群体生活中，个体行为必须顾及邻里、宗亲或者族群的需求，个体利益往往必须服从群体利益。在这样的背景下，琼北乡村社会的群体意识形成了一种极强的控制力，对个体空间行为产生影响，使得村落中的个体空间行为则表现出显著的趋同特征。具体来说，群体意识对乡村景观的影响是借由“原型同化”的方式实现的。“原型”是指一种空间的范式，它来自琼北先民在生产生活中的经验积累，是受本地区自然和人文环境影响，逐渐产生的对其人居空间模式的一种基本认同。在琼北乡村，这种原型不仅表现为梳式村落的布局模式，也表现为“一明二暗”硬山顶正屋与横屋的三合院落空间形态，还表现为对地域火山石材料的利用。由于乡村社会普遍存在的趋同心理，个体的空间行为往往遵循群体的基本认同。因此，群体认可的空间原型一旦确立，在群体意识的影响之下，个体的空间行为便会对原型进行不同程度模仿，进而逐渐实现一定区域内的同质化现象。在群体意识的影响下，传统的村落空间模式逐渐传承并稳定下来，民居建筑也产生了统一的风貌，最终带来了琼北乡村景观稳定而鲜明的地域风貌。

6.2.2.2 个体意识的差异体现

个体意识是以个人为本位的思维方式或意识模式。在乡村社会，村民个体受知识层次的限定，类似于民居营建之类的个体空间行为往往是对群体认可的空间原型进行模仿。当然，从唯物辩证的观点来看，群体意识影响个体意识，个人意识同样也能影响群体意识。影响乡村生产生活的因素多种多样，对这些因素认识的方式、程度，以及对各种空间行为的利弊权衡，往往取决于农户个体的主观判断和选择，映射到个体营造之中，汇聚为普遍的行为①，也就对乡村景观产生了影响。

首先，个体意识中有很多个人偏好的成分。比如民居建造过程中，对民居原型的模仿是出于对既有经验的利用，这也使得村落中的民居展现出广泛的相似性，但具体到每一个民居单体，又可能会因为农户个体在空间需求或审美偏好等因素上的不同而在其民居的规模、形制以及色彩等方面造成差异，这种差异给均质的村落空间带来了更为多元的内容。其次，个体意识中普遍存在利己心理。利己是人与生俱来的本性，归根结底源自生存的需要。利己心理影响下，个体空间行为表现为以个体利益为先，对群体和公共利益则略为轻视。例如，村落中曲折多变的窄巷，常常源自沿路各户对公共领域的侵

① 虽然群体意识会影响绝大多数的传统营造，但个体营造中的偶然尝试在历经小范围内的使用和验证之后，也有机会被群体接受并逐步发展成为新的“原型”。例如，五指山的初保村在刚刚建村时，民居以泥石结构和茅草屋顶为主。随着村内人口增多，交通阻塞、平地难寻，因此如何在坡地构建房屋成了极大的难题。20 世纪 70 年代前后，一位名叫王庆南的村民师法五指山的水满村，就地取材建起了第一个木结构茅草顶民居。其他村民随后相继仿效，形成初保村民居现在统一的干栏民居式样。当然，并非所有的尝试都是合理且可推广的，在乡村营造的过程中，个体偶然尝试中不合理的部分必然难以得到群体广泛的认可，只有合理的部分才有可能逐渐传播并稳定下来。

占。当然，人是生活在社会之中的，制度法则的作用在这个时候就显得相当重要了。然后，是竞争心理。乡村社会中人际关系紧密，个体、邻里之间也普遍存在竞争。例如，乡村建设中看谁家的房子建得规模大、建得品质高等现象就较为普遍。最后，个体意识中的偶然因素和非理性因素①。例如，琼北历史上有些村落的选址常有祖先说或仙人托梦说，往往只是族群先祖主观认定某地，便逐渐于此营建生活，如果后期发现环境不够理想，则通过对环境的人工改造和修补，逐步追求更宜耕宜居的状态。在当前部分乡村的建设中，部分人认为地域乡土的形式比不上国外的或是城市的，地域文化被漠视，出现直接忽略自然和人文环境，照抄照搬的情况。从某种程度上来说，这也属于人类个体意识中非理性部分的影响。

总体来看，群体意识对个体空间行为产生一种导向性的影响，个体意识则在这种影响下不断突破，二者相互作用，最终反映在乡村建设中即对乡村景观产生影响。可以说，群体意识带来了乡村景观总体上的匀质性，个体意识则带来了统一中的差异性。当代琼北乡村社会，乡村社会群体意识逐渐式微，乡村建设中村民的自我意识兴起，表现为相互趋同的背后又总是意图超越邻里、实现并满足自我意志。突破了群体意识限定之后，新的乡村建设在民居选址、建筑营造、场地布局上逐渐趋于个性，表现出越发明显的差异化倾向。传统的人与环境、人与人之间的密切关系受到破坏，匀质的传统村落空间形态逐渐瓦解，新旧杂陈、怪诞失谐的乡村景观风貌逐渐显现了（图 6-6）。

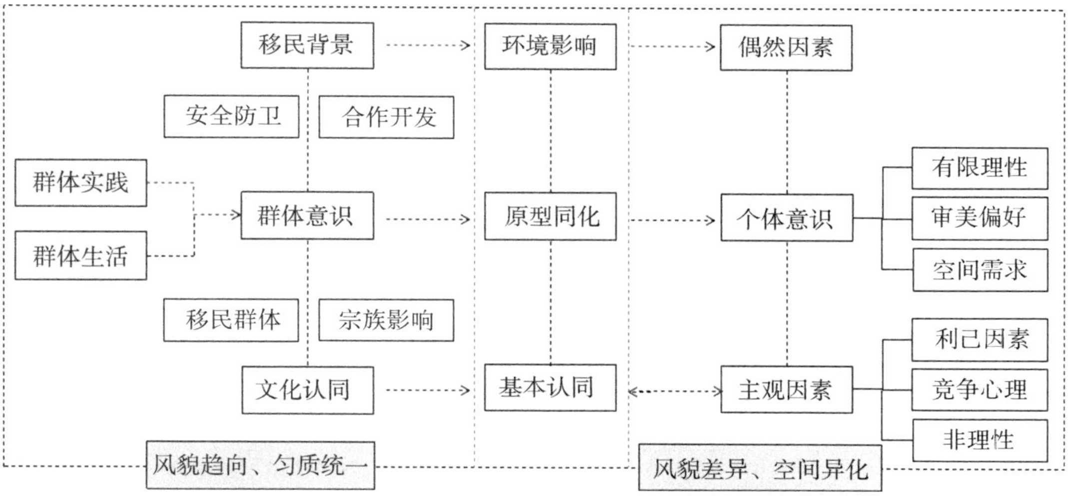

图 6-6 群体意识与个体意识对乡村景观的影响

（图片来源：作者自绘）

① 事物发展演进的过程往往包含着必然性与偶然性的统一，其中既包含着起决定因素的客观规律，也包含着主观因素影响。将群体意识和个体意识结合起来看，虽然个体的空间行为看似主观偶然，但也不是毫无约束，其基本面仍然是面向理性的。

6.3 本章小结

本章从琼北乡村景观的环境影响要素入手，分别从自然环境因素、社会经济因素、制度观念因素和材料技术因素四个方面进行了探讨。可以看到，乡村景观的影响因素是多元的，诸多要素呈现出互为影响、共同作用的特征。例如，平原村落“前塘后山、绿林环绕、梳式布局”的特征即是农地耕作的需要，基于地形的利用以及气候适应的需要和文化传承的影响共同作用下而形成的。当然，所有的影响因素实则都与“人”产生关联，人类的内在需求是其生产生活的动力，对外界环境的适应是其生产生活中的乡土智慧。琼北先民基于生产生活的需求不断适应并改变着地域环境，人化自然逐渐取代自在自然。在这个过程中，人居经验的累积最终通过群体的人居环境意识对琼北乡村景观产生影响，在群体意识与个体意识相互作用下，形成了既和谐有序又丰富多元的琼北乡村景观风貌。

7 琼北乡村景观特征解析

琼北地区独特的地域自然条件和历史人文环境，构成琼北乡村在地形地貌、人文风情和生产方式等诸多方面的地方特点，也催生出琼北乡村景观具有一定普遍性和典型性的形态构成与形态特征。从琼北乡村景观的历史演进来看，虽然在自然和人文环境的影响下其景观要素不断发展变化，但无论从视觉上的显性风貌还是精神上的隐性内涵，这种地域特征都表现出较强的稳定性和延续性。

7.1 琼北乡村景观的形态构成

前人研究认为，乡村景观是人们出于自身生活需要而自发创造形成的一种文化景观。Upton 和 Vlach（1986）认为乡村景观的形式特点主要体现为一种日常性与普通性。从本体视角出发，与普遍意义上的园林景观相比，乡村景观往往并非来自刻意的设计，而是产生于乡村生产生活中的伦常日用，有着看似“普通”与“日常”的特征。相对于美学导向，乡村景观更多地体现出实用主义的追求，有着大量“非正式”的景观形态。田园风光、聚落场地和建筑形态中无不渗透着生产生活的实际需求和当时当地的技术水平。琼北乡村景观生成于其乡村生产生活中的实际需求，所呈现的空间形态及其地域特征，主要源自乡村各生产生活要素在空间上的有机协同和内部结构上稳定秩序的形成。

7.1.1 空间结构的内生秩序

乡村景观的空间结构是其景观形态的表象之下，诸多景观要素以边界、节点、路径和面层的形式在空间形成的秩序关联。山水、民居、植被、场地和道路等既是独立的空间要素，又彼此关联，正是这些要素通过点、线、面的承转连接，形成了琼北乡村景观的内在秩序。

7.1.1.1 边界：领域意识的环境映射

从空间的角度来看，边界是乡村景观空间体系的重要构成元素，它标识了空间的内外，起到划分领域的作用。琼北自古以来就是一个移民地区，在生存中的开拓与竞争压力之下，涉及领域的纷争尤其多。受此影响，领域意识在琼北乡村表现得较为显著，反映在空间上就是传统村落对边界的普遍重视。琼北乡村的边界系统主要由村域边界、村落边界、宅院边界等构成。

在村域范围的宏观尺度上，边界主要以面的形式出现。琼北台地平原区的村落一般位于平缓的田洋之中，其村域的宏观边界一般由田洋延伸至天空，空间较为旷达。丘陵低山地区的琼北村落多位于背山面水之地，村域的边界因此往往由山体天际线、林缘边际或水体边际等自然界面所界定。丘陵低山地区的村落往往比台地平原村落更容易形成内聚的空间感，其原因也在于以山为界，其边界范围清晰，更容易形成内聚的空间态势。

在村落层级的中观尺度上，边界主要以线的状态出现。村落中观边界的尺度、形态和色彩决定了村落空间围合感的强弱，对人的环境感知及其心理产生影响。清晰的边界强化了村落的领域感，使得身居其中的人可以明确感受到安全感和归属感。此外，边界上的风水林、石敢当、土地庙等元素还赋予了边界更多的象征意义，既有防止鬼怪侵入领地，同时又对外人有心理上的警示作用。村落的边界不是简单的一条界线，它是一种亚空间，不仅边界本身就是一种构景元素，而且边界空间周围形成的微空间也能吸引人的停留。边界越清晰，空间越舒适，越容易形成积极空间；边界越模糊，空间越乏味，越容易形成消极空间。从边界的构筑上来看，由于边界的长度往往较长，其修建亦需要耗费大量人力财力，因地制宜无异于是最佳的选择。琼北村落的边界往往因势利导，既有人工构筑的边界，也有由水体、植物等元素构成的天然边界。较有特点的如海口府城附近的丁村，村落周围密植荆棘，形成一堵厚“墙”，“荆棘墙”高 5 米多，宽数米，连蛇都难以钻过，成为保护丁村的绿色屏障。琼北火山地质区有丰富的火山石资源，这一地区以海口石山镇的儒豪村、美孝村、道贡村等为代表，以火山石垒筑挡墙①，用于村落的对外防御，非常具有地域特色。此外，以水为界的琼北村落也较为常见。较有代表性的如琼海的石排村、万丘村，澄迈的书富村，海口的文山村等。其中三面环水的文山村最有代表性，村落水岸绿荫苍翠，屋檐若隐，呈“绿水环龙”之势，有“碧塘环绕莲花座”的美誉。

再深入到村落内部的微观尺度上，有主动营造的边界，也有自然生成的边界；有固定的边界，也有临时性的边界；有硬质的边界，也有软质的边界；有密闭的边界，也有通透的边界；有显性的边界，也有隐性的边界。建筑的外立面，合院的院墙，各种材质的篱笆、栅栏，地形、水体或者植物等都有可能成为空间的边界。边界围合方式、围合强度的不同，给人的空间感也是完全不同的。边界的连续性、完整度和界面围合的强弱，决定了空间场地的聚合程度。基于安全防御的需要，琼北传统村落，常常是村口有村门，巷道有巷门，院落还有院门。其中，作为村落与外界的联系，村门是其边界系统中重要的点状要素。琼北村落中的村门往往既是村落出入口的引导标识，又能对外人起到警示作用，还具有休闲集会的功能，此外，出于“面子思想”的竞争心理也促使各村落对村门及其周边场地的营造较为重视。村门的设置主要分为有形和无形两类。较小的村落多为无形的村门，一般以风水树、石碑石刻、土地庙、石敢当、天狗公为标志。在这一区域天地神、动物神以及植物神交织在一起，有自然崇拜也有神仙崇拜，虽构成简单，却是一种领域上的心理暗示，标志了村落领域的起始。有形的村门往往出于竞争观念、交通集散、风水意识或集贸活动的需求，一般会设置一块面积稍大的场地作为入

---

① 火山石垒筑的村墙，多为重力式挡墙，高度主要依据防护需求的强弱而定，用于对外防御的村墙一般较高，仅用于圈禁牲畜作用的则一般不高。

口空间。入口场地往往融合了村门、路亭、界石、神龛和风水树等，自然与人文要素呼应，形成景观要素丰富、富于文化韵味的入口景观。

总体来看，作为领域意识在环境的映射，边界要素在琼北乡村景观体系中的具有重要的空间价值。琼北乡村的边界从宏观到微观，从自然山水到田洋林带，从风水林到村门巷门，以自然或人工的形式出现，在划分空间的同时，也成为琼北乡村景观重要的景观界面。

7.1.1.2 节点：核心要素的空间引领

节点是乡村景观空间体系中的点状要素，是吸引人观赏，供人停留、交往或使用的地方。从空间形态上来看，乡村景观中主要的空间节点在分布上往往并不刻意追求对称、序列、均衡等人为规划逻辑，而是自然生成、灵活分布的。其中，自然风景和农业斑块中的景观节点因其相对源自自然生成，在空间体系上的研究意义略小，这里主要以村落为对象进行分析。

仪式性的节点主要是宗祠和村庙及其附属场地，这一类节点承载了族群记忆和信仰崇拜，是祈求神灵和先祖佑护的场所，被认为与宗族和家庭的兴衰相关联。从空间心理的视角来看，宗祠、村庙作为一种将凡俗生活升华到更高精神层次的纽带，增进了聚居群体的紧密联系，因此成为乡村社会的心理核心。同时，宗祠和村庙往往承载着村落中重要的祭祀、庆典等群体性活动。传统琼北乡村，由于移民文化的影响，群体性的祭祀活动具有非常大的影响力①，其中最核心的活动往往都在宗祠或村庙展开，这又凸显了此类节点在空间的核心地位。为了区别于村落中的一般空间，营造更为庄重的空间氛围，此类场所在建筑规模上较一般民居大，往往采用多进院落形式。附属场地平面一般较为规制，场地面积根据群体聚集的需要往往较大，有条件的村落还会利用场地前的塘池或草坪等加强轴线，而这也是有一些祠庙被设置于村落外围更宽阔空间的原因。此类场所功能复合，在祭祀空间之外还常常配有戏台，以满足祭祀后群体性的观演需要。出于“兴教化”的目的，此类场地多设置有牌坊、彩绘景墙、题刻石碑等元素用于宣扬教化，而这也大大增强了空间的文化氛围。这一类场所往往根据风水的偏好或文化的寓意选择植物，如较为多见的有代表多子多福的龙眼、荔枝、菠萝蜜等果树，可荫庇子孙。

功能性节点主要由村民日常生产生活中的需求所激发，自然形成的空间节点。此类节点在空间形态上主要分为无形场所和有形场所两类。无形场所的空间位置及空间形态都较为自由，如局部放大的道路节点，有遮荫的林下空间，甚至几块可当座凳的石头，等等。有形场所则主要以村落中的公共广场、村落入口场地、井台及其附属场地等为主，主要承载了村民日常休闲、邻里交往或集会等活动，属于较为稳定的功能场所。在乡村，这些空间节点常常是多功能复合的，往往在满足人们生产生活空间需求的同时，还充当着群体交往的公共空间。因此，与仪式性的空间节点不同，村落中的功能性节点

---

① 以纪念移民先祖冼夫人的“军坡节”为例，作为琼北乡村一年一度最重要的群体性活动，《琼山县志·坛庙》记载：每逢冼庙盛会则“数百里内祷祈者络绎不绝，四方来集，坡墟几无隙地”。祭祀活动之外，往往还有丰富的娱乐活动以及经济活动，因而促进了村落中相应场所的生成。

往往不太讲究空间和平面的规制，也不太重视空间的文化性。决定这一类空间利用率高低的因素往往是场地的环境舒适度及其与村民日常生产生活联系的紧密度，功能复合、交通便捷、遮荫良好、气候舒适以及环境优美的地方常常自然而然地成为村民聚集和交往的习惯性场所。围绕节点形成的聚居形态为居民提供了相对紧密而融洽的氛围，居民大多为血缘宗亲或熟识老邻，舒适的公共活动场地便于彼此交流，有利于促进邻里乡情，增强居民的凝聚力。与仪式性节点营造的神圣空间不同，功能性节点更多地满足着民居的日常生活，因而其空间氛围也更为自由随性、贴近自然。需要注意的是，由于琼北乡村聚落空间规模一般不大，为了满足乡村生产生活中多样化的功能需求，人们必须高效地利用空间。在紧凑的用地条件制约下，严格的空间属性划分很难真正施行，空间节点的仪式性和功能性往往有机融合，联系紧密。即使是宗祠或者村庙一类较为神圣的场所，其附属场地在平时也常常用作村民休闲、聚会活动、谷物晾晒等功能，而很多功能性较强的节点也常常有诸如风水树、井神龛、功德牌坊等附着人文精神的空间要素。

7.1.1.3 路径：景观体系的串联整合

路径是乡村景观空间体系中的线性元素。路径产生于各空间节点的串联，影响到空间活力的整合。琼北乡村景观空间体系中的路径一般表现为道路系统，它在景观体系中的作用主要由其位置、形态、尺度以及周边的景观节点共同影响。乡村路网体系往往并未经过有意识地规划，常常是在生产生活中，因地制宜自然形成。自然风景、农业斑块和乡村聚落中的路网体系在串联空间的同时，也产生聚合停留的空间，并且影响空间活跃度的变化，也带来了沿途不同的景观体验。

进入村落之前，道路绵延于农田之中，村落掩映于林带之内，引导着景观路径的主导方向。农田中的道路周边空间开阔，人的视线通达，村落成为景观路径上的视觉焦点。这一阶段的路径引导是非常明确的。进入村落的标志是村门，入口往往以风水树、村门、界石等强化领域感，形成村落主要景观路径上的第二个重要节点。进入村门是村内主要道路，一般通向村内较大的开放空间。村道交汇处或较宽处一般自然形成空间的缓冲和停留休憩的场所，道路、场地、设施和绿植结合，逐步发展成村民日常休闲或是交往的场所，更丰富了景观路径上的空间场景。先前通过村门时略微内收的心理状态在这个相对开阔的空间得到了纾解。开放空间之后的路径体系随村内道路分散为多条，分别延伸至各民居院落。各支路往往较窄，一般道路宽度在 1~2.5 米（依据牲畜和人的通过需求而定，最窄往往以一人宽为限），两侧建筑檐口高度在 3 米左右，形成的宽高比则在 0.3~0.8。这样的宽高比之下，开敞的空间逐渐收拢，民居建筑虽然贴近但不高耸，因而形成的空间却并不显得压迫。道路穿行其中蜿蜒曲折，视角多变带来了景到随机的乐趣。总体来看，路径串联起乡村景观的空间体系，村落主要道路及其周边的开放空间往往带给人们一种舒放的心理感受，随着人们行进路径由公共空间向巷道宅院推进，路径两边的景观风貌由开敞到内收，景观视距和景观环境的不断转化，逐渐带来人们心理的变化，形成一个由舒放到内收的心理转化（图 7-1）。

总体来看，由农林环境至村落之内，由村内开放场地至各民居单元，路径串联起乡村景观空间体系中的主要节点。由村门、水塘、禾坪、巷道、路门到民居庭院直至居所，空间由外而内从公共、半公共逐渐过渡到半私密和私密空间，景观路径之上的空间

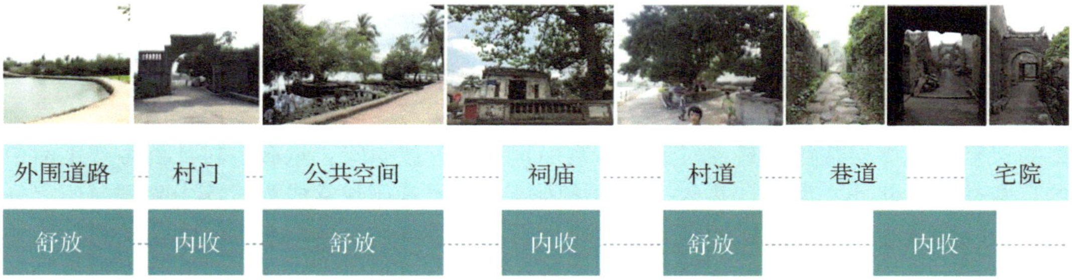

图 7-1 琼北乡村主要路径中的视觉心理关联分析

（图片来源：作者自绘）

开合变化，带来视觉心理的变化，最终组合成富有意趣的乡村景观意象。

7.1.1.4 面层：空间层级的有序关联

琼北乡村景观空间体系中的面状层级主要由不同属性的空间层构成。以村落为中心来看，自然风景和农业斑块属于空间的外围层，它们构成了琼北乡村景观的本底环境；民居簇群属于空间的基础层，满足居民最基本的生活住居功能，奠定村落空间的景观基调；水塘、道路、场地等物质空间要素属于空间的支撑层，它们满足人类在住居功能之外的其他生产生活需求，与民居簇群共同构成乡村景观的主要物质基础；处于核心层的则一般是承载了族群的认同感和归属感，代表信仰崇拜的宗祠、村庙以及书院等公共建筑（图 7-2）。

要素	意义	空间构成	功能
核心层	乡村景观意向的核心	宗祠、村庙	精神空间、开放空间、归属感
基础层	建筑景观的总量效应传递文化信息	村落建筑群	生活空间
支撑层	为乡村景观提供持续的活力	水塘、道路、晒坝等	提供生产生活所需
外围层	乡村景观基底	自然风景和农业斑块	山水环境和生产空间
边界层	空间的边界	植物边界、地形及构筑	标识空间范围

图 7-2 琼北乡村景观空间面层构成分析

（图片来源：作者自绘）

从“空间核心”的视角来看，乡村景观空间结构主要有两种形态，一种是有显见的空间核心节点，另一种是无核心或弱核心节点。根据前人的观点，人在空间中具有一种潜意识的向心性，空间核心的存在能满足人的向心性，激发其归属感，从而有益于空间秩序的建立。核心节点的影响形式类似于“电势场”，越靠近核心，其空间影响力越强，秩序感往往也越强；越远离核心，空间的整合度则越弱，秩序感也越弱。从乡村景观的空间核心层来看，无论是血缘村落、地缘村落还是业缘村落，随着乡村生产生活水平的提升，精神、文化或心理等人文因素在空间布局中的影响作用往往也越来越大。这种情况下，承载了族群认同感和归属感，寄托了信仰崇拜的祠、庙，因其联系族群的纽带作用而逐渐成为村落空间的核心（建筑体量和空间形态也往往区别于民居建筑），不断吸引周边民居的聚集，并且对其周围的空间产生影响。从琼北乡村景观的空间支撑层来看，水塘、场地、道路等往往位于农业斑块和民居聚落之间，为乡村生产生活提供必要的保障。支撑层往往也是乡村景观体系中重要的开放空间，承载乡村社群生产生活中的日常交流。此外，塘池、井台、公共休闲场地等元素还常常成为村落中除祠、庙之外的次级空间核心，对基础层的民居布局产生影响（图 7-3）。从琼北乡村景观的空间基础层来看，民居簇群以纵向延伸和横向并排结合，形成邻里、组团、村落三个层次的空间组合。以民居院落为个体，以邻里组合为簇群的空间格局虽然往往看似复杂，实则却折射出乡村社会中个体之间的地位尊卑和关系亲疏等社会关系的影响。

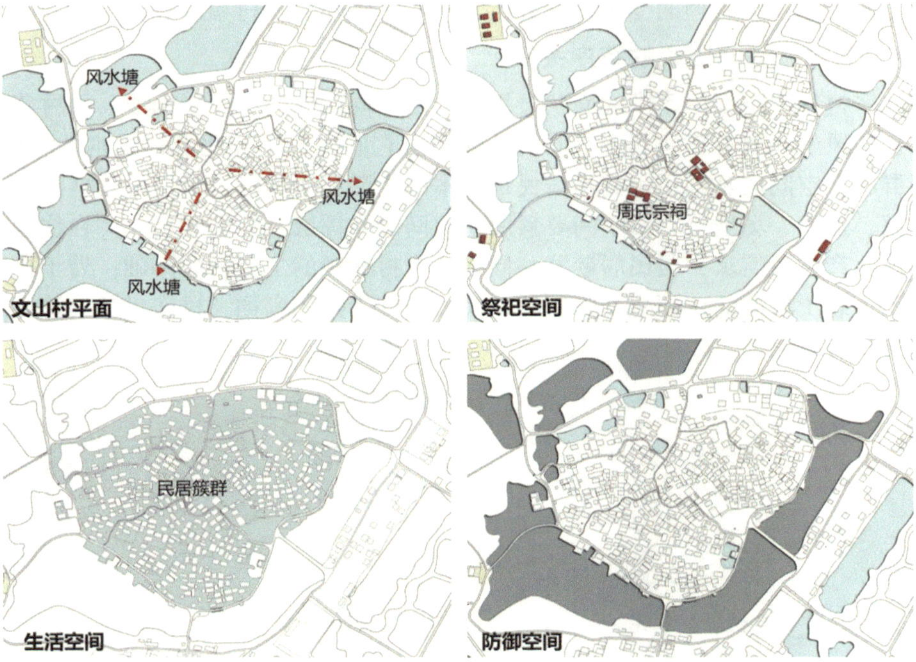

图 7-3　文山村乡村景观空间面层的叠合关系

（图片来源：作者自绘）

总体上看，琼北乡村景观所呈现出空间形态看似随机偶然，但并非混沌无序。村祠、庙及其附属公共空间在某种意义上起到了空间及心理上的核心作用，处于支撑层、基础层和外围层的物质空间要素则围绕这些核心节点有机分布，使得看似混沌的村落空间产生出秩序。从空间的外围层、基础层至核心层，乡村景观风貌逐渐由自然过渡至凡俗，再由凡俗聚集向神圣（图 7-4），无论是民居布局、场地生成还是祠、庙设置，都包含着潜藏的空间秩序，而这种秩序实则是乡村社会形态、生产关系和群体意识等要素在空间的影响和体现。最终，空间层面上的核心层、支撑层、基础层和外围层有序关联，形成了琼北乡村景观富于地域特征的空间秩序。

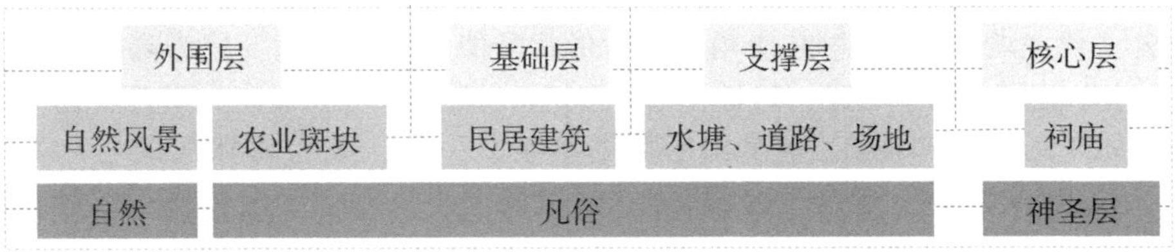

图 7-4 琼北乡村景观空间面层的内涵升华
（图片来源：作者自绘）

7.1.2 空间要素的文化协同

人类对乡村景观的感知和印象，来自构成乡村景观的诸多要素相互结合所构成的空间形态与文化内涵。琼北乡村的山水、田洋、建筑和植物等诸多要素在空间上有机融合，在文化内涵上借助于引借、传承和象征等多种方式协同提升，最终影响琼北乡村景观地域特征的呈现。

7.1.2.1 自然形胜的引借成景

“因原有环境之势，借境外能借之景”，是风景营造最重要的手法之一。在琼北乡村的传统人居环境中，自然环境之美早就为先民所发现，并在乡村景观中得到了较好的重视。当然，琼北乡村社会相对薄弱的经济基础难以支撑大量刻意营造的人文风景，这也决定了引借原则在其乡村景观中的广泛存在。

琼北很多传统村落，常常都是既可望远山青翠，又可瞰河流波光，天象物候、鸡啼蛙鸣皆可入景，在有限的空间内，“引借”了众多自然景观要素。以清代澄迈的大美村八景为例①。大美八景中的“社延岭”（大美村祖山）在村东北十里，山形圆净，明代恩贡生邹若霖形容其“无边晓色清如洗，四面烟光淡亦明”。“溪穿合岭”是指村南十里，两峰对峙，势如相合，南渡江贯穿而过，两峰夹水之景；“青山凌云”在村前十里，山形尖秀，雨后云中青翠迷离，被视为大美村的朝山。正如《园冶》所谓“俗则屏之，嘉则收之”，山水形胜、气候物象、动植物景都被引借入景，极大地丰富了琼北乡村景观的内涵。自然形胜的引借，不仅体现出经济节约原则下自然要素的巧为借用，也在一定程度上契合了中国古典园林“巧于因借”的造景思想。

山体往往是乡村景观中重要的背景要素，景观的引借一般取其形势、色彩及其与天象、植物等要素的结合。“东岭霞光”“鳌山白云”“金牛望月”即是山景与天象的结合；“连峰耸翠”“鳌山叠翠”“丹崖碧月”是借的山色；“落笔凌空”“华封仙榻”“山城拥障”是取的山形。在琼北乡村景观中，形态独特的山形常常被赋予象征意义，以彰显风水或者赋予美好寓意。如澄迈大美村八景之一的“龟蛇冈”就是将村前两个对峙的山冈赋予了蛇和龟的象征性，以说明该村风水的优势。明代恩贡生邹若霖形容其

---

① 清道光年间（1821—1850 年）修撰的《王氏族谱》，在艺文卷中有载“美里八景”（大美村古称美里）。

为“物类分形峙两旁，珠联璧合尽朝王”。定安高林村，村落北靠的山岭被认为形似龙头，取名“伏龙岭”；高林村东南角的山岭形状酷似倒置的毛笔，成为高林八景之“文笔岭”；村落正前方的小山梁，坡地土壤呈三色（黑如墨的被解读为墨汁，白如纸的为绢纸，红如印则意为印泥），整个山形如书桌条案一样，成为高林八景之一的“卧眉案”。无论是“文笔岭”还是“卧眉案”，通过象征手法对山形山势进行解读，给乡村平凡的自然景象附加了深厚的人文内涵，宣扬了鼓励耕读的祖训民风。

山景之外，石景在乡村景观中也较为常见。不同于中国传统园林中叠石造景的人工营造，琼北乡村中石景往往以石形为基础，赋予其文化上的象征意义。同样是大美村八景之一的“龙虎石”，就是将石头以象征的手法进行释义：村左王氏祠堂前的 4 块平卧地面的石头，因其形态势如行龙腾云，被叫做“龙”石；村右有一石墩，虎视眈眈向前探，被称为“虎”石。大美村《王氏族谱》中记载其“自古有灵，俗人多祈祷焉”。东方市三家镇赤坎村的“石鸡”和“石马”，形似鸡和马，击之有声，因其形态和发声的特殊性而被赋予象征的释义，被认为可保一方平安。琼海市石壁镇岸田境内的石虎岭的石虎和万泉河边的石龟，皆是赋予石头以象征意义的石景。此外，山洞也常常被引借成景，如“洞天幽胜”“仙洞聚奇”“霞洞绚锦”等。文山村八景中的“仙洞聚奇”，就是文山村后西北方的山岗一带的石洞数穴，因数洞离奇，状态各异，令览观者流连忘返而得景。

自然界的水体具有多样性和映像性的特点。因环境的不同，水能够顺应环境变化并形成多样的水体形态。同时，水也能够反映周围的景象，因此水景的引借往往与植物、天象、人类活动等结合，形成丰富的景观层次和内涵意韵。“双滩赴海”“天塘瀑布”“石鼓涌泉”诸景是借的水形水势；“百仞滩声”“南海秋涛”“鲸海西风”是以水声入景；“仙河云影”“白石湖光”“镜湖秋月”是水景与天象的结合；“赵水凝香”“岸头娇柳”是水与植物结合，“北岸渔歌”“分水飞帆”则是水景与人类活动的结合。

天象物候变化无穷，除与山水结合之外，其自身亦有许多文化内涵的附加，典型的如月亮的阴晴圆缺就被寄予了很多人文情感。琼北地区独特的热带地理气候，更添增了天象景观的魅力，因而琼北乡村传统八景中天象景颇多，日、月、云、雨等常常入景，典型的如“盆岭晴霞”“金牛望月”“紫贝晴云”等。

在山水和天象之外，琼北乡村自然环境和田园风光中的动物也常常被引入景观体系，如“稻陇眠鸥”“竹篱啼鸟”“南山秋蟾”等，既添增了乡村景观的生机和活力，又从侧面折射了万物和谐的自然美景。

总体来看，在琼北乡村社会偏好自由、崇尚自然的人文观念影响下，琼北乡村自然环境中的山水形胜，或因其视觉感官直接入景，或经过文化释义和意境升华入景，物质空间要素的自然之美经过文化视角的释义和提炼，使得琼北乡村景观更具文化韵味。

7.1.2.2 功能文化的有机融合

从乡村景观的构成体系可见，水体、建筑和植物等各类空间及物质要素在满足人类生产生活各种功能需求的同时，往往还会赋予这些要素以艺术和文化的内涵，从而使其生成的景观具有了人文韵味。琼北乡村重视人文环境的营造，自明代起就有“八景”文化在乡村流行，典型的如海口的文山村、澄迈的罗驿村和大美村等。

水是乡村生产生活最基本的保证，亦是构成乡村景观的重要元素。在功能上，人工水体的营造主要基于以下动因。第一个层次是基于生产生活需要，主要表现为水渠、水塘、水井、架槽（引水槽）等形式。第二个层次是文化娱乐的需求，如基于环境舒适和亲水休憩的生活文化需要，产生了村落中的滨水休闲场地。第三个层次是基于人类的信仰崇拜、祭祀祈福等精神文化需要，村庙（特别是祭拜妈祖、龙王、井神一类的祭祀建筑）也往往设置于滨水空间。第四个层次是基于空间美学需要，如村落中的水口园林。例如，文山八景中的“水环玉带”“村成莲花”，琼山八景的“镜湖秋月”，大美八景的“月印龙泉”等都是以水为主要载体，发展出极具观赏性的景观节点。还有一部分则是侧重于水体要素的文化附着而来，如澄迈八景的“伏波灵祠”，基于水要素相关的村庙形成景观节点。在渠塘之外，水井是地表水缺乏的琼北乡村中另一个重要的水体元素。乡村水井的布局在水文地质的限制和生产生活功能需求之外，也往往附加了人文的内涵。琼北村落中的水井旁普遍设有神龛，供奉井神。古人迷信风水上的左青龙右白虎，龙是水中之物，祠庙的左边往往挖掘水井，井名带“龙”字。明代正德（1505—1521 年）《琼台志》，在“山川”卷中，专门附有“岩峒井泉”一则，详细记录了本岛各地著名的井泉及其文化典故，从中也可以一窥过去琼北乡村地区的水井在功能之外的文化内涵：一是与历史名人和文化典故有关的井，如儋州坡井村的东坡井①、太婆井、图魏井等；二是与神仙崇拜或神话传说有关的，如龙滚井、龙穴井、高龙井等；三是与风水意识或宗教信仰有关的，如八卦井、分司井、普济井等。可以说，水井在满足琼北乡村生产生活功能的同时，也传达着重要的文化信息，体现出构成乡村景观的水体要素在功能与文化的有机融合。

在琼北村落人居的营建中，除了满足人类生活起居的需要之外，也常常有“以意释象”的文化附加。海口文山村八景中的“村成莲花”就是以莲花的意向形容整个村落地势如团，中高周低，八面披离，形似莲花居于水上的空间形态。琼北民居院落常见的对称布局、尺度统一，是为了凸显村落中的邻里平等、族人同心以及族群和睦。在村落建筑中，宗祠和村庙常常以位置、色彩、形制等鲜明的空间特征区别于其周边的建筑，这种尺度超常、形态突出的空间特点首先满足了族人的祭祀聚集和公共活动的需要，同时也表达了权利，凸显了信仰。琼北村落中重要的标志性建筑如学塾、书院、功名牌坊等更是直接彰显着文化的影响。在琼北民居的细部装饰中，建筑的门窗、隔扇、雀替等诸多构件往往通过雕刻、灰塑、彩绘等手法，以鹿、鱼、鹤等动物图案，莲花、松、竹等植物图案，文房四宝、宝瓶、铜钱等器物图案进行装饰，包含了福禄吉祥、安

① 据记载，苏轼居儋期间，深感“百井皆咸”，而百姓多饮沟渠浊水，常生病疾，为此，苏轼在桄榔庵旁择地凿井。水井竣工当天，黎子云、王霄、符林等当地文人聚会祝贺，即兴赋诗。因东坡在此处凿得一石，状如龟，便把水井叫“龟泉”，后百姓感激东坡挖此井，改“龟泉”为“坡井”或“东坡井”，井旁的村落也因此得名为“坡井村”。东坡井井身由玄武岩砌筑，呈圆形，井沿用黑石凿成，井沿下内壁用方石块砌成。民国《儋县志》曾记载，“坡井，四时不竭，井泉清甘”。东坡井至今保存完好，仍然是坡井村村民的主要水源。

康如意等祈福纳吉的愿望。此外，琼北乡村还有较为普遍的石狗文化①，人们将随处可见的石头雕刻为石狗摆放在村落中重要的位置，用以象征看门辟邪、呈祥报喜等。

植物为人类提供了果实和荫凉，同时也被赋予了很多文化的释义。榕树落地生根、冠幅巨大，在琼北乡村又被称为“神树”，象征着可以驱邪避灾的神灵，因此常被栽植于宗祠、村口等祈求神灵庇护的场所。龙血树因其形似松树，又称“不老松”，被认为象征长寿吉祥而受人喜爱；荔枝树因其果实较多而被认为象征着“多子多福”；龙眼则象征着“识别邪恶、驱离鬼怪”；菠萝蜜常绿不落叶，果实金黄，被认为象征着家族的繁荣昌盛，子孙满堂，因此这些植物都常被用于庭院绿化的栽植以满足人们文化上的美好寄托。

7.2 琼北乡村景观的形态特征

我国地域辽阔，所谓“千里不同风”，不同地域的山川地貌和文化习俗造就了各具特色的乡村景观。琼北乡村景观受本地区热带环境和移民文化的综合影响，表现出独特的地域特征。

7.2.1 热带自然里的质朴风貌

自然环境是人类赖以生存的物质和空间基础，要实现可持续的发展，人类必须融于自然，与自然和谐相处。琼北地区的经济水平和生产力的落后使得人们对自然环境有一种敬畏和依赖，逐渐形成其亲近自然、顺应自然的环境观念。在本地区的热带地理环境下，自然的勃勃生机，天人和谐的人文思想，远离政治影响的自由格局培育并影响了这一地区乡村社会偏好自然、崇尚原真的人文风气和空间偏好，并最终映射到乡村景观营造之上，展现出极富地域特色的质朴之美。

首先，传统琼北乡村以家庭农耕为主要的生产方式，在个体的手工劳作和有限的群体协作背后是较低的经济技术水平和缓慢的生活节奏，对自然的改造能力有限。琼北乡村的传统营造普遍就地取材，玄武岩、火山岩、青砖和木材等资源成为了琼北乡村空间营造的基本要素，也决定其色彩风貌的朴素淡然。火山岩粗粝的表面适合微生物的生长，微生物分泌的酸性物质对火山岩产生腐蚀，时间一长，石头就变得棱角钝化、苔痕斑驳，建筑表皮则呈现出沧桑质朴的美感。青灰色的传统建筑不加多余的修饰，朴素淡然地融于自然之中，与周边环境十分和谐。

其次，来自岛外的移民中有很大一部分是读书取仕的官胄因贬谪而落籍于此，或是避世迁居的隐者主动迁居而来，这部分文化精英多少都带有归隐的气质和寄情山水的情怀。苏轼被贬海南之前连连发出“四顾真途穷”的感慨，谪居儋州之后又赋诗云“垂天雌霓云端下，快意雄风海上来”。在琼北优美的自然环境中，苏轼浑然忘却了政治仕

① 石狗文化在岭南地区至少已有2 000多年历史，至今在雷琼地区仍有大量遗存。琼北石狗文化主要分布在火山岩地区，先民们用火山岩建造房屋、制作农具、祀立佛塔的同时也雕刻石狗，并将其摆放在家门口、祠堂门口、井边桥头、村口岔道和田间地头等。

途给他带来的痛苦，在椰林的相伴下尽情歆享诗意人生，“山中故人应大笑，筑室种椰何时还?”东坡先生的心路转变代表了很多贬谪官员的心理转变。可以说，海南自古远离中原政治，很多失意的文人官僚在这优美的自然环境中寄情山水、惬意生活，逐渐找回了原真的自我。来自中原的文化精英，他们的文化偏好对普罗大众的观念意识往往产生非常大的影响，这些人对名利逐渐淡泊，转而不断对自然环境的歌颂也在很大程度上促成了琼北乡村社会崇尚质朴的环境偏好。在这种心理影响之下，琼北乡村的人工营造，往往不追求浮夸乖张的造型和鲜艳醒目的色彩。从整体形态上来看，琼北乡村景观的人工要素与自然环境之间有机融合、浑然一体，展现出一种朴素淡然的谦逊之美。

最后，从环境心理学的视角来看，不同的环境色彩往往带来不同的心理感受。由于琼北地处热带，炽烈的骄阳下，朴素淡然的色彩风貌更容易使人产生静逸清凉之感。火山石以及青砖灰瓦的黑、灰，原木成为琼北乡村人工营建的基础，琼北乡村人居建设也以素简的冷色调为主要的色彩基调，这种色彩风貌与北方乡建的浓烈色彩有很大区别。从这种意义上来看，琼北乡村人工营建所形成的朴素淡然的色彩风貌或许也是其人居环境营造中人类对热带环境浓烈色彩的一种有意识的调和。

总体来看，热带阳光和椰风蕉雨之下，来自中原的移民在琼北大地上筚路蓝缕、艰辛垦拓，很容易养成偏好朴素、追求原真的文化取向，最终映射到乡村景观之中，便形成其质朴淡然的景观风貌。

7.2.2 移民文化下的隐秘形态

独特的地理位置，热带骄阳中的浓密椰林、美丽田园里的隐现聚落，琼北乡村总让人联想到陶渊明诗中的世外桃源。因不同原因迁居琼北的各路移民面对新的生产生活环境，常常采取一种低调隐忍的态度，琼北对他们来说就是远离中原的桃源之境。1932年，人类学家史图博在海南岛田野调查之后，以“村落往往密林遮蔽，以致于在外面几乎看不见，人们大可以从有椰林、槟榔林的地方推测村落的存在”来描述他所见的乡村图景。

从对琼北乡村景观微观单元的分析可以看到，琼北村落往往由林带团绕，建筑的梳式布局相对紧凑。林带将格局、形态与规模不同的村落掩映其中，统一于绿色的界面，这有力地弱化了村落内部人工营造的多样性，统一了村落的外部风貌，形成了琼北乡村封闭内聚的人居景观。这种林带团绕下相对封闭的人居模式使得村落空间有了领域的限定，保持了相对独立的形态，并且具有了较大的隐秘性，形成了琼北乡村封闭内聚的空间形态特征。

琼北乡村相对“隐秘”的人居空间模式是其社会文化与自然环境综合影响的产物。首先，热带骄阳下的人居空间需要植物遮荫的环境，滨海平原上四季不停的海风也不利于人体的健康，这都需要植物林带防护风的侵袭。季风气候影响下的琼北地区，每年都会受到台风的袭扰，直接暴露于台风之下的人居空间显然不利于防护。因此，遮阳与防风的需求促进了环村林带的普及，同时也形成了琼北村落相对封闭的空间格局，这是琼北乡村地域环境中的气候之隐。其次，相对闭合的空间特征适应于相对独立的文化心理需求和安居模式，是琼北移民的文化之隐。琼北自古就是一个移民地区，基于拓荒、避世、贬谪、潜隐等诸多因素迁入本地区的各路移民必须要面对土地开拓中的族间矛盾、利益冲突和安全威胁，他们渴望的是一个相对安全且独立的生活状态。琼北先民因为多种原因离开祖居地，多数对中原怀持既传续又疏离的复杂心态。隐于林中、相对封闭的人居环境经营，既有利于安全防御，也营造了一种隐逸的桃源之景。在这个环境中，无论是田园耕耘的寻常农家，退隐归田的文人商贾，还是贬谪流放的官宦朝臣，都很容易在这里找到心理的安宁。宋朝宰相卢多逊谪居海南所感叹的“远客杖藜来往熟，却疑身世在桃源”就是对这种心理状态的直接诠释。再次，琼北多平原少山地，散布于平原之上的村落往往盘踞于微丘之上而无山体的倚靠。在这种环境下，村落周边普遍存在的风水林在一定程度上弥补或者加强了村落空间的围合，形成了风水理念中“靠山”的形态，营造出“负阴抱阳、左右环抱”的理想空间格局，此谓风水之隐。最后，移民群体从各地迁徙而来，在血缘、地缘或业缘的关联下聚居琼北。筚路蓝缕的艰辛开拓下，聚居群体往往形成极强的集体意识。这种集体意识映射到人居空间营造上即表现为内聚向心的空间模式。从对琼北乡村微观单元的分析可见，大多数琼北村落均有一个标志性的核心空间要素，这一核心要素主要由地形、水体、林地等自然要素或宗祠、村庙、休闲场地等人工要素构成。依托于核心要素的空间内聚，促进了个体间的相互交流，强化了族群的凝聚力，同时也将敬畏自然、遵循礼法以及天人和谐等人居意识提升到了群体认同的核心地位。依托于核心要素的内聚模式使得村落空间格局在看似无序中产生了秩序，此谓琼北乡村的社会之隐。

总体来看，琼北乡村封闭内聚的空间模式是受本地区自然地理和社会人文环境综合影响所形成的。气候之隐、文化之隐、风水之隐和社会之隐的综合影响，促成了琼北乡村聚落封闭内聚的空间形态，实现了移民群体于田园生活中隐逸安居的空间理想，同时也营造出琼北乡村的一派壶天之景。

7.2.3 地域环境中的适形空间

中国传统的人居环境观念，追求的是一种天人和谐的生存与发展状态，讲究人类对环境的顺应。受自然地理的限制，琼北先民建立了一套能够与自然长期共生的生产生活体系。受社会文化的影响，历史上的持续移民给琼北地区带来了闽、粤文化的影响。自然地理和文化环境的影响在此融汇创新，最终演变为适应琼北地域环境的乡村景观。

从琼北乡村典型的村落空间分布情况来看，离散型的村落分布、小农经济的生产力局限等因素在一定程度上保证了人类对环境的适度干扰。这也使得琼北乡村生态基底得以保持在其自我调节范围之内，实现其生产生活里复合共生和可持续发展。在良好的自然环境之外，琼北乡村以家庭为基本生产单元的传统经济模式，农林牧副渔多种形式并存的生产形式，也构成了良好的循环。人口的不断增长促进了传统农业朝精耕细作和厚生利用的模式发展，间作、轮作等耕作方式越发多样，土地的垦拓经营利用越发精细，农户往往种养多种作物和禽畜，这造就了琼北乡村土地划分较细、作物类型多样、动植物种类丰富的特征。

在环境选址上，琼北自然村落一般遵循因地制宜的原则，依托当地自然环境，选址于安全便捷、土壤肥沃、水源充足等宜耕宜居之地以便于生产生活的延续。在地形的适应上，无论是低山丘陵条件下背山面水的择址环境，还是平原台地地区依托微丘的人工营造，都是基于对天然地形的合理利用，体现出节地和经济原则。此外，从生态学的视角来看，这些区域往往是多种生态斑块的交叉带，能够为生物提供相比于单一斑块更多的物质和能量供给，体现为丰富的动植物资源，而这则为人类的住居提供了更多的食物供给和更好的生态环境。地形的合理利用不仅在一定程度上减弱了热带季风的影响，同时，顺应坡度的营造还可避免洪涝并形成有效的排水，这十分有利于在湿热的地理环境下保持住居空间的相对干燥。在植被的经营上，村落周边的林带可以保持水土，也能减弱风害、降低温度，营造舒适的局部微气候。护村林为乡村聚落提供了生态绿带，同时也形成了强烈的地域乡村景观特色。在地表水缺乏的地区，依托低地汇水形成塘池的空间模式最为典型。聚水为塘在营造成本上较为经济，而水体的营造不仅能提供日常用水、美化环境、蓄洪积淤，还能调节局部气候。公共场地靠近塘池，道路垂直于水塘设置，都是充分利用来自塘池凉风的举措。琼北民居受地域环境的制约，表现为从聚落形态到建筑构造上的气候适宜、功能实用、体量适宜等空间适形原则。

在“以原物为师”的文化影响之下，村落形态、民居形制和内部空间等往往依据族群既有的经验、原则和习惯，以固有的空间原型为蓝本进行建设。受本地区社会经济、制度观念和材料技术等社会人文因素的影响，传统的琼北乡村营造表现出对群体文化意识和主流审美观念的体现，形成了以梳式聚落为主的村落形态，代表了对移民祖居地住居文化的传承。在承袭空间原型的同时，根据本地区的自然地理条件，琼北先民也往往会选择那些适合于当前环境需要的内容而加以发展利用，比如在村落布局中对自然要素更为重视，更为注重人居空间形态对气候的适应等。聚落原型的传承使得原乡文化得以在空间上延续，满足了移民族群在文化和心理上的归属感，给乡村景观带来了稳定的建筑风貌和空间格局，对原型因地制宜的发展又反映了人居空间形态的地域适应，最终形成琼北乡村人居空间形态上的地域特点。

总体来看，琼北乡村景观是在人与环境不断的协调和适应过程中形成的，不论是生产方式及其农地形态，还是村落的选址与形态，都是以环境适应为前提，发挥乡土智慧，采用节约土地、顺应地形、适应气候，尽可能运用乡土材料等方法实现的。琼北独特的自然地理特征、环境资源条件与历史上持续的移民文化影响，催生了琼北乡村与之相适应的生产生活方式，进而形成了富有地域特色的乡村景观形式，展现出人类在地域自然环境和人文环境适应中的人居智慧。

7.3 本章小结

本章首先从景观空间结构、景观要素两个方面对琼北乡村景观进行了解析。可以看到，琼北乡村景观在空间构成上表现为由边界、节点、路径和面层自整体到局部的有机协同、内生秩序，在空间要素上对自然形胜的引借成景和功能文化的有机融合。在对琼北乡村景观地域形态的分析之后，由热带自然条件、移民文化影响和地域环境适应三个方面着手，分析其与琼北乡村景观的关联，并最终完成对琼北乡村景观地域特征的总结概括。

8 琼北乡村景观的当代发展

乡村景观受自然地理和社会人文中多重因素影响，随乡村社会、经济和文化的发展而不断变化。随着时代的发展，当琼北乡村景观所根植的外部环境发生变化时，必然引起其空间形态的变化。在这个动态发展的过程中，经由人类的组织经营，不适应的物质空间形式逐渐被舍弃，有的经过更新而出现，有的则完全以新的形态出现。全球化对地域文化的负面影响逐步得到修正，传统文化逐渐复兴。与此同时，随着生态文明在琼北乡村的传播和兴起，传统人居智慧重新得到重视。琼北乡村景观的当代发展，需要规划设计层面更多的引导。在考虑琼北乡村景观的发展策略时，只有依托其基本规律，明晰其当代价值，关注其内涵而非流于形式，对其历史经验与现实需求加以整合，才能保证其适应新时代的需要。

8.1 琼北乡村景观的优化思考

当代背景下，琼北乡村社会经济全面发展，乡村人居环境不断优化。要探索琼北乡村景观的当代发展，必须明晰时代背景下其价值所在，才能有针对性地对其进行提升。伴随着多功能乡村的建设，琼北乡村景观的多元价值逐渐凸显，展现出新的内涵。

8.1.1 琼北乡村景观的当代价值

过去，乡村对社会的作用主要来自于其生产价值，乡村景观的价值也主要从农产品的市场经济价值中得到体现，其生态价值、社会价值和美学价值等非市场价值往往不被重视。在城乡一体化和乡村产业转型加速发展的今天，琼北乡村的多功能特性逐渐显现，在传统的农业生产功能之外，乡村在社会服务、文化美学和生态保护等方面的功能越发受到社会的重视。从国外经验来看，各发达国家在乡村转型的过程中，普遍重视对乡村景观的保护与利用①。乡村被认为“具有观赏的美学文化价值，同时经常拥有很高

---

① 从国外经验来看，欧美等国家在第二次世界大战结束后，随着城市化和工业化的发展，出于提升乡村活力等多种原因，各国政府对乡村景观普遍采取了积极的引导政策。欧洲国家如德国、法国、英国等注重其乡村在经济、社会、文化和生态方面的多功能价值，注重通过政策引导助力乡村景观的保护与更新。相对而言，这一时期的美国、加拿大等国所施行的乡村政策则更为重视乡村的农业产业价值，而对乡村景观的社会和文化价值关注较少。日本从 20 世纪 70 年代开始推进旨在复兴乡村、改善环境的“一村一品”运动。韩国随后也开展了类似的“新村运动”，并且在政府层面制定了《景观基本法》及《农村景观规划树立基准》等一系列法律法规。总体来看，大部分发达国家的农业现代化已经基本完成，其乡村景观急速变化的时代已经过去，表现出相对稳定的景观面貌。由于各国对乡村的功能定位和价值判断上的差异，其乡村景观的发展策略亦呈现出不同的特点，对相关经验和理论的借鉴需要基于琼北乡村的实际情况加以判断。

的生物多样性”，早在1992年就被联合国教科文组织纳入文化遗产之中，有些国家的稻田、乡村和牧场还被列入世界文化遗产加以保护。乡村振兴背景下，琼北乡村景观的优化发展可以通过与解决“三农”问题相结合，激发景观在经济、社会和文化发展中的独特功能，进而激发乡村的活力。在生态层面，它可以是乡村环境重塑的重要抓手；在经济层面，它可以是乡村产业转型的新突破；在社会层面，它可以是重拾传统人居智慧和秩序伦理的重要载体。随着时代的发展，在乡村多功能化的发展趋势下，乡村景观的当代价值也是多元的。

8.1.1.1 产业经济价值

传统乡村以农业生产为主，经济收入主要来自于农产品的产出。乡村景观来源于乡村的生产生活，是人类改造自然的产物。对乡村最好的保护就是合理的利用，当代的乡村景观优化应该与乡村本身的发展紧密关联，合理的开发与利用，进而产生新的经济价值。放眼当代中国，依托乡村景观带动乡村发展的实例已经越来越多，云南红河的哈尼梯田、江西婺源的油菜花海、江苏兴化的垛田景观等依托优美的乡村景观，有力地激发了当地乡村旅游业的发展，产生了重要的经济价值。琼北乡村优美的自然风景与作物景观，古朴的传统村落也可以作为一种资源，通过农业观光与乡村旅游的发展，在不破坏自然环境，兼顾农业生产的情况下带动本区域乡村可持续发展。较为典型的例子如琼海龙寿洋国家农业园和北仍村的乡村旅游（图8-1），农业景观和乡村聚落有机融合，既有优美的视觉效果，又有深厚的历史积淀，有力地促进了当地乡村经济发展。

图8-1 琼海龙寿洋国家农业园中的乡村景观营造

（图片来源：作者拍摄于琼海塔洋镇联先村）

8.1.1.2 社会文化价值

乡村是传统文化的摇篮，也是现代文明的依托。作为农耕民族，乡村景观承载了大部分中国人最深的记忆，是深植于中国人内心深处的美好生活愿景。在快速城镇化的背景下，越来越多的乡村居民进入城市，对乡村的文化依恋也愈发显现。不同于水泥森林和灯火繁华的城市，乡村景观的自然空间、田园风貌和邻里情深唤醒了很多人内心深层的桃源意境，有助于城市居民的休闲放松和情感寄托。发掘乡村景观的地域文化和美学价值将有助于减缓过度追求现代风格和城市化导致的景观失衡。可以说，城市文化越发展，乡村景观的社会文化价值就越珍贵。

在乡村普遍追求经济发展、社会文化协调相对滞后的情况下，乡村社会群体的价值观和审美观的改变导致了乡村景观的变异。琼北地域乡村景观记录了本地区历史上的自然和人文变迁，包含了重要的历史文化信息，也积累了厚重的传统文化美学价值。对乡村景观中的传统文化和乡土美学的包含和利用，有利于提升琼北居民对本地区文化的自信，对当代乡村社会的族群凝聚有重要的现实意义。琼北是一个传统的移民社会，宗族意识强烈，人情交往密切，承载了很多人的乡土记忆。如火如荼的美丽乡村建设，带来了人居环境的美化更新，琼北乡村景观的优化在很大程度上重新激发了村落的空间活力和大众对乡村人居的向往，具有重要的社会文化价值。

8.1.1.3 生态服务价值

农耕文明时代，琼北乡村主要以血缘与地缘关系为纽带，以家庭为单位的精耕细作的小农经济为基础，发展出一套适应地域自然生态和人文生态的人居环境体系，催生出饱含人居生态智慧的琼北传统村落，其社会文化意识中也普遍存在一种尊重自然、天人和谐的生态意识。直到近现代西方工业文明冲击，全球化和城市化影响加剧，琼北传统村落在农耕文明之下积累而成的人居生态图景同样也经历了文明转型带来的冲击。随着当代生态文明的发展，人类的生态理念不断提升，乡村景观的生态服务价值开始得到关注并愈发受到重视。从生态环境的角度来看，农田斑块中的农作物通过光合作用把二氧化碳等转化为有机态的形式，为村落中的人类和禽畜提供食物，村落周边的菜地、农田和林地等植物和作物带几乎消化了所有的废弃物，使得人畜的粪便作为农田肥料得到了利用，从而减小了环境的污染，实现了物质和能量的循环。此外，农田还兼具多种环境调节功能，如雨洪调节、地下水补注、水质净化、防止土壤流失以及为动物提供栖息地等。农地在气体调节、大气净化、土壤保持、土壤营养循环、水源涵养、防洪蓄涝、生物多样性维持和生物链稳定等多方面都有实际的功能。上海也提出了生态型基本农田的概念，并提出了城市周边基本农田生态补偿机制。作为传统的农业省份，农业用地是琼北最主要的土地利用形态。从区域生态安全格局和城乡生态互补的宏观视角来看，琼北乡村作为城镇环境的重要补充，在一定程度上弥补和缓解了琼北快速城镇化之下的环境破坏和生态失衡。农地生态质量对琼北地区生态安全格局起到了重要作用，其生态价值自然也非常重要。

8.1.1.4 乡土技术价值

所谓的乡土技术是指在乡村生产生活的实践中形成并发展成的地方性营造技术。乡土技术通常属于低技术或适宜性技术的范畴，受当地自然环境、材料供给、匠作技术和审美观念等多个方面的影响，具有经济性、环境适应性和易操作性等特点，展现了厚生利用的乡土智慧。

琼北地域乡村景观中包含的乡土技术，是移民群体适应琼北地区自然和人文环境的经验积累，在村落选址、空间组织、传统建筑营造和环境绿化上展现了深厚的乡土智慧，对琼北乡村人居环境的未来营造具有重要的借鉴意义。

8.1.2 琼北乡村景观的优化原则

随着城乡统筹发展的深入，国家对乡村人居环境优化持续支持，一批诸如“社会主义新农村”“美丽乡村建设”“全域旅游—乡村旅游”的相关政策均涉及乡村人居建设，对琼北乡村景观的更新也发挥了较大的促进作用。当前的政策环境下，琼北乡村景观除生产功能之外的多元功能及多元价值正被逐渐激发。当代乡村景观已经不仅仅是乡村生产生活的结果，反过来也可以凭借其在旅游观光、生态保护和文化传承等多方面的价值而成为推动乡村发展的手段之一。因此，对琼北乡村景观当代发展路径的思考需要考虑其在新时代的价值，重点应该放在对乡村生境—生产—生活景观的整体优化上。从前文对琼北乡村景观的影响因素分析可以看到，乡村景观是一个涉及自然环境、社会经济和人文观念等诸多要素的复合系统，在规划设计层面需要考虑产业经济、城乡建设和生态保护等多学科视角，对乡村景观的发展引导策略也需要多层次、多角度的综合统筹。

首先，从态度原则上来看，需要尊重乡村及乡村景观的发展规律。借用王澍（2016）在《造房子》中的表述，“从事建筑活动，以什么态度去做永远比用什么方法去做重要得多”。涉及乡村景观的引导，对乡村本身的尊重是首要条件，尊重乡村自然、社会与人文环境，尊重乡村居民生产生活中的合理诉求，遵循乡村景观内在生成和发展规律，才能保证其策略的合理性和可持续性。从前文对琼北乡村景观的影响因素和形态特征分析可以看到，琼北乡村景观有其独特的地域特征。我们要做的是充分认识当代琼北乡村景观所包含的多元价值，以地域文化为魂，以生产生活需求为本，提出保护、传承和发展的内容。

其次，从发展目标上来看，需要在乡村景观的多元价值中寻求平衡。必须明确的是，希望乡村景观的未来发展能够在社会、经济、生态和文化各个功能上均取得最优是不切实际的，与乡村景观当代的多元价值一样，它一定是一个多元平衡的结果。例如，过度重视乡村的生产功能就难免会影响其生态功能的最佳，以文化功能为主又可能会影响其生产和生活功能，而只关注物质空间的观赏性而忽略乡村对社会、文化和经济发展内在需求的乡村景观建设，无论怎么强调景观风貌的美感，也很难称其为一个成功的景观营造。因此，琼北乡村景观的优化应该考虑在其多元价值下的综合提升。从当前琼北乡村社会经济发展宏观背景来看，如果说产业景观的发展目标主要是促进民生经济发展的“保民生”策略，那么乡村聚落景观的引导策略则重点在“兴风物”（即风景扬抑中的地域意识培育），而乡村环境生态的引导目标则重在当前的乡村人居空间中的“优环境”。

再次，从技术原则上来说，需要遵循乡村景观内在规律，多学科综合统筹。乡村景观涵盖了乡村生产、生活和生态诸多方面，对它的研究涉及风景园林学、生态学、地理学、社会学等多学科交叉，这就决定了乡村景观的优化策略必然来自于一个涵盖广泛的方法论体系。在这个过程中，琼北乡村在历史演进中所累积的乡土智慧仍然值得尊重和借鉴。虽然涉及乡村景观优化中的很多事情并非规划设计专业所能左右，但通过我们的引导，能令其向好的方向发展，也值得我们去努力。

最后，从实施方式来说，宜循序渐进、分层实施。当代琼北乡村正在经历前所未有的建设热潮和加速变化，一方面是居民自发建设的急速增加，另一方面是政策引导的逐渐深入。缺乏控制引导的、过快的建设使得当前的琼北乡村出现了生态破坏、风貌混乱、环境失谐等诸多问题。所谓“聚落可生，而不可造”，对琼北乡村景观的优化宜在遵循乡村经济社会发展客观规律的前提下，尊重传统人居智慧，重视政策引导下的科学发展，以循序渐进的方式进行。此外，由于涉及农业、生态和聚落的各个层面，必须将琼北乡村景观进行内容分级，并且在各层级内将实施的方式进行系统的分析，才能更清晰地解释琼北乡村景观的优化策略。

总体来看，琼北乡村景观的当代优化需要综合考虑琼北乡村在社会、经济以及环境上的发展需要，协调由乡村社会、文化和经济发展带来的景观变化，其目标是营造一种能够满足当代经济社会发展需求，同时也能保留琼北传统地域文化特征的新型乡村景观。综合考虑琼北乡村景观的宏观格局与微观形态，对它的当代优化策略可以由产业发展、生态修复和聚落更新三个角度出发展开分析。

8.2 琼北乡村景观的发展策略

由于乡村景观构成的复合性和多样性，不仅包括乡村聚落，还涉及广域的农业生产用地和乡村生态基底，其发展策略就需要考虑各方面的有机融合，其内容也应涵盖环境生态、产业景观和聚落风貌三个方面。基于此，乡村景观的优化路径既需要制定有针对性的发展策略，以更好地适应其不同的功能诉求，同时也必须在考虑各构成要素优化方式的时候综合统筹，找到其均衡发展的路径。

8.2.1 农业作物景观

在农业、农村和农民的“三农”关系中，乡村产业经济是支撑乡村生活的必要条件，安居乐业才能为乡村景观的优化提供足够的动力。因此，必须把握好产业与景观的先后关系，在此基础上的产业景观优化才具有可操作性和可持续性。当代琼北乡村经济发展的主要方向是产业结构调整和乡村经济转型，在增效调优第一产业的基础上，转型跨越第三产业。从琼北地区城乡统筹的发展进程来看，虽然当前社会正处于城市反哺乡村的政策环境下，但由于地方政府财力的制约，纯粹靠政策的经营补贴促进乡村发展是不可持续的。为了实现乡村进一步发展以及琼北乡村景观优化具有持续动力，乡村发展必须拓展传统产业功能并提升其产业价值，以此激发其内在动力。

从琼北乡村产业结构的组成来看，农作物生产始终是本区域乡村产业结构的主要内容，本地区乡村二产比重较小，依托乡村观光的三产正逐渐兴起。琼北乡村农业作物景观的优化只有将景观与产业紧密联系，创造更高附加值的土地利用形式，保障农村产业和乡村社区的持续发展，才能保证作物景观不断提升。未来琼北乡村农业作物景观的发展方向：一方面主要依托乡村产业功能的拓展进行结构性调整，另一方面则是依托地域作物景观提升进行内容上的升华。

8.2.1.1 作物景观总体优化要点

首先，要注意保证作物景观的经济性。在当前的琼北乡村仍以农业生产为主要产业的前提下，其作物景观的可持续发展必须以农业生产的良性发展为基础，只有土地的经济效益得到保障，才能进一步探讨作物景观的优化。当前的农业生产，机械化和规模化的优势明显，琼北乡村作物景观的优化也应该顺应这一特点。规模化的种植可以呈现出壮美的大地景观效果，广袤的稻作田洋、胶林和蔗田等不仅展现出人类改造土地的能力，也能更有效地突出琼北地域景观特色，创造令人印象深刻的景观场景。琼北乡村传统生产方式以小规模的家庭生产为主体，单个的家庭种植使得地块分散，种植规模较小，要形成规模化的作物景观就需要政策层面的引导，鼓励土地整合，发展联合经营，同时将农业生产和农业观光相结合，通过统一的种植规划来营造大地景观，凸显地域特色。这一点在琼海龙寿洋国家农业公园万亩田洋的统筹发展和农业观光产业的成功实践中已经得到了验证。

其次，宜注重突出作物景观的地域性。所谓“一方土地育一方风土”，琼北平原的稻田椰风，低山丘陵的热带果林都是极富地域特色的景观形态。在合理利用现有资源、保证土地经济价值的前提下，可考虑调整作物结构，因地制宜地发展基于地域特色的作物种植。宜推广热带稻作、热带特色果蔬、热带特色经济林、林下种养等极富琼北地域特色的作物种类。在部分区域调减桉树、低效橡胶等低质低效且景观效果不高的农林种植，选择适当区域发展海南岛特有的山兰稻、野生稻种植，尝试开展海水稻种植；在果蔬上开发富于地域特色的冬季瓜菜、热带蔬菜等蔬菜资源，发展火山荔枝、山地芒果、沙地花生和台地薯蓣等特色产品；拓展南药种植，发展热带花卉等特色种植产业；等等。

最后，在满足作物生产、保证土地经济效益的同时适度考虑提升作物景观的观赏性。无论是中国园林还是西方园林都很早就关注了作物的景观效果①。在琼北乡村，整洁开阔的稻田，一望无垠的椰林，精耕细作的菜园能产生较好的观赏性并带给观赏者愉悦的空间环境体验。在以生产功能为主的乡村地区，临近村落的用地可在满足生产需求的同时适当考虑作物景观观赏性的优化，可将精耕农业与作物景观营造结合，通过不同作物的搭配打造季相变化丰富的精致田园；远村用地仍必须以经济效益为先，满足正常的生产种植。在发展观光农业的区域，可通过政策性的引导和资金上的支持，因地制宜地将作物景观规划与作物种植类型统筹考虑。在城市近郊的乡村，还可将作物种植规划与城市绿色隔离带以及生态廊道规划相结合，充分发挥农业斑块的生态作用，既可节省

---

① 中国园林很早就关注到了作物景观的美感，上林苑中的农作物景观就有突出的多功能特征。早期的古埃及园林，无论是树木园、蔬菜园还是葡萄园都是基于生产性的园圃，展现的是农业种植的景观。西方中世纪教堂中的庭院景观亦有大量基于生产和药用的植物种植。

大量建设资金，为城市提供农产品和生态服务功能，还能在城市周边形成景观优美的田园风光（图 8-2）。

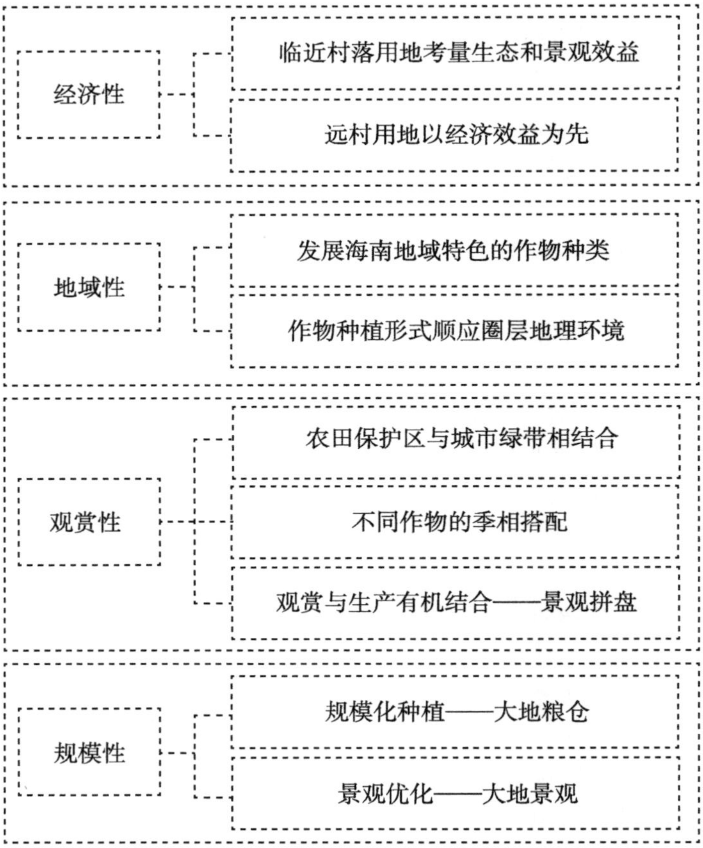

图 8-2　琼北乡村作物景观优化提升策略

（图片来源：作者自绘）

8.2.1.2　地域种植差异发展策略

根据琼北地区的地理特征、资源环境条件及其地域发展的差异性，将其划分为台地平原、丘陵低山两大作物种植带，因地制宜地采取不同的发展策略，指引各区域协调发展（图 8-3）。

台地平原种植带包括海口、文昌、琼海、儋州、临高、澄迈等 6 个县（市）大部分地区，是琼北城市发展的重要区域。本区域的乡村产业发展可充分依托其城市规模较大、滨海旅游发展较好的优势，将其作为城乡一体化、农业现代化及农业观光建设的试点地区。本区域耕地相对集中，农田相对匀质，具备较好的规模化种植条件，可适度整理土地、统一种植类型，在发展集约经营以提升农业景观规模的同时，以发展农业观光为目标打造“大地景观”。另外，在土地条件适宜、劳动力密集的地区可着力发展精耕细作的传统农业，以提升农产品品质并丰富作物景观类型。本区域内的旱田可主要作为蔬菜种植区，水田作为水稻种植区，坡地作为薯蓣等根茎类作物和果树种植区，塘地种植莲、菱等水生作物，构成以“稻作—瓜菜—果林—水生作物”为核心的较为丰富的作物景观体系。

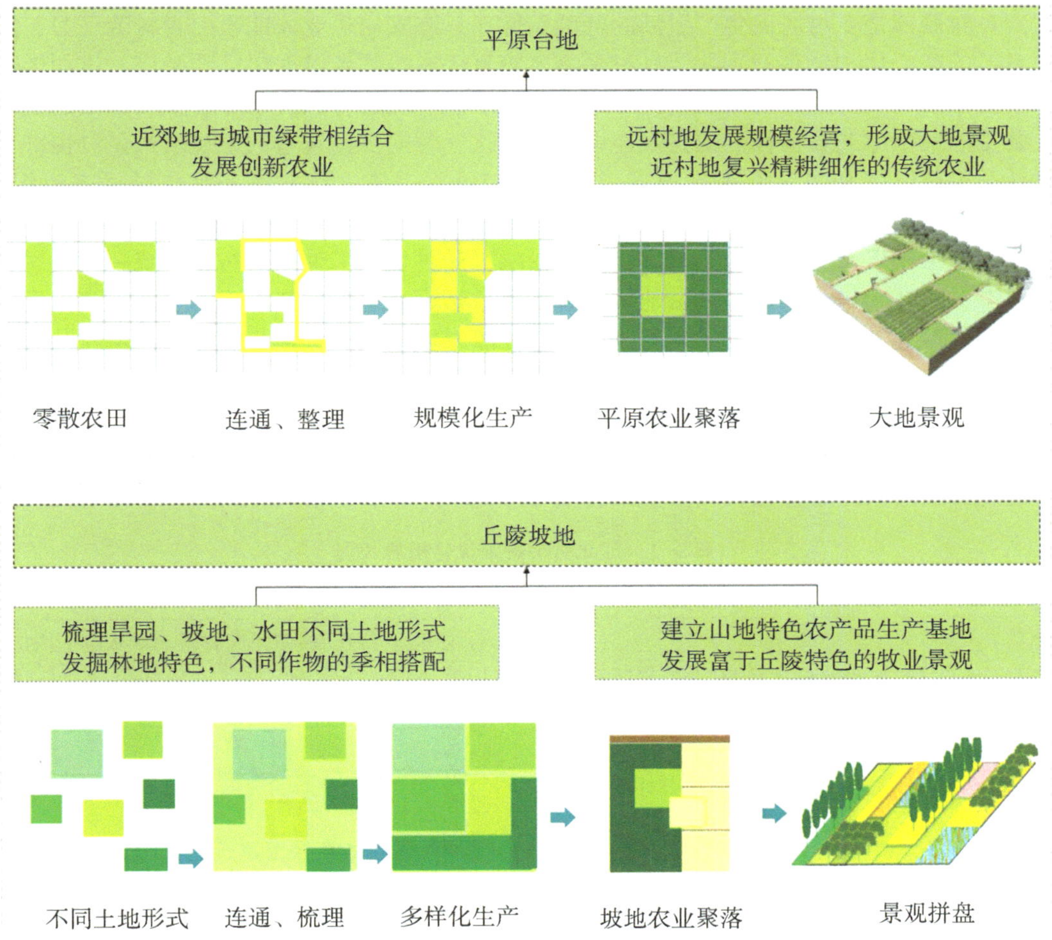

图 8–3　琼北乡村作物景观差异化引导策略

（图片来源：作者自绘）

丘陵低山种植带主要涵盖滨海平原与中部山地之间的地区，包含海口南部、澄迈南部、儋州西南部、琼海西部、屯昌及定安，这里是琼北开展传统农业的主要区域。本区域乡村产业发展可充分发挥其丰富的种植业和林业资源优势，积极发展具有热带特色的规模化、高效化的现代农业，建立山地特色农作物生产基地。应重点考虑发展高效橡胶和热带水果等经济林，反季节瓜菜、热带花卉、南药等热带高效农业。还可以加大“名、特、优、新”和无公害品种的生产数量，因地制宜地发展特色农作物种植，如火山荔枝、火山石斛、火山黑豆、丘陵毛叶枣、山栏稻等。同时，可面向以火山雍羊为主的畜牧业，扩大丘陵低山地区的林业资源优势，营造富于乡村特色的牧业景观。总体来看，本区域土地形式多样，宜通过联通梳理发展多样化种植，打造形态空间丰富的“景观拼盘”。

8.2.2 村落景观风貌

乡村聚落是乡村居民生产生活的基础条件，只有安居乐业才能吸引乡村劳动力，避免乡村的空心化和景观的衰败。乡村聚落风貌直接影响到乡村人居空间品质，进而影响到乡村住居环境对人口的吸引和乡村未来的发展。传统乡村社会，琼北乡村聚落的生成主要受居民个体或乡村社群的自发建设影响。这一时期乡村营造的主要模式是以传统乡村社会精英阶层和乡土匠人为技术引导，以村民为主体，自下而上的乡村“自组织”建设。这种自发建设虽然看似随机，实际上却受到乡村自然环境、材料技术、精神信仰、制度法则以及文化观念等诸多因素的影响，最终生成了琼北乡村较为统一的民居建筑形态，其背后包含了适应热带地域环境、尊重移民文化和生产生活需求的诸多人居智慧。当代琼北乡村，新一轮的乡村建设热潮伴随着城市化和现代化的冲击，乡村社会个体意识凸显，传统乡村社会内部控制法则影响力弱化，急速建设之下显现出村落风貌失谐的趋势。这虽然与目前琼北乡村的经济环境、政策制度以及社会意识等诸多因素存在联系，但也存在着乡村人居建设过程中某些引导策略的缺失或失当。在这种背景下，科学合理的引导策略就显得相当必要了（表 8-1）。

表 8-1 琼北村落景观优化措施导则

优化方式	景观要素	优化原则	具体措施
凸显	山水关系	山体保护绿线，水体保护蓝线	可视可达可控，控制距离村落 500 米范围内的山形地貌；梳理视线廊道，梳理水体与村落之间的关系；减少对水体周边地貌和植被的破坏
融入	天象物候	顺应热带环境	注重天象景、物候景等与塘池水体、公共场地等人工营造的结合
明晰	村落格局	保护“山、水、林、田、村”的宏观格局	平原村落应注意保留建筑梳式布局、前塘后山、风水林团绕等空间特色；传统人居策略中气候适应方式的借鉴，山地台地村落宜多簇团、小规模聚合，依山形地势布局
梳理	道路体系	体系梳理与尺度控制	建设绿道，梳理贯通道路体系；渗透沿途山水风光
更新	公共空间	整体协调、功能完善	重视场地的舒适度，易于到达，功能复合
优化	建筑风貌	延续文化传统，保护、提升与创新	整体控制：高度控制，立面、色彩统一；分类指导：传统、现代建筑分类实施，重点区域、一般区域分类控制；便于实施：面向乡村生产生活的设计，经济性、可操作性
强化	绿化种植	绿脉相连、内外交融	防风林建设；村内林地建设；庭院绿化；道路及院埔边界绿化交融；乡土植物及作物造景
添加	景观小品	文脉传承、宣教展示	原型引借、重构再造、材质对比等设计手法

8.2.2.1 自然景观要素利用

凸显——山水关系 山水格局是乡村景观的重要背景，很大程度上决定了乡村聚落的景观意向。古语有“千尺为势，百尺为形”的说法，意即远观环境气势，近看空间形态，山水格局决定了人们远望村落时能感知到的环境。从整体层面来看，在琼北乡村景观的优化路径中，应该最大限度保护并顺应村落周边山形水势的自然脉络（图8-4）。

地形地貌是琼北村落选址中考量的重要因素，其在乡村景观中的作用也不可忽视。未来琼北乡村景观的优化中首先应注重对村域及其周边环境中地形地貌的维护。第一，在村落建设中，应该从其周边的地形出发，考虑村落未来的拓展方向并对其范围和规模予以控制，台地平原村落以微丘地形为界，低山丘陵村落则应控制规模，避免新建建筑在形态和尺度上与周边山形不协调。第二，人的正常视距为300~500米，步行速度为60~80米，距离村落500米范围内的山形地貌形成了居民与山林“可视可达”的关系，对这一范围内乡村地貌要注意保护。第三，对外围视廊进行控制及保护，对景观视线叠加影响的区域进行严格控制。距离村落1 500米范围内的山地高点，是远观村落的边缘，必要的时候可将这些观赏点纳入景观规划的控制引导范围（图8-5）。具体来看，宜对村落周边可视范围内的山体进行保护，严格控制对山体和林木的破坏，必要时还可适当以人工林的方式进行提升。村落营建应考虑与周边地形关系，充分考虑借景、对景、框景等景观设计手法，营造与自然环境和谐、富于地域特色的琼北乡村人居环境。

图8-4 村域山水格局保护示意
（图片来源：作者自绘）

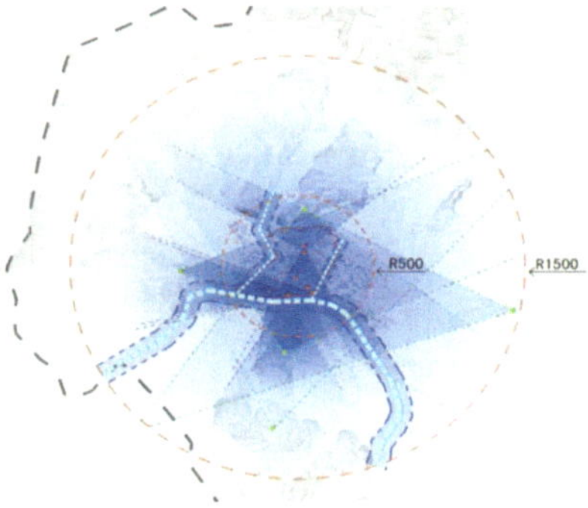

图8-5 村域山水视域控制示意
（图片来源：作者自绘）

琼北地区河流纵横，受农业生产和人居生活的需要，本区域村落选址往往偏好滨水环境。即使在不滨水的平原地区或部分丘陵区域，本区域的村落也往往要营造塘池等人工水体以达到调节气候、储蓄雨水、营造景观等目的。从景观视角来看，村落中的水体有效地调节了较为紧凑的村落空间布局，映射了天光云影，形成了适宜热带地区户外活动的微气候环境，成为琼北村落景观中最重要的组成部分之一。从琼北村落景观风貌保护上来说，宜协调好水体与村落之间的关系，明确水体保护的蓝线，严格控制对岸线绿带的破坏；营造优美的水岸景观带；宜以亲和的尺度建造多用途的亲水设施以满足热带地区村民日常休闲、取水和浣洗等多功能需求；在植物配置上可引入睡莲、荷花、菖蒲等湿生植物，滨水沿岸宜种植椰子、榕树、榄仁树等特色树种，起到遮荫和造景的作用。总体来看，协调人工营造与水体关系，营造亲水宜人的热带村落滨水空间环境，满足村民生产生活的多功能需求，是琼北乡村滨水景观优化的重点。

总体来说，山水要素不仅是琼北村落景观重要的空间要素，从历史上的琼北乡村八景中大量引借的自然要素可以看到，山水要素的景观价值很早就被琼北乡村居民所注意，这其中包含了重要的历史文化信息和地域景观特色。因此，山水格局的保护和山水景观的凸显，是未来琼北乡村景观优化的重要基础。

融入——天象物候 琼北地区在独特的热带海洋气候下，天象变化丰富，其乡村八景中不乏“紫贝晴云”“东岭霞光”“灵山腾云”之类颇为壮观的天象景观，也有“仙河云影”“白石湖光”“渔桥钓月”之类融合天象与其他要素的综合景观，无论哪种都极具热带地域风情。从对琼北传统村落微观单元的分析可以看到，琼北村落建设中充分考虑和利用了“前塘后山”“林带团绕”“梳式冷巷”等热带环境下人居空间建设中的气候适应方法，并产生了相应的景观形式，给琼北乡村景观带来了独特的地域特色。琼北地处热带北缘，植物四季常绿，物候变化较不明显，仅在冬季部分植物有落叶现象，但也形成了其地域特征中稳定的绿色背景。在琼北未来的村落景观优化中，应充分尊重、适应并利用其天象与物候资源，注重云、月、霞光等天象景，春花秋树等物候景等与塘池水体、休闲场地、村落绿化相结合，营造出独具热带特色的琼北乡村景观。

8.2.2.2 人工风貌要素导控

明晰——村落格局 琼北传统村落格局主要由村落周边农林环境以及建筑分布形态决定，是琼北乡村“自然”“隐逸”及“适形”等地域景观特征的重要基础。

明晰村落格局，首先就要保护好其“山—林—水—田—村”的宏观格局，其中任何一个要素的破坏都影响到琼北地域乡村景观的特色辨识度和空间美感度。考虑到琼北各区域乡村经济基础的差异，从优化路径上来说，经济略落后地区可以先着力于村内空间梳理和村容村貌的提升。有条件的地区可在提升人居空间品质的同时考虑作物景观风貌的提升。生态敏感地区需要易地搬迁的村落、拟调整的村落可不列入整治范围。琼北丘陵低山地区村落受地形地貌影响较大，相较于台地平原村落，其建筑群落、村落巷道、公共空间布局灵活，总体格局相对自由。这部分村落的格局优化宜重点注重对地形地貌及自然环境的顺应，将优美的山水形胜、梯田果林等农地形式、台地坡地等地形地貌纳入村落景观格局进行统筹考虑。建筑宜采用山地沿等高线布局、坡地小规模聚合、丘陵多簇团分散布局等形式灵活布置，借助地形条件形成丰富的景观层次和地域特色。

其次，未来琼北村落格局的控制引导需要尊重村落历史格局。旧村中的增建民居需尊重并延续传统民居院落格局，控制其建筑风格和体量。新村建设宜与传统村落保持一定距离，应参照传统村落格局，并控制新建民居建设风格和规模。

最后，宜梳理并明晰琼北传统村落田包围村、前塘后山、风水林环绕等地域特征，梳理并优化村落空间体系，重点优化出入口、风水塘、宗祠、村庙、公共休闲场地等重要景观节点，通过控制其规模大小、空间形态、空间舒适性等形成合理有序的开放空间体系（图 8-6）。

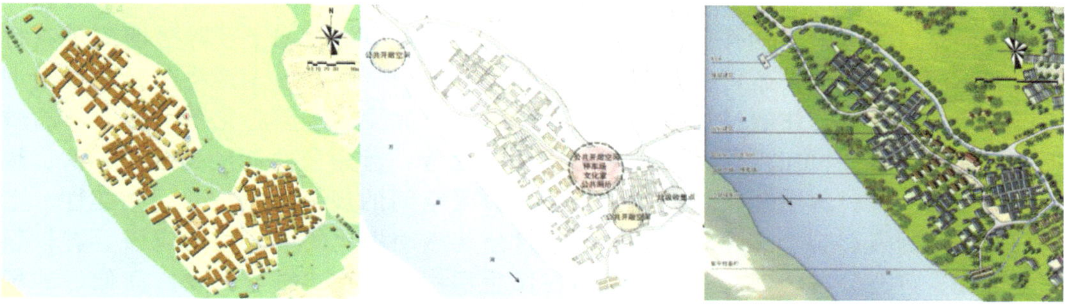

图 8-6 村落空间格局梳理优化示例

（资料来源：引自琼海市住建局《琼海朝烈村美丽乡村建设规划》）

梳理——道路景观 乡村道路将自然环境、农林田园和乡村聚落有机串联，是体验乡村景观的重要途径。与城市道路相比，乡村道路线型较为灵活自由。乡村道路的设置宜因地制宜，“随形而弯，依势而曲”的道路选线既可节约造价，又能较好地融于自然环境。琼北地区四季炎热，日照强烈，宜选用遮荫良好的乡土植物，可适当增大道路绿化范围，营造富于热带特色的道路景观。在乡村道路景观的优化中，除了考虑道路的便捷性、舒适性和生态性之外，还应注重道路与周边景观结合所形成的空间变化及带来的景观体验。可通过借景、障景、框景等景观策略对道路沿线景观进行控制引导，将景观良好的地方纳入道路视域，而景观效果不佳的区域则通过植物、景墙等方式适当屏蔽。

巷道是乡村聚落中最重要的半公共空间，它既有串联空间的作用，也是村落中交往空间的延伸，具有通行、邻里交往和社会生活等多重功能。在满足交通功能的前提下，宜利用巷道将村落中的主要开放空间串联起来，还可将巷道的交通节点适当扩大并配以相应的绿化和设施，营造适宜热带地区户外休闲和公共交流的空间场地。

在道路材质方面。琼北村落主要交通路面可采用水泥、沥青混凝土等材质进行硬化，以满足乡村经济发展之后不断增多的机动车需求。随着汽车的增多，在乡村停车场方面，部分集中居住的村落宜选择合适的位置相对集中停车。在需要保护的传统村落，内部道路宜保持原有材质，可选择砖石铺砌（火山石、青石、玄武岩等天然石材）。村内道路绿化在植物的选择上尽量采用小叶榄仁、酸豆树、凤凰木等抗风遮荫、树形优美、管理粗放的地域乡土树种，选择椰树、槟榔、热带果树等亦较有地域特色。

更新——公共空间 受移民文化影响，琼北传统村落在空间形态上表现出较为明显的封闭和内聚特征。在自给自足的传统乡村社会，人口的流动性相对较小，聚族而居的空间模式下是井然有序的乡村生活。当代琼北乡村，经济发展迅速，但过去的人情密切和邻里乡情受诸多因素影响，略有降低。村落公共空间的优化可在环境提升的同时促进邻里交往，达到“增活力、兴教化”的目的。

作为琼北村落景观体系中重要的空间元素，公共活动场地在琼北乡村居民的生产生活习惯中扮演了举足轻重的角色。它不仅是村民社会交往的主要场所，也是影响琼北村落内聚特征的重要元素。因此，就村落景观优化和空间建设引导来说，应特别注重村落公共活动场地在促进村民交流、提升村落空间活力、形成具有归属感和凝聚力的聚居氛围方面的作用。首先，在公共活动场地的分布上，除了明确现有村落公共休闲场地之外，还可根据现有村落建设情况和空间品质，围绕闲置的空间进行设置。如对废弃的住宅经过协商进行合理整治，拆除村落空心化留下的空间品质不高的建筑，整理村庄内部不能利用的闲置用地等，营建公共活动场地。其次，热带地域环境下，村落中公共场地的使用率主要受空间的规模大小、使用便捷性、空间舒适度等因素影响。在规划设计上，乡村公共活动场地的空间功能应该具有较强的复合性，宜充分考虑琼北热带环境与村民生活习惯，营建符合大众空间偏好的场地形态。最后，充分考虑公共活动场地对琼北地域文化的传承，重点考虑宗祠、村庙、村门等公共建筑及其附属场地中景观营造对地域文化的呼应和宣教作用，更新并优化公共建筑及其附属环境的空间品质。

具体来看，对琼北村落公共活动场地的优化应注意如下几个方面。其一，应重视水体与公共活动场地的有机结合。在炎热的气候环境下，村落水体附近往往有较为凉爽的微气候，也往往是最吸引村落人流聚集的休闲场所。以琼北历史上乡村八景中的“岸头娇柳”“月池绿波”“颜塘漾月”等为代表，围绕村落塘池展开的休闲活动也构成了琼北乡村最典型的人文景观之一，在未来的乡村景观优化中应予以重点关注。其二，应重视绿植与公共休闲场地的结合。这同样也是受热带气候的影响，椰林、榕荫下石桌石椅的搭配遍及琼北乡村，营造遮阳透风的休闲场地对热带气候下的空间舒适度非常重要。其三，公共开发场地应易于到达且空间功能复合，充分考虑方便村落中各类空间活动的展开。宜结合现状，针对不同级别、不同功能的场地节点设置相应的服务设施，通过固定景观要素、合理搭配临时性景观要素，以增强公共休闲场地的空间吸引力与活力（图 8-7）。

图 8-7　琼北村落公共空间景观优化示意

（图片来源：作者自绘）

优化——建筑风貌　乡村建筑风貌指村落中公共建筑及乡土民居等所体现出的空间格局、造型式样和色彩肌理等整体风格。随着城市化对乡村社会的影响，大众审美的变化，建筑技术和材料的更新带来了琼北乡村建筑风貌的改变，照抄西式的、风格杂陈的、缺乏历史沉淀的现代建筑在乡村逐渐蔓延[①]，较大地冲击了琼北乡村景观的地域风格。作为乡村景观的核心要素，未来的琼北乡村景观优化必须注重对其建筑风貌的控制和引导，重点在建筑营造对地域性、时代性与文化性的呼应与表达。

琼北乡村建筑风貌在政策层面的引导控制主要是在有条件的乡村聚落做好整体优化，提出符合当地审美偏好和空间需求，便于村民生产生活，带有地域建筑风格的乡村民居建设指引，减少“杂陈”的存量，增加“美感”的增量，让乡村把美的一面展示出来，把乱的一面优化掉（图 8-8）。其中，应主要依据整体控制原则（建筑体量和高度、立面和色彩的控制），分类指导原则（传统、现代建筑分类实施，重点区域、一般区域分类控制）和便于实施原则（经济性、可操作性），主要有保护、提升与创新三条路径（表 8-2，图 8-9）。

图 8-8 琼北村落庭院景观优化示意

（图片来源：作者自绘）

首先，针对有历史价值的传统村落，应该尽量传承并保存其村落中的历史文化信息，以保护的方式保持其传统建筑风貌，避免现代建筑对它的破坏。对于传统村落中大量空置或衰败的建筑，需要梳理建筑品质，确定需要更新的建筑和可以拆除的建筑，可以采用琼北传统木作技艺，选择性修复部分传统建筑并置换为公共配套用房以赋予其新的功能和活力。村落中的翻建或新建建筑，其外观应与周边传统建筑风貌协调，不得破坏传统村落的空间格局。应根据琼北传统民居的典型单元，以硬山顶、“一明二暗”三开间单层建筑为基础进行建设，统一建筑立面及色彩。其建设层数应主要控制在 1~2 层，单层檐口限高 4 米左右，屋脊限高在 5.5 米左右。建筑色彩以火山石、玄武岩或青

① 从整体上来看，当前琼北乡村很多新建民居一般的造型为 2~3 层，受欧式风格建筑影响的楼居，往往既缺乏乡土特色，又无地域风格，风格杂陈，可谓不中不西，不土不洋，不伦不类。由于琼北乡村在当前的民居建设方面缺乏建设引导，造成了当前琼北民居建设风格杂乱的现状。首先必须承认的是，乡村民居的营造自古至今都主要以乡村居民自身需求和自主建设为主，大部分属于“没有设计师的建筑”，主要受乡村居民个人的空间偏好与审美观念影响。相对于民居的功能、安全和舒适等基本的空间要求来说，建筑审美是更高层次的需求，现阶段对琼北民居建筑艺术和美感的提升需要更多自上而下的示范、引导和控制。

砖的黑、灰、青等色调为主，梁柱门窗采用原木色，总体建筑风貌朴素原真、简洁稳重。

表 8-2 琼北村落建筑风貌优化导则

建筑类型	优化导则		
传统民居	屋顶	形式	建议采用具有传统特征的硬山顶，不鼓励采用平顶或欧式屋顶
		材料	小青瓦屋面或平瓦屋面
		色彩	草屋面以赭石色或灰色为主，瓦屋面以青色或灰色面为主，不鼓励选用红色或其他艳丽的颜色
	墙体	形式	火山岩民居采用人字砌或者四面光，砖砌采用空斗墙与实砌墙、穿花墙结合
		材料	建议使用清水砖或石灰抹面等本地材料，允许使用仿瓷砖贴面，铺贴方式应仿砌砖纹理处理。墙裙建议使用毛石砌筑。
		色彩	清水砖墙、毛石墙或石灰抹面应保持材料本色，仿瓷砖贴面，鼓励选用赭黄等仿砖色，允许使用白色
	门窗	形式	建议延续传统门窗样式，门窗不宜过大，门两侧可设耳窗，上设上亮子和窗眉。避免采用大面积玻璃窗或欧式风格的门窗
		材料	建议使用木材或砖石。允许使用其他材质的门窗，如塑钢窗、铝合金门窗等
		色彩	门窗框建议选用原木色、深木色或白色，不鼓励使用其他色系。花饰色彩可与底色相同
现代民居	屋顶	形式	一般建议采用坡屋顶屋面，从气候适应性考量可采用大挑檐的平屋顶
		色彩	屋顶可用青色瓦片作为强调
	材质	门窗框建议用木质或仿木材质，一般建议以砖石墙面为主，墙面抹灰	
	体量	一般不宜过高，以 2~3 层为宜，不超过 3 层	
	色彩	以素雅的灰白色为主	
	地域性	提炼并采用本土传统元素符号进行细部装饰，如具有海洋特色的窗棚、雕花、图腾等	

其次，针对建筑风貌需要整体提升的村落，主要是以琼北地域建筑为样本，对现有建筑进行统一优化，包含统一墙体和屋顶色彩，统一门窗、装饰等建筑细部。屋顶形式以坡屋顶为主，可适当采用平坡结合，保证建筑风格的大致统一。控制建筑尺度，以低层建筑为主，不宜超过 3 层，新建建筑檐口高度控制在 12 米以下，以乔木掩映为宜。建筑色彩以黑、白、灰为主，兼带原木色系，总体色调以冷色为主。

最后，建筑风貌的创新，主要指传承琼北传统建筑的文化特色，建设具有地域特征的现代乡居。这是更高层次的美学再造，也是一个建筑学框架下值得探讨的命题，基于研究范畴所限在此不作过多展开。需要注意的是，建筑风貌的创新应注重对传统建筑的借鉴，空间功能应符合当代乡村的生产生活需求，在追求时代感的同时注重建筑文脉的

图 8-9 琼北乡村民居设计示例

（图片来源：引自海南省住建厅《海南国际旅游岛村庄特色风貌规划建设指引》）

传承以及对热带气候的适应，确保其建筑风格的地域性表达。

强化——绿化种植 受热带自然环境影响，植被绿化在琼北乡村景观体系中占有重要的位置。无论是前塘后山（林），林地绕村的空间模式，还是传统村落中“松林晚翠”“双树团荫”“北林烟树”等八景记载，都体现了植被绿化在琼北乡村景观体系中的重要位置。对琼北乡村环境中绿化种植的控制引导，也影响其景观地域特征的构建与凸显。

首先，近村地区的农地绿化，宜重点考虑防风林的构建。基于琼北地区常年多台风侵扰的气候环境，宜采取天然林与人工林结合的方式构建村落周边的防风林体系。在与台风主风向垂直的区域，可种植抗风力强的树种以构建主林带，可选择木麻黄、椰子、琼崖海棠、刺竹等抗风性较好的树种；与主风向平行的副林带，树种选择可略为多样，可采用椰子、榄仁、相思、凤凰木、荔枝、露兜、光荚含羞草等乡土植物乔灌混交，这样既可兼顾防风效果又有一定的景观特色和经济收益。人工防护林主林带一般种植两行，通风系数在0.3左右时可防护树高8~10倍的范围，防风效果最好。因此，主林带之间的距离一般在80~100米，副林带距离在200~250米。木麻黄因抗盐碱、抗风固沙、耐贫瘠，木材也受到认可，常作为沿海防风林的主干树种；琼崖海棠，极喜光，风折率在5%以下，常用于坡地造林；小叶榄仁，抗风能力强，耐旱、耐瘠薄、耐盐碱，常用于滨海地区；椰子是海南岛本土树种，抗风能力强、耐盐碱，且有一定经济价值，因此也可以大量种植。

其次，村落周边及村内公共空间绿化。宜采取人工林与天然林结合，尽量营造一定宽度和密闭度的环村林带，使村落建筑于林木之中隐现，强化琼北村落隐秘内聚，自然质朴的地域景观特征。村内公共空间绿化，重点应考虑村口、道路两侧、滨水空间、公共休闲场地等区域。热带地区的气候环境下，充满植物的浓荫，吹拂凉风的场地能够吸引更多人使用，从而激发空间活力，提升空间节点的影响力。此外，它还能够融合村落中的新老建筑及开放空间，保证村落景观风貌的自然性和生态性。遮荫效果较好的椰子、小叶榄仁、印度紫檀等，景观效果较好的凤凰木、酸豆树、鸡蛋花等较宜在这些区域栽植。

最后，应积极引导庭院绿化美化，构建村落内外交融的绿化体系。在植物种类选择上，宜多选用乡土植物，经济价值高，有较好观赏效果或有文化寓意的植物，营造既有视觉美感又富有文化内涵的庭院绿化系统。例如，象征多子多福的荔枝，象征长寿的龙血树，象征家族繁荣的菠萝蜜等，都可以在庭院绿化中进行推广。此外，一些瓜菜类的作物，如木瓜、豇豆、南瓜等也可作为庭院绿化种类，既可方便平时生活中的利用，又能形成富有乡土特色的庭院作物景观。

添加——景观小品　除去村落中的建筑、道路和场地等主要的景观要素之外，景观小品也逐渐因风貌辅助的功能在琼北乡村出现，它同样也影响乡村景观地域特征的呈现，为琼北乡村地域景观优化提供支撑。

设施小品主要出现在村落公共空间，可以为景观注入文化内涵，起到装饰空间、设施服务、宣教展示等作用。其设计手法大致有以下几种：第一，可采用“原型引借”的手法，从乡村生产生活中引借器物原型用以装饰空间，如将石磨、水缸、耕具等农具作为景观小品进行摆放。第二，可采用“重构再造”的方式，在保留乡土元素原型特征的基础上，通过景观设计的手法创造新的秩序和关系，进行形式的重组再造，最后以新的景观形式出现。较有代表的如对青砖砌法的创新和瓦材在造景中的运用。第三，“材质对比”的手法，通过引入新材料，在景观小品的塑造上将传统材料与现代材料搭配使用，形成材质的对比，形成景观的张力。例如，用耐候钢、不锈钢、镜面玻璃等现代材料与砖材、瓦片、竹木等传统材料并置利用于景观小品的塑造上（图8-10）。

图 8-10　琼北村落中景观小品设置示意

（图片来源：作者自绘）

8.2.3　乡村环境生态

乡村生态的平衡与人居建设的适形是琼北乡村景观重要的地域特征，也是琼北乡村展现给世人最重要的景观意向。经历了改革开放之后的急速发展，琼北乡村社会经济全面提升，但环境与人居之间也不可避免地出现了从结构体系到构成要素的生态破坏。现阶段琼北乡村景观的生态优化，既需要本区域自上而下体系构建中的宏观引导，也需要乡村自下而上建设中的微观措施。

8.2.3.1　乡村宏观生态体系的构建引导策略

从景观生态学的视角来看，景观体系是景观功能存在的基础，只有保证乡村景观体系的完善才能实现其生态功能的高效。在琼北乡村的宏观生态体系中，生态基底是环境中面积最广、连续性最大的区域，主要为琼北台地平原地区的农田生态和丘陵低山地区的森林生态；斑块与周围环境在性质上不同，且内部具有一定的匀质性，主要是星星点点的乡村聚落和农田中的林团等；廊道指环境中与相邻两侧不同性质的带状结构，在琼北乡村景观生态体系中主要是绵延的林带、河流和道路等。宏观层面的生态格局优化是琼北乡村景观良性发展的重要保证，宜修复生态系统，优化生态安全格局，保护区域内生态多样性，实现生态系统与景观效果的复合（图 8-11）。

首先，应该充分保证琼北乡村地区自然本底的生态性。琼北的台地平原地区是本地区村落数量最多、分布最为密集的区域。本区域的生产垦拓和乡村建设等活动对生态基底的影响比较大，应将农田、林地和水体视为生命共同体，通过高标准农田的建设，保护其他用地不受侵扰。从区域尺度统筹保留农田基底中的生态用地，严禁占用农田进行非农建设。严守基本农田和生态红线，保护农田生态中的生物多样，进行退化农田的生态修复，通过加厚土层、客土改良等方式提高土壤对水分和养分的含蓄能力，防止因养分淋失造成地下水以及河流的富营养化等。同时，本区域属于台风影响较大的区域，宜实施海岸带退塘还林工程，通过加强防风林网建设，构建生态防护网络，防止土壤风蚀沙化。琼北的低山丘陵地区是其生物多样性富集区，本区域乡村需严格控制土地开发活动。对生态敏感区内已开垦的土地以及 25°以上的坡地实行退耕还林、退果还林，禁止破坏性的垦植行为。在乡村生产上，低山丘陵区是琼北林业生产（特别是橡胶生产）较为集中的区域，未来宜调整产业结构，发展绿色农业、生态林业和休闲旅游业等清洁型产业。此外，本区域乡村还应严格控制农业面源污染，严禁污染河流、占用湿地，增强本区域水资源调蓄的功能。

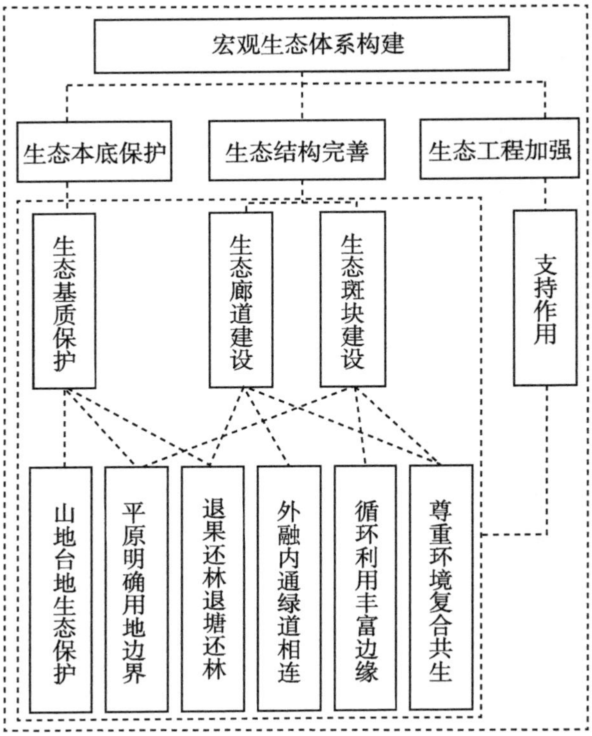

图 8-11　琼北乡村宏观生态格局的构建策略

（图片来源：作者自绘）

其次，注重对生态斑块的控制，构建良好的生态节点。琼北乡村地区最主要的生态斑块是其广袤大地上的万千村落。村落的建设选址宜注意对环境的尊重，从传统村落分布经验来看，新建村落一般建议选择山脚缓坡、河流附近的二级台地以及平原微丘等区域。这些区域位于生态交叉带，在这里布局对生态基底的冲击较小，还可充分利用该区域物种丰富的边缘优势。宜重点保护好“山—水—林—田—村”的生态格局，保护生物多样性。此外，还可将生态敏感地区以及生产生活条件落后地区的乡村人口向重点乡镇集聚，逐步降低本区域人口容量及密度。在村落斑块的形态上，应注意加强环村林带的构建，将乔木、灌木和地衣草皮结合营造多种类、多层次的植被搭配。优化村落斑块边界，营造形状指数复杂的边界形态，为物种涵养和生物多样化提供更好的环境条件。此外，农田中的天然植物岛，是平原农田生态体系中可视为“生态垫脚石”的生态斑块，宜注重其生境的保护与修复。

最后，应充分建立并完善生态廊道。河流、道路和林带等带状要素构成了琼北乡村地区的生态廊道，不仅为生态系统提供了物质和能量流通的通道，同时也构成了乡村重要的带状景观空间，对琼北乡村地区生态体系的构建有重要的支撑作用。一是宜将生态廊道的连通性纳入国土规划和管理，高等级廊道联通核心斑块，次级廊道联通次级斑块并串联“生态垫脚石”。二是完善并优化水系和道路两旁的绿化带或防护林建设，联通生态断裂点，可在兼顾各方面利益的前提下，适当拓宽绿廊宽度①，以增大其物种涵养量，促进生物迁徙和物种交流。三是农田林网有保护水土、防风固沙、涵养植物和动物种群的作用。宜完善农田绿网，优化防风林，完善塘池沟渠等生态要素，通过田间廊道构建完善的农地生态林网。四是廊道还有限定斑块的作用，可通过廊道绿带的规划和限定，实现对乡村土地开发的控制，防止人工建设和垦拓的无序蔓延。

8.2.3.2 村落微观生态措施与传统生态智慧

农耕文明时代，在以村落为核心的琼北乡村人居系统中，生态系统中的能量循环和物质交换在自然演化和人工调节的双重作用下，得以循环有序地进行，一派天人和谐的人居图景。人类日常生活所需都来源于村落周边环境，而人类生产生活所产生的废物也通过周边环境得以消化，这种循环共生的模式使得村落人居环境得到了很好的保护，保证了琼北乡村生态系统的稳定和可持续运转。

在琼北乡村人居系统的微观单元中，山水环境、农田基底和乡村聚落共同构成了一个由自然、半自然和人工三部分组成的复合循环的基本生态单元。其中，村落是整个生态系统的核心，周边环境则是支撑其运行和发展的基础，各部分之间存在着多种物质代谢和能量交换。从景观生态学的视角来看，需注重村落微观单元主要构成要素的生态优化（图 8-12）。

在农业方面，琼北乡村传统农业充分利用地域资源条件，在不宜生产的火山地区开发出火山石埂种植园、台地梯田、山地雍羊养殖等农业生产方式，在台地平原地区则以平原稻作的间种轮种、精耕细作、厚生利用等方式有效利用了土地，保证了环境的可持续开发。未来琼北农业生产应注重挖掘环境优势，参考传统农业中集约循环的资源利用模式，发展生态循环农业。在台地平原地区，可通过用地整理形成大面积的高效农田，构建出类似“鱼稻共生”的高效复合生态系统，能够保证农田中生物资源的多样性和异质性，构建稳定的农田生态系统。低山丘陵地区多小面积农地，在这一区域引导小规模、多样化和精细化的种植更有利于物种多样性的提升。从复合生态系统的角度，可推进种养结合，按照“空中混长、地面混种、林下混养”的方式合理利用空间进行高效的土地开发。

在人居建设方面，琼北地区传统人居的乡土智慧仍然有其生态学上的借鉴意义。首先在村落规模的控制上，传统村落的“天人和谐”一方面得益于传统人居空间模式对自然的融合，另一方面也是由于人口、资源和技术等影响，使传统村落大多维持在一个较小的规模。未来琼北的乡村建设，在台地平原地区宜鼓励村落紧凑发展和集约建设，防止过度土地开发导致生境破碎化的趋势，在低山丘陵地区宜引导零散分布的小村落居

---

① 根据景观生态学中廊道理论的研究，3~12 米为线性绿地，这种宽度之下，物种涵养能力差，生物多样性较低。12~30 米有一定的生态边缘效应，但生态多样性较低。重要的林网廊道其宽度宜在 50 米以上才可满足基本的物种涵养需求。

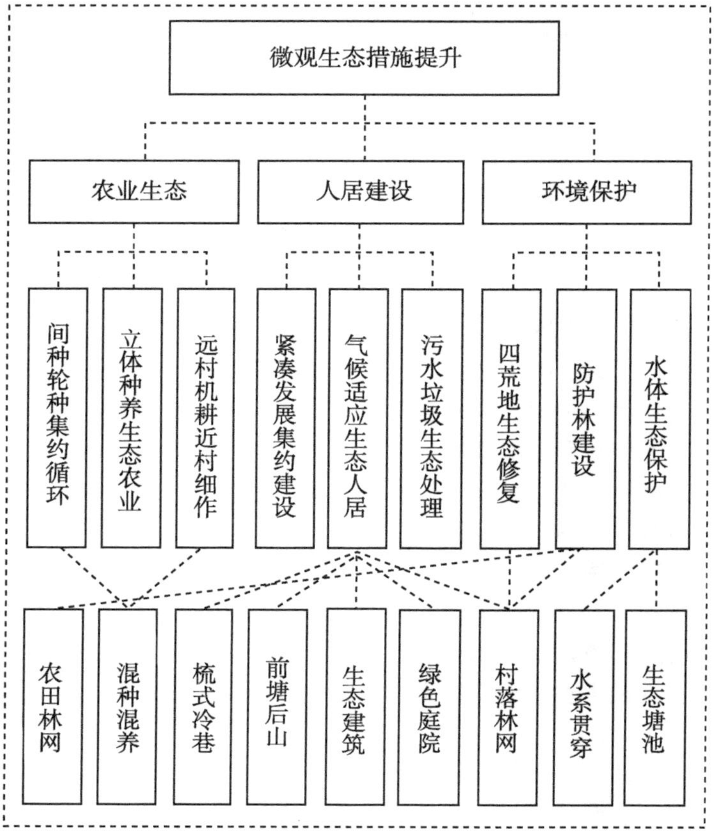

图 8-12　琼北乡村微观生态措施的实施策略

（图片来源：作者自绘）

民向中心村或中心镇迁居，最终有利于琼北乡村生态本底的保护。其次在村落空间格局上，前塘后山、梳式冷巷、贯通院落和绿色庭院等空间形式能够较好地适应热带气候，体现出传统人居系统中的生态智慧，在未来琼北村落建设中，宜借鉴与发扬。

水体是琼北村落中重要的生态要素，具有调节小气候，为生物提供栖息地，生态过滤等多种生态功能。在水体的生态优化措施上，宜保持其形态的自然畅通，加强对河道及水面的疏浚和清理，以保障河道的流动性。可建设生态驳岸，营造“中生—湿生—水生”相结合、梯度过渡的植物群落，为生物建立适宜的生境，加强河道水体的生态自净能力。在植物种类上，低地带选择耐水植物，中地带选择耐周期性水淹的植物，高地带选择耐旱植物。生态驳岸具有海绵化的强渗透性，可与周边土壤进行充分的水体交换，形成滨岸生态廊道。可通过对水中深潭、浅滩和岛屿等水底地形的竖向控制，满足不同生物对水深的需求，引入底栖生物和鱼类以吸引鸟类，在构建稳定的水体生态系统的同时，也有益于水体景观的营造。村落中污水的处理宜采用管网收集，经村落污水处理系统统一处理后排入湿地泡塘，利用人工湿地进一步净化水体。

在村落植物要素方面，琼北村落常见的环村林地，植物种类丰富，且具有一定的宽度，不仅是村落涵养生物的重要区域，还能涵养水源，避免村落水土流失，提升村落生境的质量，以风水林的名义对其进行有意识的保护，体现出其传统人居系统中朴素的生态智慧。未来琼北村落中生态林地的构建，宜遵循生态、经济、景观结合的原则进行，重点在充分利用村落“四旁”（村旁、水旁、路旁、田旁）地建设生态林网。在村落绿化体系的构建上，做到“外融内通，绿廊相连”，将农田、水体、道路、村落开发空间和民居院落以植物联结起来，尽量拓展绿化面积以丰富物种类型及种群密度，提升生态多样性。在植物种类选择上，考虑琼北多台风的影响，村落防风宜选择抗风能力强的椰子和木麻黄；在道路周边推广生长稳定、抗性强且较为美观的树种，如竹类、榕科植物、棕榈科植物等，营造乔灌木混交林带；庭院绿化可推广荔枝、龙眼、菠萝蜜等热带果树；景观节点考虑遮阳和植物景观可推广凤凰木、木棉等开花乔木，或者小叶榄仁、台湾相思、雨树等既有防护功能又有地域景观特色的热带树种。

8.3 本章小结

本章首先分析了琼北乡村景观的当代价值，接着从态度、目标、技术和实施方式上探讨了琼北乡村景观的优化原则；然后以尊重地域特征为前提，从农业作物景观、村落景观风貌和乡村生态环境三个方面探讨了琼北乡村景观的发展策略。值得注意的是，乡村景观源自乡村生产生活中的伦常日用，亦受乡村经济水平、社会结构和制度观念等多种因素影响，要实现空间优化的愿景，需要规划设计者对乡村人居环境规律进行更深入的调查研究，也需要实践层面多层次多角度的综合统筹。因此，乡村景观的优化必须符合乡村社会经济发展规律，契合乡村居民生产生活内在需求，才能保证其策略的科学合理与可持续性。

9 结 语

伴随着乡村振兴战略的实施和推进，在外部发展机遇与内在发展动力的多重催化下，琼北乡村景观正经历着新一轮的发展和更新。其中，以琼海北仍村为代表的乡村旅游实践，依托对乡村景观的优化，实现了从一产到三产的跨越，在改善乡村环境的同时，极大地激发了地方经济。可以说，资本和政策引领下的乡村振兴推进实践已经展开，科学理论的研究更应该及时跟进。然而，由于琼北属于地理和学术上的边缘地带，学界历来对其关注较少，对琼北乡村景观则更是缺乏系统的研究。琼北乡村景观的当代优化，也因此难以进行有效的引导。当前，海南自由贸易港的号角已经吹响，如何抓住历史的发展契机，发挥琼北乡村的自然和人文资源优势，并以此为抓手激活乡村景观资源，保护地域景观风貌，优化乡村人居环境，就成为当代琼北乡村发展中一个迫切需要解决的课题。

在这样的背景下，为了展开琼北乡村景观的系统性研究，笔者在风景园林学的研究逻辑下，以乡村景观的历史演进研究为基础，结合人文地理学的研究方法分析其宏观格局，再通过建筑学视角下的空间形态研究分析其微观特征，进而挖掘其形式背后的多元影响因素和内在构成逻辑，最后总结琼北乡村景观的地域特征，其目的正是为了更好地挖掘本地区乡村建设中的乡土智慧，保护琼北地域乡村景观的传统风貌，同时也更好地引导其未来发展，而这也正是本研究面向实践的意义所在。

9.1 主要研究结论

（1）本研究以动态的视角，通过纵向的历史沿革梳理和横向的自然环境、农业景观及乡村聚落三个方面的研究，综合分析琼北乡村景观的发展脉络。研究发现，琼北乡村景观的历史演进经历了人类由森林寄居、田园聚居到诗意栖居的三个阶段，这个过程伴随着人类在琼北大地的不断迁徙与垦拓，表现为自然环境的开发不断深入，农业景观的形态不断丰富，住居环境的品质不断提升，蕴含了自然与人文环境变迁背景下乡村景观的适应性特征。

（2）本研究在风景园林学的视角下，结合人文地理学的研究方法，深入探讨并总结了琼北乡村景观的宏观格局与微观特征。可以看到，琼北乡村景观的宏观格局与地形、水系、农业种植条件关联紧密，传统村落主要分布在高程较低、坡度较缓的区域，与坡向关联稍弱。村落格局则受移民祖居地的闽东南和广府地区住居文化影响较大，以林带团绕、前塘后山的梳式格局最为典型，传统建筑风貌则受火山岩、青砖等建筑材料影响，总体上表现为热带环境与移民文化影响下极具地域特色的景观形态。

（3）本研究从自然环境与人文环境对琼北乡村景观的影响入手，同时还从人类空间行为与乡村景观内在关联的角度，分析了琼北乡村景观空间形态的影响因素。可以看到，人类对自然环境的适应与利用方式是影响琼北乡村景观的基本因素，乡村的生产方式、经济基础和社会结构则是社会经济中对琼北乡村景观的驱动因素，制度法则、信仰崇拜、风水理念和空间偏好从观念意识上对琼北乡村景观产生影响，而对火山岩等地域材料的巧为利用，则体现出材料技术对乡村景观的影响。

（4）本研究从内生秩序和文化附加方面剖析了琼北乡村景观的形态构成，提出了热带环境影响下的自然与质朴，移民文化影响下的隐秘与适形是琼北乡村景观的主要地域特征。理论与实践联系，针对琼北乡村景观的当代发展，提出了立足乡村景观地域特征，兼顾其产业经济、社会文化和生态服务的多元价值，针对环境生态进行由宏观到微观的控制，针对作物景观进行差异化的引导，针对村落人居进行地域风格的优化，是琼北乡村景观未来发展的关键。

9.2 创新点

（1）在琼北地区人居历史的相关研究中，乡村景观的历史变迁研究是较为薄弱的一环。本研究基于风景园林学的视角，着眼琼北乡村景观研究的不足，引入历史学、人文地理学的研究方法，围绕乡村生态、生产和生活三个主要板块，将自然风景、农业景观和乡村聚落作为一个整体纳入研究范围，解读其中包含的历史文化信息与其空间形态生成逻辑，分析其背后的影响因素与发展规律，并首次针对琼北乡村景观的历史演进脉络进行了系统性的梳理与总结。

（2）基于系统分析的思维，依托 Google Earth 和 ArcGIS，结合大量样本村落的田野调查，分析了琼北乡村景观的宏观格局并总结其微观单元，通过提取其中广泛而典型的乡村景观要素，构建了以传统村落为核心的琼北乡村景观信息库，为其后续的相关研究提供有效支撑。

（3）以往对乡村景观的研究更多侧重于空间形态的分析，而忽略了背后的影响因素与生成规律。本研究基于系统生成的思维，探讨了环境与人文因素对琼北乡村景观空间形态的影响，再由具体的景观形态研究深入至抽象的内在结构分析，并最终总结出琼北乡村景观的地域特征。这种基于生成思维的乡村景观研究在方法层面具有一定的创新性。

9.3 研究展望

（1）在针对琼北乡村景观历史演进的研究中，由于琼北地区文化基础薄弱，与其乡村景观直接相关的文献资料较少，间接支撑的相关材料亦不多见，而深入到具体村落的研究则更少，只能依靠田野调查中发现的少量家谱中的文字记录和简单图绘进行研究。希望未来有条件进一步深入琼北乡村挖掘相关资料，也希望随着史学研究的深入，可以有更多的相关文献和成果被整理公布，以便未来继续深入对琼北乡村景观历史图景的研究。

（2）乡村景观是一个要素多元且持续更新的系统，其空间形态和地域特征涉及社会经济、历史人文和自然地理中的诸多要素，关于它的研究视角和研究方法也在不断地发展，对它的认识也是一个不断深入的过程。在本文的研究中，针对琼北乡村景观的宏观格局和微观单元研究，分别运用了 ArcGIS、空间句法 Depthmap 和 Ecotect 等支持技术，但由于乡村景观的系统性和复杂性，受个人眼界、学识与能力的限制，未来的琼北乡村景观研究还可采用诸如 SPSS 统计分析、SoundPLAN 声环境研究等技术支撑，以进一步展开深入研究。

（3）本书从研究乡村景观地域特征出发，所提出的发展策略以保护和优化琼北乡村景观为主要目的。由于乡村景观的生成和演变动力主要来自乡村生产生活，要实现理想的图景，不仅需要研究者对乡村景观内在规律更深入地研究，也需要在实践层面多层次、多角度地综合统筹，也正因于此，本研究提出的优化策略针对性难免不够，未来在策略的实证研究方面需要进一步深入，才能更好地协调理论与实践的关系，保证其策略科学合理地实施，而这也将是今后长期研究的重点所在。

参考文献

曹建华，蒋菊生，2006. 海南生物多样性保护探析［J］. 华南热带农业大学学报，12（2）：34-38.

常辅堂，2006. 海南自然历史文化探源丛书——人文海南［M］. 海口：南方出版社.

陈铭枢，曾蹇，2004. 海南岛志［M］. 海口：海南出版社.

陈安琪，2015. 明清时期海南岛政区及基层行政组织演变研究［D］. 南宁：广西民族大学.

陈丹阳，2007. 清代海南岛农业经济地理初探（1652—1911）［D］. 广州：暨南大学.

陈光良，2003. 试论海南稻作历史的几个问题［J］. 农业考古（1）：89-93.

陈杰，2013. 亚热带地区冷巷设计研究［D］. 广州：华南理工大学.

陈琳，2017. 明清琼雷地区祭祀建筑研究［D］. 广州：华南理工大学.

陈丕衡，2014. 海南经济开发轨迹与思想演进研究［D］. 武汉：武汉大学.

陈倩，2012. 因盐而生的传统山地聚落“诺邓”——“大青树”广场及其场所空间的历史研究［J］. 建筑学报（S2）：97-102.

陈倩，谭纵波，赖特，2011. 大理、丽江地域聚落分布概况研究［J］. 华中建筑，29（11）：125-130.

陈威，2006. 乡村景观规划理论与方法［D］. 上海：同济大学.

陈英瑾，2012a. 复兴传统农业文明，保护乡村景观特征——乡村景观保护区的多功能农业政策［J］.《规划师》论丛（00）：135-138.

陈英瑾，2012b. 乡村景观特征评估与规划［D］. 北京：清华大学.

戴璟，张岳，2006. 广东通志初稿［M］. 海口：海南出版社.

戴志坚，2013. 闽台民居建筑的渊源与形态［M］. 福州：福建人民出版社.

杜娟，2021. 湘西州传统村落景观可持续发展研究［D］. 长沙：湖南农业大学.

范俊芳，熊兴耀，2010. 侗族村寨空间构成解读［J］. 中国园林，26（7）：76-79.

方志戎，2012. 川西林盘文化要义［D］. 重庆：重庆大学.

费正清，刘广京，1993. 剑桥中国晚清史［M］. 北京：中国社会科学出版社.

费孝通，1999. 基层政权的僵化［M］. 北京：群言出版社.

符和积，1989. 海南文化的历史渊源与融汇发展［J］. 海南师范学院学报（自然科学版）（4）：9-14.

符和积，朱寒松，晓军，2013. 中国地域文化通览（海南卷）［M］. 北京：中华书局.
傅娟，许吉航，肖大威，2013. 南方地区传统村落形态及景观对水环境的适应性研究［J］. 中国园林，29（8）：120–124.
广东省博物馆，1960. 广东海南岛原始文化遗址［J］. 考古学报（2）：121–131.
过汉泉，2017. 古建筑木工［M］. 北京：中国建筑工业出版社.
海口市地方史志办公室，2007. 汉珠崖郡研究文集［M］. 香港：银河出版社.
海口市地方史志办公室，2009. 冼夫人研究文集［M］. 海口：南海出版公司.
海口市旅游发展委员会，2015. 琼北故事之城市记忆［M］. 海口：南方出版社.
海南省昌江黎族自治县地方志编纂委员会，1988. 昌江县志［M］. 北京：新华出版社.
海南省东方市史志编纂委员会，2011. 东方县志［M］. 北京：新华出版社.
海南省建设厅，海南省勘察设计协会，1999. 海南民族传统建筑实录［M］. 海口：南海出版公司.
海南省琼山市地方志编纂委员会，1999. 琼山县志［M］. 北京：中华书局.
海南统计局，2013. 海南统计年鉴（2012）［M］. 北京：中国统计出版社.
郝少波，2011. 琼北民居近代“南洋风”的成因及衍变初探［J］. 新建筑（5）：102–104.
郝思德，王大新，2003. 海南考古的回顾与展望［J］. 考古（4）：3–11.
何峰，2012. 湘南汉族传统村落空间形态演变机制与适应性研究［D］. 长沙：湖南大学.
何瑜，1992. 近代海南岛开发［J］. 历史档案（2）：92–99.
侯佩旭，范士陈，2011. 国际旅游岛背景下海南乡村旅游开发研究［J］. 中国集体经济（18）：139–141.
侯仁之，司徒尚纪，1987. 海南岛历史上土地开发的研究［J］. 文献（1）：156–165.
胡端书，杨士锦，吴鸿清，2004. 道光万州志［M］. 海口：海南出版社.
胡素萍，章佩岚，2008. 海南古代书院［M］. 海口：南方出版社.
胡泽浩，2022. 珠江三角洲乡村景观特征识别与保护策略研究［D］. 广州：华南理工大学.
黄文铮，郑力鹏，2011. 南海曹氏大宗祠修复工程技术创新与应用［J］. 价值工程，30（17）：84–85.
吉野正敏，谢邦正，1986. 对海南岛气候和农业的初步研究［J］. 热带作物译丛（2）：3–10.
纪宗安，1990. 古代移民和海南的早期开发［J］. 暨南学报（哲学社会科学版）（4）：109–120.
贾俊茹，2010. 海南文昌近代民居空间形态研究［D］. 武汉：华中科技大学.
姜彧，2014. 古建筑工程施工细节详解系列：古建筑木作工程施工细节详解［M］. 北京：化学工业出版社.

蒋哲尧，2012. 琼北传统民居形制研究［D］. 武汉：华中科技大学.
鞠斐，2012. 海南黎族族源及入琼时间研究［J］. 海南大学学报（人文社会科学版），30（4）：1-6.
瞿元魁，2004. 乾隆陵水县志［M］. 海口：海南出版社.
克洛德·莱维-斯特劳斯，1995. 结构人类学［M］. 谢维扬，俞宣孟，译. 上海：上海译文出版社.
李文恒，郑文彩，2004. 咸丰琼山县志［M］. 海口：海南出版社.
李勃，2005. 海南岛历代建置沿革考［M］. 海口：海南出版社.
李勃，2014. 试谈海南古代青铜器的来源［J］. 新东方（3）：21-27.
李彩霞，2014. 宋元海上丝绸之路对海南经济生活的影响［J］. 韶关学院学报，35（1）：52-55.
李超，2011. 文昌十八行“梳式”聚落的成因及形态特征研究［D］. 武汉：华中科技大学.
李琳，1999. 汉代海南岛珠崖郡治城址考［J］. 考古与文物（1）：74-79.
李政，曾坚，2005. 胶东传统民居与海上丝绸之路——文化生态学视野下的沿海聚落文化生成机理研究［J］. 建筑师（3）：69-73.
廖业扬，2013. 当代中国乡村治道变革：论基于社会转型风险治理的视界［D］. 南京：南京大学.
林大华，2006. 宣统乐会县志·卷三·建置略·学校·县儒学［M］. 海口：海南出版社.
林广臻，2018. 海南历史建筑［M］. 北京：中国建筑工业出版社.
林惠祥，1991. 文化人类学［M］. 北京：商务印书馆.
林琳，2018. 当代粤西乡村聚落空间环境提升研究［D］. 广州：华南理工大学.
林俏凌，王轶，2011. 海口琼山大致坡镇谭门村居住形态调查研究［J］. 科技信息（12）：41-42.
刘新良，饶琼娟，2007. 打造南洋文化旅游小镇——海南文昌铺前滨海旅游区策划［J］. 小城镇建设（8）：102-104.
刘耀荃，1986. 海南岛古代历史的若干问题［J］. 中南民族学院学报（社会科学版）：108-114，125.
楼庆西，2008. 中国传统建筑文化［M］. 北京：中国旅游出版社.
陆琦，2013. 广府民居［M］. 广州：华南理工大学出版社.
陆琦，2015. 海南香港澳门古建筑［M］. 北京：中国建筑工业出版社.
陆元鼎，1991. 中国传统民居与文化［M］. 北京：中国建筑工业出版社.
陆元鼎，2005. 岭南人文·性格·建筑［M］. 北京：中国建筑工业出版社.
鹿玲，毕军，2009. 宝岛惊美——海南十大文化名镇（村）［M］. 海口：南方出版社.
罗思维，2013. 地域性材料与技术在东南亚度假酒店中的应用［D］. 南京：南京大学.

马楠，2012. 崖城传统民居的气候适应性研究［D］. 武汉：华中科技大学 .
毛铖，2017. 我国农村治理变革与农村服务体系变迁［J］. 求实（8）：67-84.
梅志强，2014. 人神之间——海南汉民俗与民间信仰考述［M］. 海口：南海出版社.
明谊修，张岳崧纂，李琳点校，2006. 道光琼州府志［M］. 海口：海南出版社.
莫文彬，2017. 基于文化地理学的潮汕地区传统村落及民居类型研究［D］. 广州：华南理工大学 .
聂缉庆，张延，2004. 光绪临高县志・卷二十四・艺文类［M］. 海口：海南出版社 .
牛斌惠，2012. 渝东南地区乡村聚落景观的保护与发展研究［D］. 重庆：西南大学.
牛志平，2008. 海南文化史［M］. 海口：海南出版社 .
潘莹，卓晓岚，2014. 广府传统聚落与潮汕传统聚落形态比较研究［J］. 南方建筑（3）：79-85.
彭元藻，曾友文主修，王国宪总纂，2004. 民国儋县志［M］. 海口：海南出版社.
彭一刚，1992. 传统村镇聚落景观分析［M］. 北京：中国建筑工业出版社 .
浦欣成，王竹，2012. 学科交叉视野下的国内聚落研究综述［J］. 建筑与文化（11）：50-51.
丘刚，2008. 海南古遗址［M］. 海口：南方出版社 .
丘连峰，王志岭，邓倩，2012. 海南文昌市文城区水系规划探析［J］. 规划师，28（10）：59-62.
史图博，1964. 海南岛民族志［Z］. 中国科学院广东民族研究所编印 . 广东：广东民族研究所.
司徒尚纪，1986. 关于海南岛历史上开发的若干问题［J］. 中山大学学报（自然科学版）（1）：65-69.
司徒尚纪，1987a. 海南岛历史上土地开发的研究［M］. 海口：海南人民出版社 .
司徒尚纪，1987b. 人口与土地环境的关系在海南岛开发史上的演变雏议［J］. 南方人口（3）：55-58.
司徒尚纪，1993. 广东文化地理［M］. 广州：广东人民出版社 .
司徒尚纪，2009. 中国南海海洋文化［M］. 广州：中山大学出版社 .
苏儒光，1994. 黎族传统民居建筑类型与演变［J］. 中央民族大学学报（3）：52-53.
苏少锋，刘维团，2006. 村庄规划过程中有关乡土景观保护的思考［J］. 小城镇建设（10）：24-28.
孙炜玮，2014. 基于浙江地区的乡村景观营建的整体方法研究［D］. 杭州：浙江大学.
孙尉民，1979. 鉴真和尚东渡记［M］. 上海：上海古籍出版社 .
孙晓峰，曾坚，2011. 快速城市化背景下城市复合防风策略研究——以海南岛东部城市带为例［J］. 建筑学报（S2）：45-48.
孙晓峰，曾坚，吴卉，2012. 海南岛传统城市空间防灾思路发展辨析［J］. 建筑学报（S1）：186-188.
谭其襄，1994. 自汉至唐海南岛历史政治地理［M］. 北京：人民出版社 .
唐胄，2006. 正德琼台志［M］. 海口：海南出版社 .
唐永銮，1959. 海南岛景观［M］. 北京：商务印书馆 .
王弘诲，2004. 天池草・卷六・万安林氏族谱序［M］. 海口：海南出版社 .
王弘诲，2010. 南溟奇甸集［M］. 毛地林，校注 . 海口：海南出版社 .
王佐，2004. 鸡肋集・卷六・海口黄氏族谱序［M］. 海口：海南出版社 .
王邦照，2013. 澄迈古村落［M］. 中共澄迈县委党史研究室，澄迈县地方志办公室.
王炳照，1998. 中国古代书院［M］. 北京：商务印书馆 .
王红扬，吴刚，2009. 国内外经验与新农村建设的海南模式［J］. 城市规划，33（S1）：86-91.
王家忠，2001. 论海南历史文化［J］. 海南师范学院学报（人文社会科学版）（3）：84-92.
王建国，2014. 海南"海上丝绸之路"的文化魅力［J］. 新东方（4）：24-27.
王明坤，2014. "三亚"的黎族地名特征及其文化蕴意［J］. 黑龙江民族丛刊（2）：112-117.
王南希，2014. 京西门头沟山区村落乡土建筑与景观研究［D］. 北京：北京林业大学.
王澍，2016. 造房子［M］. 长沙：湖南美术出版社.
王习明，周聪敏，王睿，2013. 新型城镇化视野下的重点生态功能区的新农村建设——关于海南白沙美丽乡村建设的调研［J］. 琼州学院学报，20（6）：20-27.
王贤，2012. 海南乡村旅游发展刍议［J］. 黑龙江科技信息（7）：164-165.
王盈，汪永平，2013. 海口羊山古村落的生态适应性［J］. 华中建筑，31（1）：132-136.
王俞春，2003. 海南移民史志［M］. 北京：中国文联出版社 .
王瑜，2001. 黎族传统聚落的文化特征及继承与发展［J］. 华中建筑（5）：86-88.
王苧萱，2007. 中国海洋人文历史景观的分类［J］. 海洋开发与管理（5）：83-88.
文运，赵书彬，张娟，2014. 乡村旅游发展下海口乡村聚落景观的变化——以美社村为例［J］. 海南大学学报（自然科学版），32（2）：171-177.
邬建国，2007. 景观生态学［M］. 北京：高等教育出版社.
吴春明，孙若昕，2013. 海洋文化遗产的多学科新探索［J］. 华夏考古（4）：141-150.
吴建新，1987. 海南古代开发史若干问题的探讨［J］. 中国农史（3）：18-27.
吴良镛，2001. 人居环境科学导论［M］. 北京：中国建筑工业出版社 .

吴水田，司徒尚纪，2011. 岭南疍民舟居和建筑文化景观研究［J］. 热带地理，31（5）：514-520.
谢济韶，2004. 清代嘉庆澄迈县志［M］. 李光先，纂. 海口：海南出版社.
谢丹，2015. 琼北乡村聚落空间形态解析［D］. 海口：海南大学.
谢跟踪，邱彭华，谌永生，2009. 海南岛生态功能区划研究［J］. 海南师范大学学报（自然科学版），22（3）：320-325.
谢花林，2004. 乡村景观功能评价［J］. 生态学报，24（9）：1988-1993.
谢守穆，1994.《建筑气候区划标准》GB50178—93 介绍［J］. 建筑科学（4）：57-61.
谢越华，2002. 琼台三百年［M］. 海口：海南出版社.
谢祖敏，2012. 海南建筑的“简”“透”“瘦”［J］. 华中建筑，30（11）：16-18.
熊伟，2012. 广西传统乡土建筑文化研究［D］. 广州：华南理工大学.
熊绎，2011. 琼北传统民居营造技艺及传承研究［D］. 武汉：华中科技大学.
徐琛，2016. 基于文化地理学的琼北地区传统村落及民居研究［D］. 广州：华南理工大学.
徐臣攀，2016. 汉唐时期农耕区拓展研究［D］. 陕西师范大学.
徐扬杰，1992. 中国家族制度史［M］. 北京：人民出版社.
徐瑶，2013. 琼北地区祠祭建筑研究［D］. 南京：南京工业大学.
许桂灵，司徒尚纪，2004. 广东华侨文化景观及其地域分异［J］. 地理研究（3）：411-421.
许静，2017. 琼北火山口地区传统村落文化景观与保护研究［D］. 海口：海南师范大学.
许士杰，1988. 海南省——自然·历史·现状与未来［M］. 北京：商务印书馆.
薛飞，朱战强，2013. 川西林盘文化景观保护研究［J］. 中国园林，29（11）：25-29.
薛佳薇，陈志宏，2011. 泉州近代洋楼民居湿热气候环境适应性［J］. 华侨大学学报（自然科学版），32（3）：332-337.
闫海燕，2013. 基于地域气候的适应性热舒适研究［D］. 西安：西安建筑科技大学.
阎根齐，2008. 海南古代建筑研究［M］. 海口：海南出版社.
阎根齐，刘冬梅，2011. 海南社会发展史研究［M］. 北京：光明日报出版社.
颜家安，2005. 海南岛史前采集渔猎经济及其技术的发展［J］. 农业考古（1）：123-130.
颜家安，2006. 海南岛生态环境变迁史研究——以植物和动物变迁为研究视角［D］. 南京：南京农业大学.
颜家安，2008. 海南岛生态环境变迁研究［M］. 北京：科学出版社.
羊文灿，阎根齐，2010. 五公祠解读［M］. 海口：南方出版社.
杨德春，1988. 海南岛古代简史［M］. 长春：东北师范大学出版社.

杨定海，2010. 海口儒豪古村人居环境解析［J］. 华中建筑，28（4）：114-116.
杨定海，肖大威，2013. 海南岛汉族传统建筑空间形态探析［J］. 建筑学报（S2）：140-143.
杨定海，肖大威，2017. 海南传统聚落与建筑空间形态［M］. 北京：中国建筑工业出版社.
杨贵庆，2014. 我国传统聚落空间整体性特征及其社会学意义［J］. 同济大学学报（社会科学版），25（3）：60-68.
杨鸿勋，1987. 建筑考古学论文集［M］. 北京：文物出版社.
杨卫平，王辉山，王书磊，2008. 海南古村古镇解读［M］. 海口：南方出版社，海南出版社.
杨小薇，2013. 元代海南文化研究［D］. 海口：海南师范大学.
杨雪薇，2018. 基于意象理论的东北传统村落布局保护研究［D］. 哈尔滨：哈尔滨工业大学.
杨毅，侯莉，2009. 和谐街景的美学分析——海南铺前镇胜利街的文脉主义启示［J］. 华中建筑，27（12）：143-147.
易泽丰，1998. 清代海南岛农作物的地域分布［J］. 中国历史地理论丛（4）：195-206，254.
于东明，2011. 鲁中山区乡村景观演变研究［D］. 泰安：山东农业大学.
俞吾金，2013. 决定论与自由意志关系新探［J］. 复旦学报（2）：2-23.
詹贤武，2014. 黎族经济文化类型与文化圈的空间分布［J］. 新东方（3）：28-32.
张嶲，邢定论，越以谦，2010. 光绪崖州志［M］. 郭沫若，点校. 北京：中国文史出版社.
张弓，胡平平，霍晓卫，2011. 历史文化名镇保护规划分层次保护体系的建构研究——以三亚崖城历史文化名镇保护规划为例［J］. 中国名城（6）：68-72.
张桂，2014. 海南儒谢村民居可持续改造的适宜设计及技术策略探究［D］. 北京：清华大学.
张军军，2013. 非物质文化遗产市场化因子的激发与重塑——以海南为例［J］. 东北师大学报（哲学社会科学版），（2）：44-47.
张竣文，2009. 简述东南亚的人文景观［D］. 南京：南京林业大学.
张立，2016. 乡村活化：东亚乡村规划与建设的经验引荐［J］. 国际城市规划，31（6）：1-7.
张亮亮，2014. 海南省居住建筑设计的地域性表达研究［D］. 长春：吉林建筑大学.
张莎玮，2018. 广府地区传统村落空间模式研究［D］. 广州：华南理工大学.
张淑芬，陈燕，王世存，2013. 屯昌县村庄绿化建设模式与发展措施［J］. 热带林业，41（2）：32-35.
张朔人，2007. 海南疍民及其相关问题研究［J］. 岭南文史（1）：55-58.
张松，2008. 历史城市保护学导论［M］. 上海：上海科学技术出版社.

张学玲，闫荣，赵鸣，2017. 中国古典园林中的景感生态学思想刍议［J］. 生态学报，37（6）：2140-2146.
张易，汪军，姚子刚，等，2018. 岭南农耕文化特色聚落：东莞市茶山镇南社历史文化名村价值解析［J］. 规划师，34（6）：161-162.
张引，2008. 海南白查村黎族聚落环境探析［D］. 苏州：苏州大学.
张振，2005. 传统聚落的类型学分析［J］. 南方建筑（1）：14-16.
赵汝适，2000. 诸蕃志［M］. 北京：中华书局.
赵康太，2012. 试析东南亚文化对海南文化的影响［J］. 学术研究（12）：126-127.
赵润江，孟南，林水发，等，2020. 基于空间句法的海口山尾头村空间形态解析及景观优化［J］. 中国城市林业，18（1）：110-114.
赵旭，2019. 基于空间冲突分析的昌黎县“三生”空间优化研究［D］. 保定：河北农业大学.
中华人民共和国住房和城乡建设部，2014. 中国传统民居类型全集［M］. 北京：中国建筑工业出版社.
钟元棣，张嵩，2006. 光绪崖州志［M］. 海口：海南出版社.
周大鸣，2003. 当代华南的宗族与社会［M］. 哈尔滨：黑龙江人民出版社.
周泉根，2007. 隋唐五代海南人物志［M］. 海南：三环出版社.
周尚洁，李雪利，2016. 传统村落旅游开发与形态变化研究［J］. 旅游纵览（下半月）（12）：36.
周伟民，唐玲玲，2017. 海南通史［M］. 北京：人民出版社.
周自清，2011. 近代受南洋文化影响的琼北民居空间形态特征研究［D］. 武汉：华中科技大学.
朱光文，2001. 明清广府古村落文化景观初探［J］. 岭南文史（3）：15-19.
朱竑，曹小曙，司徒尚纪，2001. 海南文化特质研究［J］. 中山大学学报（社会科学版）（4）：115-119.
朱竑，司徒尚纪，2001a. 海南地域文化的空间分布研究［J］. 地理研究，20（4）：464-470.
朱竑，司徒尚纪，2001b. 开疆文化在海南的地域扩散与整合［J］. 地理学报（1）：99-106.
朱竑，司徒尚纪，2006. 行政建置变更对海南岛区域文化历史发展的影响研究［J］. 地理科学，26（4）：490-496.
朱晓明，2002. 历史·环境·生机——古村落的世界［M］. 北京：中国建材工业出版社.
卓凤仙，毕华，刘强，等，2001. 海南岛农业土地资源可持续利用［J］. 地质地球化学（2）：72-77.
邹阳，陈飞虎，2012. 价值的转化和创生——非物质文化景观再现途径探讨［J］. 湖南大学学报（社会科学版），26（5）：136-139.

W. G. 霍斯金斯，2018. 英格兰景观的形成［M］. 梅雪芹，刘梦霏，译. 北京：商务印书馆.

GALLENT N, JUNTTI M, KIDD S, et al., 2008. Introduction to rural planning [M]. Florence: Taylor & Francis.

HARWELL M A, GENTILE J H, MCKINNEY L D, et al., 2019. Conceptual framework for assessing ecosystem health [J]. Integrated Environmental Assessment and Management, 15 (4).

HEIMANN, J, 1981. California crazy: roadside vernacular architecture [M]. San Francisco: Chronicle Books.

JACKSON J. B, 1984. Discovering the vernacular landscape [M]. New Haven and London: Yale University Press.

LIU Y, YANG Y, LI Y, et al., 2017. Conversion from rural settlements and arable land under rapid urbanization in Beijing during 1985-2010 [J]. Jaurnal of Rural Studies, 51: 141-150.

MEEUS J. H. A., WIJERMANS M. P., VROOM M. J, 1990. Agricultural landscapes in Europe and their transformation [J]. Landscape and Urban Planning, 18: 289-235.

PALANG H, SOOVÄLI H, ANTROP M, et al., 2004. European rural landscapes: persistence and change in a globalising environment [M]. Dordrecht: Springer.

RODRÍGUEZ J P, BEARD JR T D, BENNETT E M, et al., 2006. Trade - offs across space, time, and ecosystem services [J]. Resilience Alliance, 11 (1): 28.

UPTON D T, VLACH J M, 1986. Common places: readings in American vernacular [M]. Atlanta: University of Georgia Press.

VOS W, MEEKES H, 1993. Trends in European cultural landscape development: perspectives for a sustainable future [J]. Landscape and Urban Planning, 46: 3-14.

WIGGERING H, ENDE H P, KNIERIM A, et al., 2010. Innovations in European rural landscapes [M]. Berlin: Springer.

WU J G, 2013. Landscape sustainability science: ecosystem services and human well-being in changing landscapes [J]. Springer Netherlands, 28 (6): 999-1023.

ZHAO J, LIU X, DONG R, SHAO G, 2016. Landsenses ecology and ecological planning toward sustainable development [J]. Taylor & Francis, 23 (4): 293-297.